SHUKONG CHEXIAO JIAGONG JISHU

中等职业教育工作手册式教材

数控车削加工技术

主　编　郎一民　于立辉
副主编　马红军　石立霞
编　委　黄医博　宋瑞东　奥　丹　程福顺
　　　　李　玥　王春丹　张利梅　刘　璇

东北大学出版社
·沈　阳·

图书在版编目（CIP）数据

数控车削加工技术 / 郎一民，于立辉主编. — 沈阳 ：东北大学出版社，2021. 12

ISBN 978-7-5517-2894-2

Ⅰ. ①数… Ⅱ. ①郎… ②于… Ⅲ. ①数控机床—车床—车削—加工工艺 Ⅳ. ①TG519. 1

中国版本图书馆 CIP 数据核字（2021）第 263551 号

内容简介

本书是根据《国家职业技能鉴定中级数控车工》职业标准中的技能要求，以实际训练为主要教学形式进行编写的数控车削加工技术教材。本书从数控车床加工的实际要求出发，以职业活动为导向，以学习技能操作为中心，选用典型的数控车削系统，结合实际操作项目，力求把传授知识和培养技能有机地结合起来，使学生更好地掌握中级数控车削加工技能。

本书可作为数控应用技术专业学生的中级数控车削培训教材，也可作为从事数控车床工作相关人员的实训参考书。

出 版 者：东北大学出版社
地址：沈阳市和平区文化路三号巷 11 号
邮编：110819
电话：024-83687331（市场部）　83680267（社务部）
传真：024-83680180（市场部）　83680265（社务部）
网址：http://www.neupress.com
E-mail：neuph@neupress.com
印 刷 者：辽宁新华印务有限公司
发 行 者：东北大学出版社
幅面尺寸：185 mm×260 mm
印　　张：20
字　　数：475 千字
出版时间：2021 年 12 月第 1 版
印刷时间：2021 年 12 月第 1 次印刷
策划编辑：牛连功
责任编辑：周　朦
责任校对：王　旭
封面设计：潘正一

ISBN 978-7-5517-2894-2　　　　定　价：58.00 元

前言

目前，随着我国现代工业不断快速发展，数控技术的应用也越来越广泛，这不仅给传统机械制造业带来了革命性的变化，而且给数控技术领域人才培养带来了新的挑战。为推动数控专业实践教学的发展，以适应新形势下中等职业机械类数控技术应用专业教育教学的需要，编者依据国家职业资格鉴定（中级）相关标准，以突出职业技术应用型人才的培养为目标，编写了本书。

本书选用国产华中 HNC-818A 数控车床系统，从数控车床加工的实际要求出发，以职业活动为导向，以学习技能操作为中心，通过典型的数控车削系统，以数控加工实际操作为出发点，将数控加工的基础理论知识、数控车削工艺、数控编程与机床操作有机结合，并联系实际典型工件，从相关知识、工艺分析、加工参数、编程计算、操作技能等几个方面进行细致的讲解。本书在素材组织上，突出针对性、可操作性和实用性的特点；在内容选取上，克服了传统培训教材中内容理论偏深、偏难、偏多、抽象等问题，采取循序渐进的原则，突出实际操作的特点，使学生更好地掌握中级数控车削加工的技能。

本书分为加工手册和技术活页两部分。加工手册部分共七个单元，主要介绍了数控车床加工工艺、常用刀具与量具、编程基础、操作面板及对刀、车床常见故障与处理、数控车削综合应用等内容，每个单元都附有单元小结，便于教师教学与学生自学。技术活页部分为了便于教学，采取项目教学方式，以由难到简的顺序设计了十八个项目，在每个项目结构上，从学生基础能力出发，通过项目描述、教学目标与工作任务、教学准备、问题探究、制订计划、任务实施、零件加工流程、项目检查与记录、项目评价、拓展训练等形式，引导学生明确各项目的学习目标，学习与项目相关的知识与技能，并通过拓展训练，强调在操作过程中应注意的问题，力求使学生做到举一反三、触类旁通，同时可应对国家中级职业资格鉴定考试。

本书由郎一民、于立辉担任主编，马红军、石立霞担任副主编，黄医博、宋瑞东、奥丹、程福顺、李玥、王春丹、张利梅、刘璇担任编委。

由于编写时间仓促、编者水平所限，本书中难免有一些错误或疏漏之处，望读者批评指正。

编　者

2021 年 8 月

目录

第一部分　加工手册

第二部分　技术活页

第一部分
加 工 手 册

单元一

数控车床概述

学习目标

- 了解数控车床的分类。
- 掌握数控车床的工作过程及基本组成。
- 掌握数控车床夹具、刀架及长轴的装夹。
- 熟悉数控车床的加工特点及应用。

数控车床是数控车削的常用设备，又称为 CNC 车床。它是在普通车床基础上发展起来的，除了具有普通车床的性能特点外，还具有加工精度高、效率高、加工质量稳定等优点，是目前使用最广泛的车床之一。通过数控加工程序的运行，数控车床除了可自动完成对轴类、盘类等回转体零件的切削加工外，还可以进行车槽、钻孔、扩孔、铰孔、攻螺纹及对复杂外形轮廓回转面等工序的切削加工。

知识一　数控车床的分类

一、按照主轴位置分类

1. 卧式数控车床

卧式数控车床是指主轴轴线平行于水平面的数控车床，如图 1-1-1 所示。其按照导轨布局形式可分为水平导轨卧式数控车床和倾斜导轨卧式数控车床。

图 1-1-1　卧式数控车床

图 1-1-2　立式数控车床

2. 立式数控车床

立式数控车床是指主轴轴线垂直于水平面的数控车床，如图 1-1-2 所示。立式数控车床有一个直径很大的圆形工作台，供装夹工件使用。这类数控车床主要用于加工径向尺寸较大、轴向尺寸较小的大型复杂零件。

二、按照可控轴数分类

1. 两轴控制数控车床

两轴控制数控车床即数控车床上只有一个回转刀架，以实现两坐标轴控制。

2. 四轴控制数控车床

四轴控制数控车床的车床上有两个独立回转刀架，以实现四坐标轴控制。

三、按照控制功能分类

1. 经济型数控车床

经济型数控车床属于低、中档数控车床，具有价格低、加工精度低等特点。

2. 全功能型数控车床

全功能型数控车床（如图 1-1-3 所示）属于高档数控车床，可进行多个坐标轴的控制，具有高刚度、高精度、高效率等特点及自动除屑等功能。

3. 数控车削加工中心

数控车削加工中心（如图 1-1-4 所示）属于复合加工车床，即配备刀库、自动换刀装置、分度装置、铣削动力装置等部件。该中心除具有一般两轴控制数控车床的各种车削功能外，由于增加了连续精确分度的 C 轴功能和能使刀具旋转的动力头，可控制 X，Z，C 轴，其联动轴数为（X，Z）、（X，C）和（Z，C），这使其加工功能大大增强。因此，数控车削加工中心不仅可以加工外轮廓，而且可以进行端面和圆周任意部位的钻削、攻螺纹、平面及曲面的铣削等加工。

图 1-1-3 全功能型数控车床

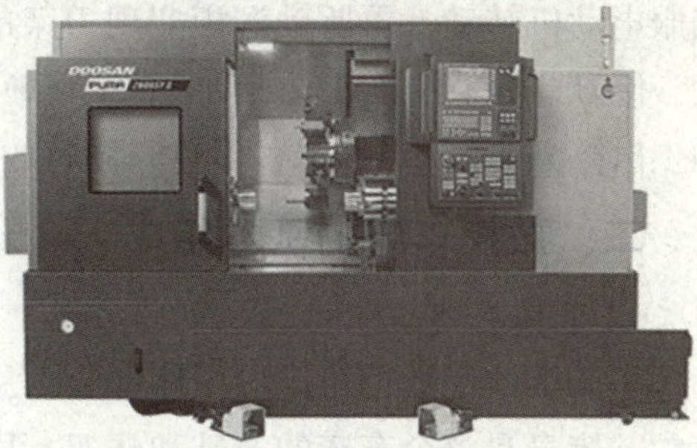

图 1-1-4 数控车削加工中心

知识二 数控车床的工作过程及基本组成

一、数控车床的工作过程

数控车床是一种装有程序控制系统的自动化车床，一般是由输入/输出装置、数控装置（CNC 装置）、伺服系统、驱动装置、运算器（PLC 装置）及电气控制装置、辅助装置、车床本体与测量反馈装置组成。其工作过程框图如图 1-1-5 所示。

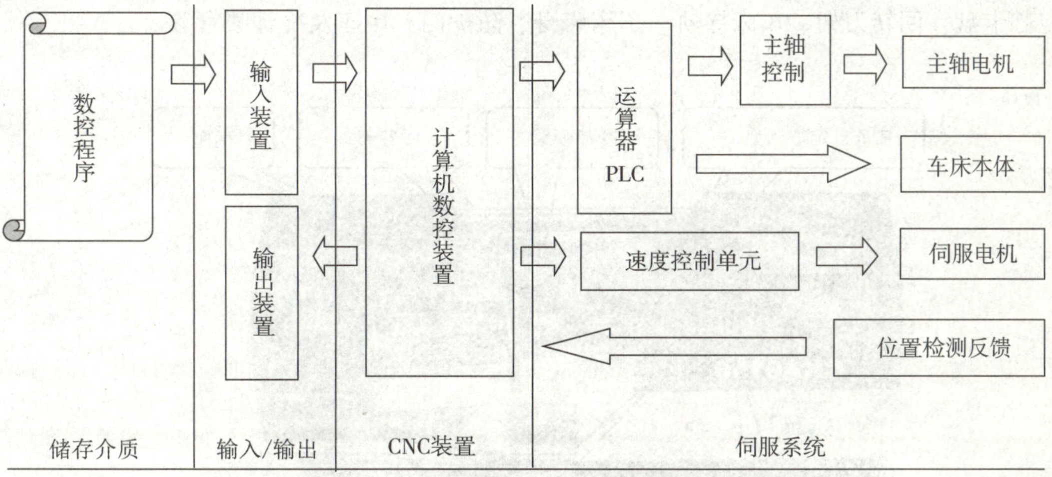

图 1-1-5 数控车床的工作过程框图

数控车床是集车床、计算机、电动机及拖动、自动控制、检测等技术于一体的自动化设备。加工零件时，先将加工零件的几何信息和工艺信息编成加工程序，通过车床与计算机直接通信的方式将加工程序传送到数控装置，使数控装置发出脉冲信号控制进给伺服电动机转动，再驱动溜板实现刀架的纵向、横向运动，以完成 X，Z 轴坐标进给运动，使刀具与工件及其他辅助装置严格地按照加工程序规定的顺序、轨迹进行工作，从而加工出符合编程设计要求的零件，同时数控装置控制主轴电动机旋转完成主切削运动。

二、数控车床的基本组成

1. 车床本体

车床本体是数控车床的主体部分，主要包括床身、主轴箱、工作台和进给机构等。其中，床身是整个车床的基础和框架，用于安装与支承车床各部件。

2. 数控装置

数控装置（CNC 装置）是数控车床运动的控制核心，一般是一台专用的计算机，用以执行程序控制车床进行加工。

3. 驱动装置

驱动装置是数控车床执行机构的驱动部件，主要包括主轴电动机、刀架进给伺服电动机等。其中，刀架进给伺服电动机按照程序设定的进给速度实现刀具和工件之间的相对运动。

4. 辅助装置

辅助装置是指数控车床的一些配套部件，包括液压装置、气动装置、刀库、润滑、冷却系统、排屑系统、夹具及机械换刀装置等。

5. 控制面板

控制面板主要有 CRT 显示器、加工程序编辑按键、车床操作按钮和各种开关及指示灯等。

图 1-1-6 所示为经济型数控车床外观图，该数控车床主要包括控制面板、三爪自定心卡盘、回转刀架、车床导轨、车床床身、防护门、尾座及冷却喷管等。

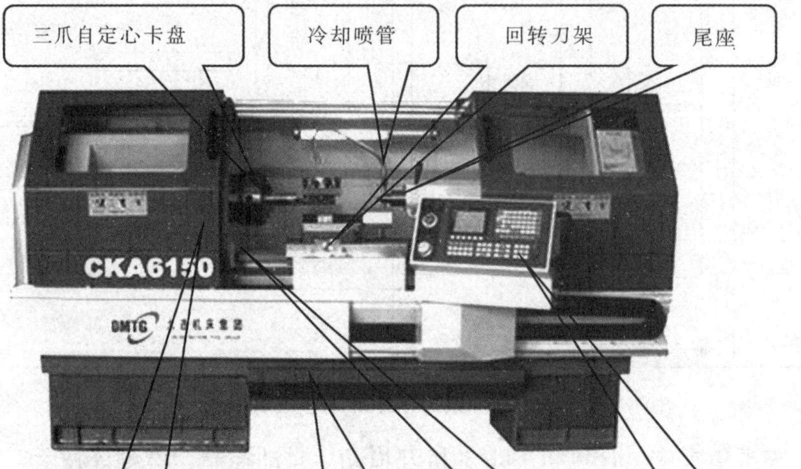

图 1-1-6　经济型数控车床外观图

知识三　数控车床夹具、刀架及长轴的装夹

在机械加工中，按照工艺规程要求，用来迅速定位装夹工件，使工件处于正确的位置并能可靠夹紧的工艺装备称为夹具。在数控车床上，大多数情况是使用工件或毛坯的外圆定位，外圆定位夹具是车削加工中最常用的夹具之一。

一、数控车床夹具

车床主要用于对回转体零件的各表面进行加工，根据这个特点，在数控车床上常见的夹具如下。

1. 卡盘夹具

（1）三爪自定心卡盘（如图 1-1-7 所示）。它是常用的车床通用卡具。其优点是可以自动定心，夹持范围大，装夹速度快。但其定心精度存在误差，不适于同轴度要求高的工件的二次装夹。

（2）液压动力自动夹紧卡盘（如图 1-1-8 所示）。其优点是动作灵敏，装夹迅速、方便，能实现较大压紧力，能提高劳动生产率和减轻劳动强度。但其夹持范围变化小，如果夹持工件尺寸变化大时需重新调整卡爪位置。自动化程度高的数控车床经常使用液压动力自动夹紧卡盘，这种卡盘尤其适用于批量加工。

（3）高速动力卡盘（如图 1-1-9 所示）。为了提高数控车床的劳动生产率，对其主轴提出了高要求，以实现高速甚至超高速切削，故必须采用高速动力卡盘才能保证安全可靠地进行加工。

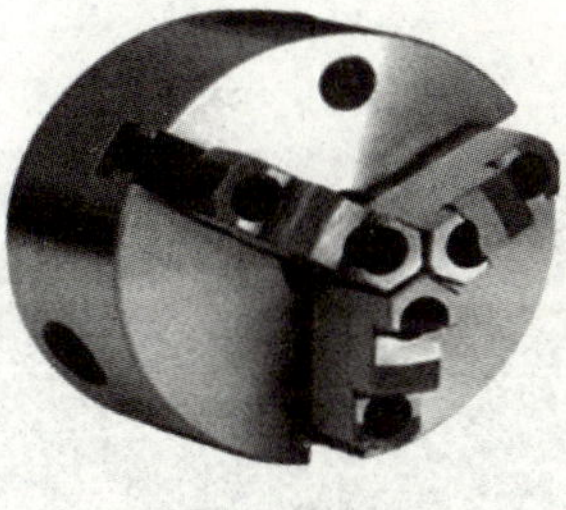

图 1-1-7　三爪自定心卡盘

图 1-1-8　液压动力自动夹紧卡盘

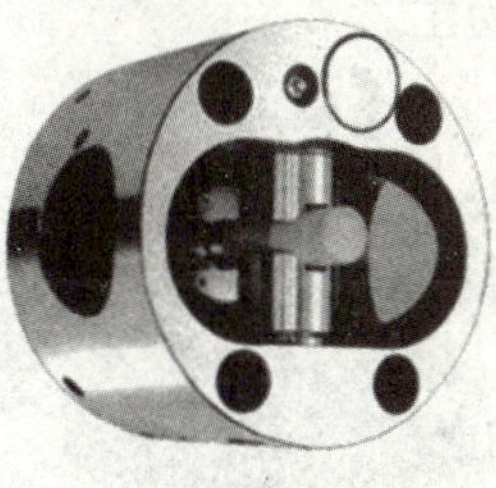

图 1-1-9　高速动力卡盘

2. 顶尖

（1）死顶尖如图 1-1-10 所示。它与工件回转中心孔发生摩擦，故在接触面上要加润滑脂润滑，以防摩擦过热烧蚀。死顶尖定心准确，刚性好，适用于低速切削和工件精度要求较高的场合。

（2）活顶尖如图 1-1-11 所示。加工时它随工件一起转动，与工件回转中心孔无摩擦，适用于高速切削。由于活顶尖克服了死顶尖的缺点，因此也得到了广泛应用。但活顶尖存在一定的装配积累误差，而且当滚动轴承磨损后，会使顶尖产生跳动，这些都会降低加工精度。

（3）拨齿顶尖如图 1-1-12 所示。其壳体可通过标准变径套或直接与车床主轴孔联结，壳体内装有用于坯件定心的顶尖，拨齿套通过螺钉与壳体联结，止退环可防止螺钉的松动。数控车床通常采用此夹具加工 $\phi10\sim\phi660$ mm 的轴类零件。

图 1-1-10　死顶尖

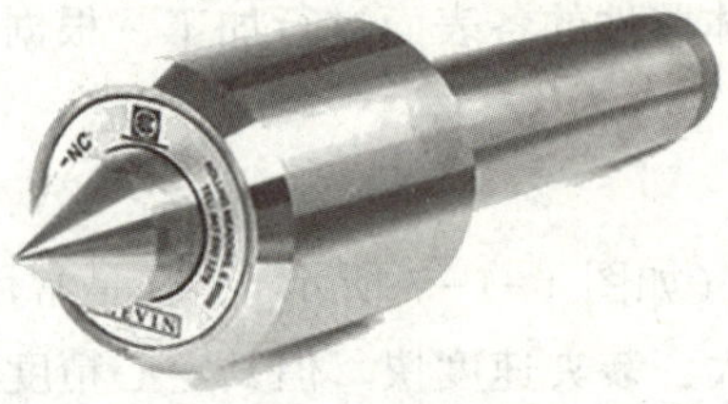

图 1-1-11　活顶尖

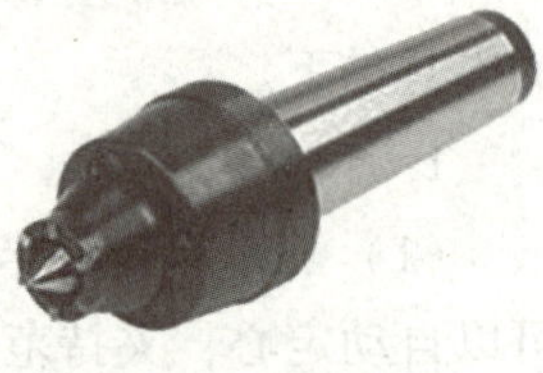

图 1-1-12　拨齿顶尖

二、数控车床刀架系统

按照刀架位置形式，数控车床刀架可以分为前置刀架和后置刀架，一般平床身为前置刀架，斜床身为后置刀架。按照刀架形式，数控车床刀架又可以分为回转刀架、排式刀架、双刀架、铣削动力头等，具体如下。

（1）回转刀架可分为四工位转动式刀架和多工位回转刀架。四工位转动式刀架如图 1-1-13 所示，可以安装径向、轴向车刀。多工位回转刀架如图 1-1-14 所示，其刀具是沿着圆周方向安装在刀架上的。

（2）排式刀架如图 1-1-15 所示，用于小规模数控车床上，以加工棒料或盘类零件为主。

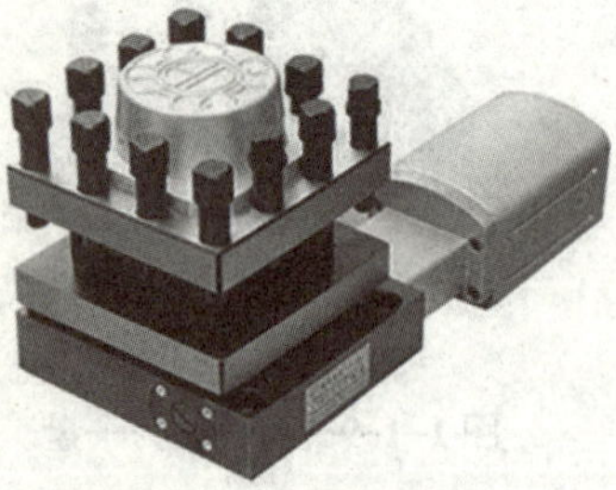

图 1-1-13　四工位转动式刀架

图 1-1-14　多工位回转刀架

图 1-1-15　排式刀架

（3）双刀架车床的数控系统有两个通道，每个刀架都能在各自的通道里独立工作，相当于两个车床共用同一个操作面板。对于程序来说，其可以在两个通道里同时运行，也可以单独运行于其中一个通道。双刀架如图 1-1-16 所示，主要用于加工外形复杂的零件。

（4）铣削动力头主要用于数控车铣复合中心车床上，使车床具有动力铣削功能，从而扩展了车床的加工能力。铣削动力头如图 1-1-17 所示。

图 1-1-16　双刀架

图 1-1-17　铣削动力头

三、长轴类工件的装夹

1. 用两顶尖装夹工件

装夹工件时，必须先在工件的两端面钻出中心孔，而且在主轴一端应使用鸡心夹和拨盘夹紧来带动工件旋转。如图 1-1-18 所示，前顶尖装在车床主轴锥孔中（如自制前顶尖可用三爪卡盘装夹与主轴一起旋转），后顶尖可以直接或加锥套安装在车床尾座锥孔内。中心孔能够在各个工序中重复使用，且其定位精度不变。轴两端中心孔作为定位基准与轴的设计基准、测量基准一致，符合基准重合原则。用两顶尖装夹工件方便、定位精度高，因此在车削轴类零件时普遍采用此方法。

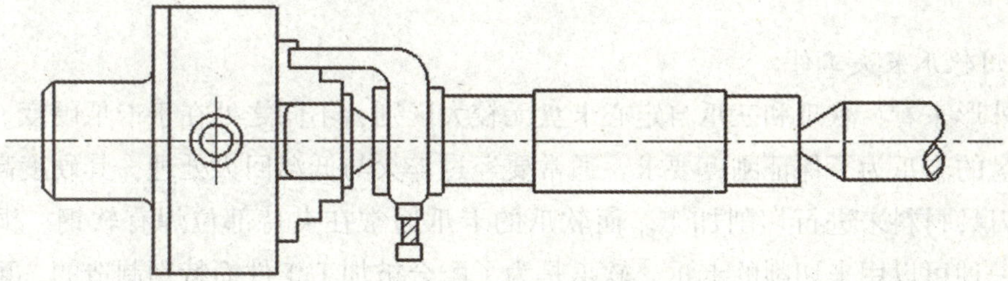
图 1-1-18　用两顶尖装夹工件示意图

2. 用卡盘和顶尖装夹工件

用两顶尖装夹工件虽然精度高，但刚性较差。因此，车削质量较大的工件时要将工件一端用卡盘夹住，另一端用后顶尖支撑，如图 1-1-19 所示。为了防止工件由于切削力的作用而产生轴向位移，必须在卡盘内装一限位支承或利用工件的台阶面限位。用卡盘和顶尖装夹工件比较安全，能承受较大的轴向切削力，安装刚性好，轴向定位准确，所以这种方法应用比较广泛。

图 1-1-19　一夹一顶装夹工件示意图

3. 用拨动顶尖装夹工件

拨动顶尖是在数控车床上用来代替鸡心夹及拨盘等传统车床夹具的更新换代产品。使用拨动顶尖装夹工件时，不是像传统夹具必须夹紧工件外圆，而是依靠拨爪驱动工件的端面并使其随车床主轴旋转，这样能在一次装夹中完成对工件外圆的加工。内拨动顶尖装夹工件示意图如图 1-1-20 所示，一般用于管类、套类工件的装夹；外拨动顶尖装夹工件示意图如图 1-1-21 所示，一般用于长轴类工件的装夹。

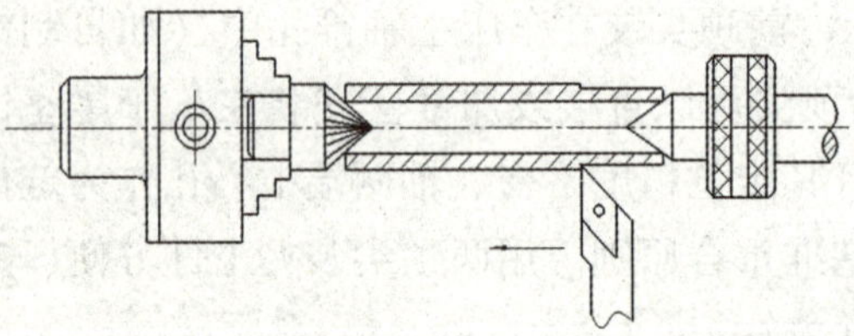

图 1-1-20　内拨动顶尖装夹工件示意图

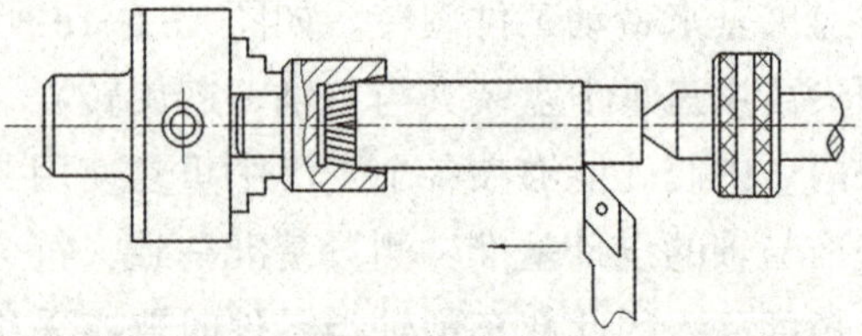

图 1-1-21　外拨动顶尖装夹工件示意图

4. 用软爪装夹工件

从外形来看，软爪和三爪自定心卡盘无较大区别，不同之处在于卡爪硬度。三爪自定心卡盘的卡爪为了保证刚度要求，通常要经过淬火与低温回火处理，其硬度高，很难用常用刀具材料来进行切削加工。而软爪的卡爪通常在夹持部位焊有软钢、铜等软材料，是一种可以用来切削的卡爪。软爪是为了配合被加工工件而特别制造的，可以通过使用螺丝、焊接等方法与三爪自定心卡盘的卡爪连接起来。

软爪主要用于同轴度要求高且需要二次装夹的工件的加工，可以在使用前经过自镗加工处理（如图 1-1-22 所示），从而保证卡爪中心与主轴中心同轴。因此，工件的装夹表面也是精加工的表面。另外，在加工过程中应使软爪的内径等于或略小于所要加工工件的外径（$D_{软爪}=D_{工件}$），如图 1-1-23 所示，以消除卡盘的定位间隙并增加软爪与工件的接触面积。

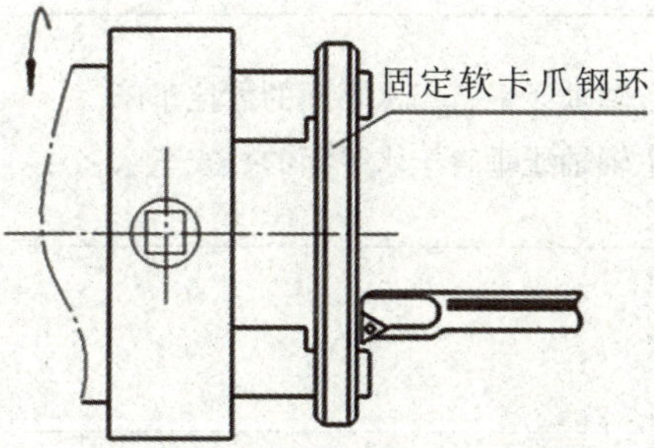

图 1-1-22　软爪自镗加工示意图

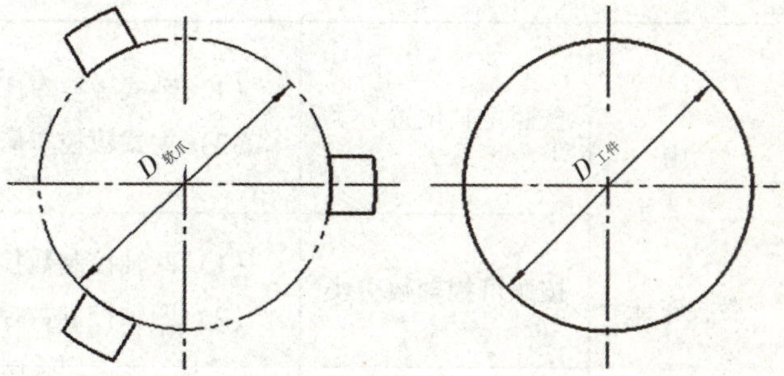

图 1-1-23　软爪内圆直径与工件直径的关系示意图

5. 用弹簧夹套装夹工件

弹簧夹套的定位精度高，装夹工件快速、方便，常用于精加工的外圆表面定位。在实际应用中，如没有弹簧夹套，可根据工件夹持表面自制半开口薄壁夹套（如图1-1-24所示），来代替弹簧夹套。

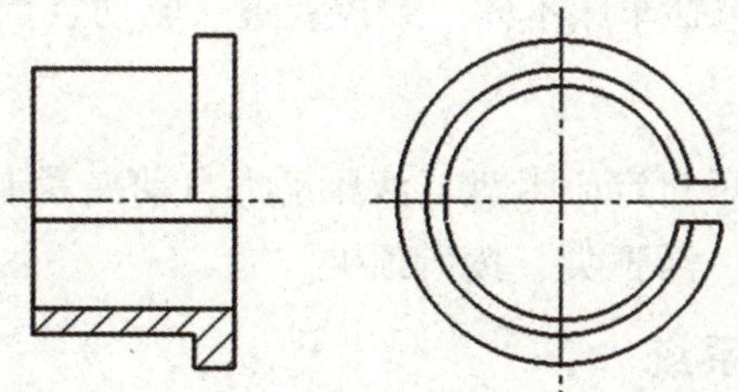

图 1-1-24　半开口薄壁夹套示意图

四、工件装夹方法和夹具选择

数控车床上零件装夹方法与普通车床的一样，要尽量选用已有的通用夹具装夹，且应注意减少装夹次数，尽量做到在一次装夹中能把零件上所有要加工表面都加工出来。零件定位基准应尽量与设计基准重合，以减少定位误差对尺寸精度的影响。

（1）数控车床通常采用三爪自定心卡盘夹持工件，轴类工件还可采用尾座顶尖夹持工件。批量生产时，为便于工件夹紧，多采用液压或气压动力卡盘，而且通过调整压力的大小，可改变卡盘夹紧力，以满足夹持各种薄壁和易变形工件的特殊需要，力求符合设计基准、工艺基准、安装基准和工件坐标系基准的统一。

（2）工件生产批量不大时，应尽量采用通用夹具、组合夹具或可调夹具；成批生产时，考虑采用专用夹具，力求结构简单，缩短生产准备时间，节省生产费用。

（3）工件的装卸要快速、方便、可靠，以缩短车床的停顿时间。

单元总结

一、常见数控车床分类

表 1-1-1　常见数控车床分类

数控车床	按照主轴位置分类	（1）卧式数控车床：主轴轴线平行于水平面的数控车床； （2）立式数控车床：主轴轴线垂直于水平面的数控车床
	按照可控轴数分类	（1）两轴控制数控车床； （2）四轴控制数控车床
	按照控制功能分类	（1）经济型：属于低、中档数控车床； （2）全功能型：属于生产型高档数控车床； （3）数控车削加工中心：此类车床属于复合加工车床

二、数控车床的基本组成

数控车床的基本组成包括车床本体、数控装置、驱动装置、辅助装置、控制面板。

三、数控车床夹具

（1）卡盘夹具包括三爪自定心卡盘、液压动力自动夹紧卡盘及高速动力卡盘。

（2）顶尖包括死顶尖、活顶尖、拨齿顶尖。

四、数控车床刀架系统

数控车床的刀架系统，按照刀架位置形式可分为前置刀架和后置刀架，一般平床身为前置刀架，斜床身为后置刀架；按照刀架形式又可以分为回转刀架、排式刀架、双刀架、铣削动力头等。

五、长轴类工件的装夹

长轴类工件的装夹主要包括用两顶尖装夹工件、用卡盘和顶尖装夹工件、用拨动顶尖装夹工件、用软爪装夹工件、用弹簧夹套装夹工件。

六、工件装夹方法和夹具选择

数控车床通常采用三爪自定心卡盘夹持工件；工件生产批量不大时应尽量采用通用夹具、组合夹具或可调夹具，成批生产时考虑采用专用夹具。

单元二

数控车削常用刀具

学习目标

- 了解数控车刀的种类及用途。
- 掌握数控车刀的刀位点、刀片及刀具的装夹。
- 熟悉数控车床常用辅助刀具。

数控车床刀具必须与数控车床的高速、高效、自动化程度高等特点相适应，这就要求其刀具本身应具有高效率、高精度、高可靠性和专业化的特点。数控车刀被广泛应用于高速切削，精密、超精密加工及难加工材料的加工等先进制造技术领域。

知识一　常见数控车刀

常见数控车刀有外圆右偏粗、精车刀，外圆左偏粗、精车刀，切槽刀，内、外螺纹刀，粗、精内镗刀，等等。目前，数控车床用刀具的主流是可转位刀具。此类刀具不同于传统普通设备的切削工具，常见数控车床可转位刀具如图 2-1 所示。它广泛采用可转位机夹车刀（简称机夹车刀），是把硬质合金可转位刀片用机械夹固方式装夹在标准刀柄上的一种刀具，如图 1-2-1 所示。该种刀具由刀柄、刀片、刀垫及夹紧机构组成，已经形成模块化、标准化结构，具有很强的通用性和互换性，被广泛应用于现代机械制造领域。

数控车床可转位刀具按照其用途，可分为外圆刀具，端面刀具，切槽（断）刀具，圆弧刀具，内、外螺纹刀具，内孔刀具，等等。可转位刀具刚性夹紧方式示意图如图 1-2-2 所示。

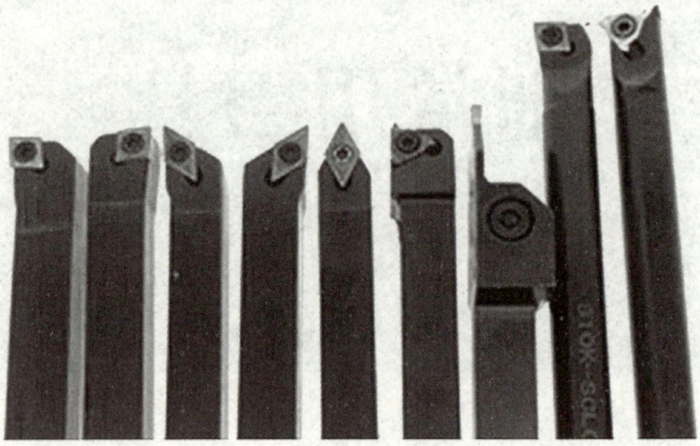

图 1-2-1　常见数控车床可转位刀具

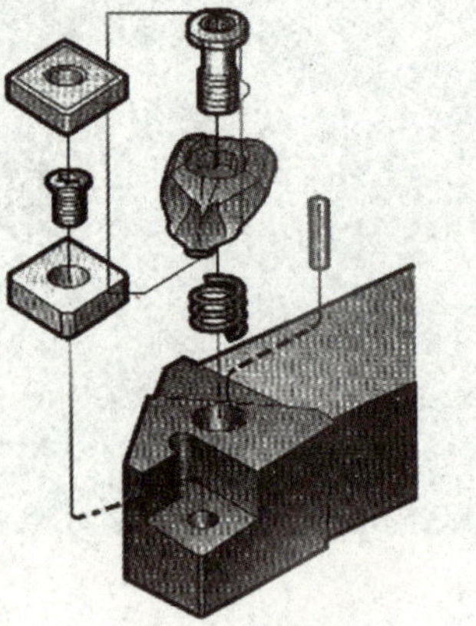

图 1-2-2　可转位刀具刚性夹紧方式示意图

一、外圆刀具

外圆刀具使用最多的是菱形刀片，按照菱形锐角角度的不同可分为 35°，55°，80° 三类。通常，在切深较小的精加工、细长轴类件加工或在车床刚性较差的情况下，应尽可能选用刀尖圆弧较小的刀片。

（1）可转位 35°菱形车刀。其刀尖角小，刀片强度低、散热性和耐用度差，优点是成型加工性好。可转位 35°菱形车刀及车外圆加工示意图如图 1-2-3（a）所示。

（2）可转位 80°菱形车刀。其刀尖角大小适中，刀片有较高的强度、较好的散热性和耐用度，能加工外圆、倒角及端面等。可转位 80°菱形车刀及车外圆加工示意图如图 1-2-3（b）所示。

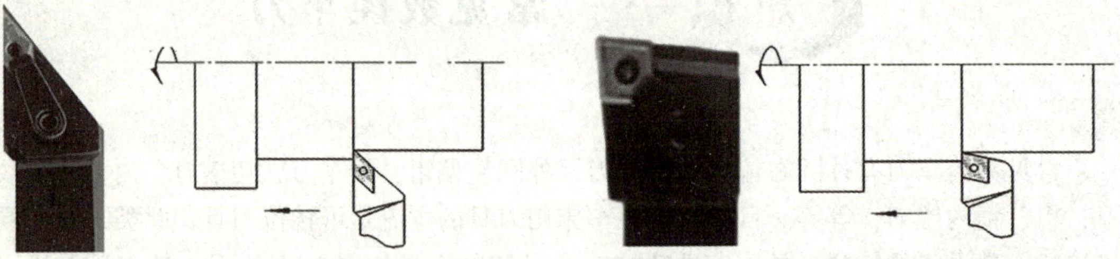

（a）可转位 35°菱形车刀及车外圆加工示意图　　（b）可转位 80°菱形车刀及车外圆加工示意图

图 1-2-3　外圆车刀及车削加工示意图

二、端面车刀

作为端面车刀，其主偏角（*Kr*）必须小于 90°，否则切出的端面内凹。因此，端面车刀按照主偏角可分为 45°<*Kr*<90°和 *Kr*＝45°两种形式。

（1）主偏角为 45°<*Kr*<90°的端面车刀及车削示意图如图 1－2－4（a）所示。

（2）主偏角为 *Kr*＝45°的端面车刀及车削示意图如图 1－2－4（b）所示。

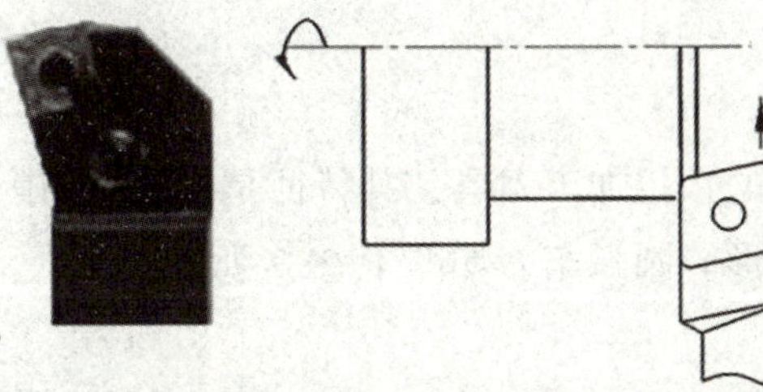

（a）主偏角为 45°<*Kr*<90°的端面车刀及车削示意图

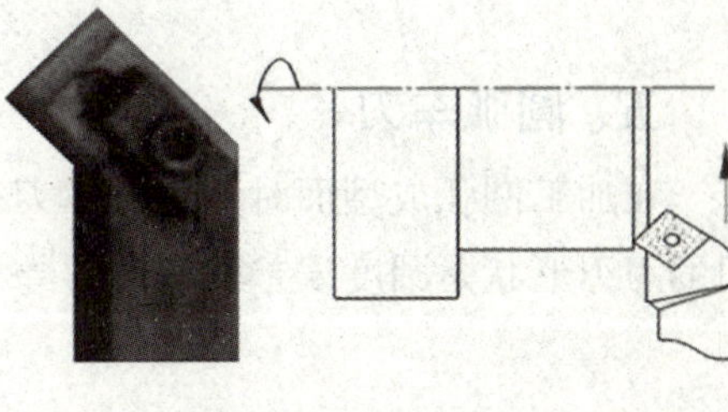

（b）主偏角为 *Kr*＝45°端面车刀及车削示意图

图 1－2－4　端面车刀及车削加工示意图

三、切槽刀

切槽刀及切槽加工示意图如图 1－2－5 所示，常见刀宽规格有 3，4 mm 两种。切槽刀由于刀片宽度较窄，相对悬长较长，刚性差、易振动、易折断，因此在零件图样中槽的宽度要求允许的条件下，以选择较大宽度的刀片为宜。

刀片装夹时应采用轴向叠加方式进刀切削。刀片伸出不宜过长，刀头中心线必须与工件轴线垂直，以保证两个副偏角相等。

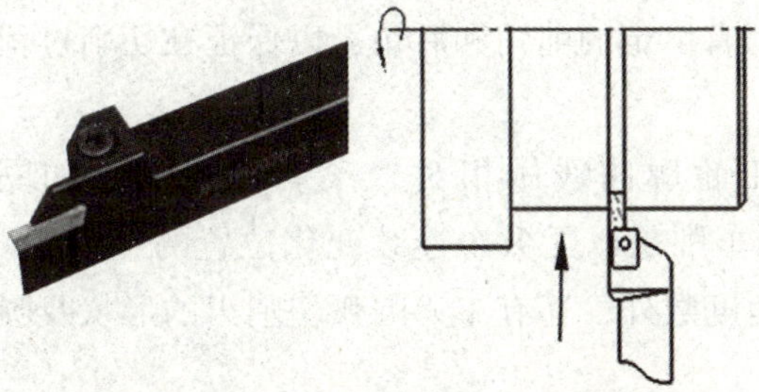

图 1－2－5　切槽刀及切槽加工示意图

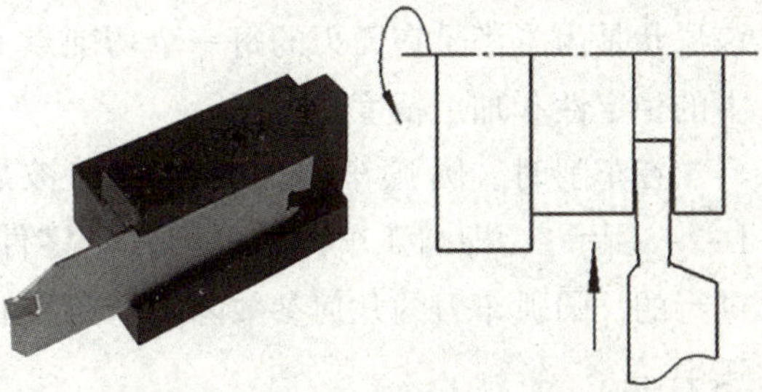

图 1－2－6　切断刀及切断加工示意图

四、切断刀

切断刀及切断加工示意图如图 1－2－6 所示。切断是以横向进给为主，切削方法有直进法及左右借刀法。切断刀刀头长度一般大于切槽刀，刀具前端的切削刃为主切削刃，有两个刀尖、两侧为副切削刃；刀头窄而长，强度差。主切削刃太宽会引起振动，切断时浪费材料；太窄会削弱刀头的强度。切断刀刀头部分的几何尺寸如下。

1. 主切削刃宽度（α）

$$\alpha \approx (0.5\sim0.6)\sqrt{D}$$

式中，D——待加工零件实心直径，mm。

2. 刀头工作部分长度（L）

$$L=h+(2\sim3)$$

式中，h——切入深度，mm。

五、圆弧车刀

在加工圆弧成型面时，圆弧车刀是较为特殊的数控加工刀具，其特征是构成主切削刃的刀刃形状是圆度误差或轮廓误差很小的圆弧形。圆弧车刀如图 1-2-7 所示。

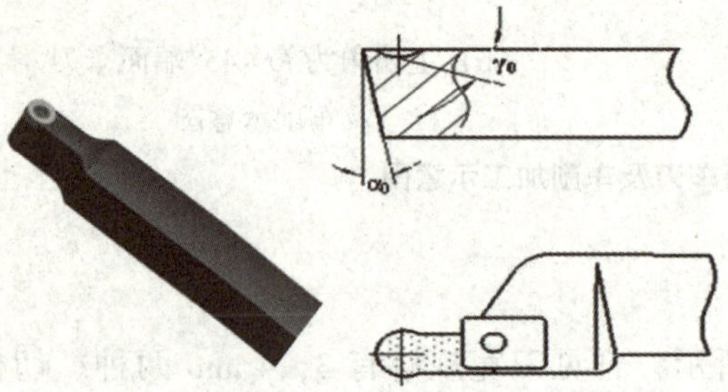

图 1-2-7　圆弧车刀

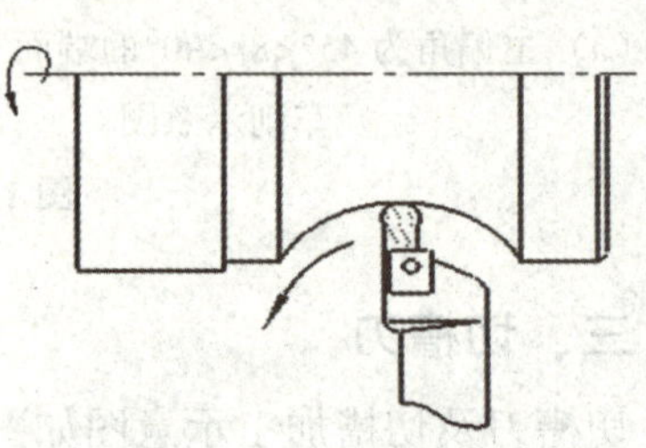

图 1-2-8　圆弧车刀加工示意图

圆弧车刀的刀刃上每一点都是圆弧形车刀的刀尖，因此刀位点不在圆弧上而在该圆弧的圆心上。车刀圆弧半径理论上与被加工零件的外形无关，并可按照需要灵活确定或经测定后确认。利用刀尖圆弧半径补偿后，仍按照零件轮廓编程。圆弧车刀可以用于车外表面，特别适用于各种光滑连接的成型面。圆弧车刀的前刀面一般都设计为凹球面，该形状是为了满足在刀刃的每一个切削点上都有恒定的前角和后角，以保证在切削过程中的稳定性和加工精度。

在车削时，圆弧车刀的切削刃与被加工轮廓曲线做相对“滚动”运动（如图 1-2-8所示），即圆弧车刀切削刃对于零件的车削是以无数个连续变化位置的“刀尖”进行的。圆弧车刀的几何参数除了前角及后角度数外，还有车刀圆弧切削刃的形状及圆弧半径。

六、定螺距三角形内、外螺纹刀

定螺距三角形内、外螺纹刀属于成型刀，其加工螺纹形状完全由两侧的刀刃形状来决定。因此，可根据所加工螺距的不同来选择相对应的螺距刀片。

（1）定螺距三角形内螺纹刀。其刀尖角为 60°并带有修牙尖刃口，与外螺纹相比散热性较差、强度低。定螺距三角形内螺纹刀及加工示意图如图 1-2-9 所示。

（2）定螺距三角形外螺纹刀。其刀尖角为 60°并带有修牙尖刃口，加工效果好，螺距不同，刀片刀尖角两侧刃口尺寸也略有不同。定螺距三角形外螺纹刀及加工示意图如图 1–2–10 所示。

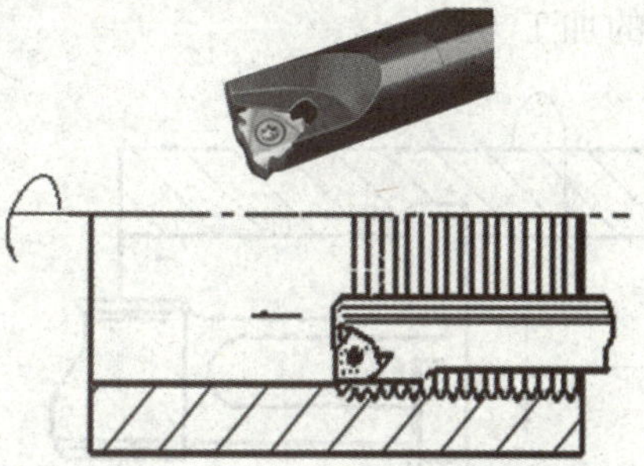

图 1–2–9　定螺距三角形内螺纹刀及加工示意图

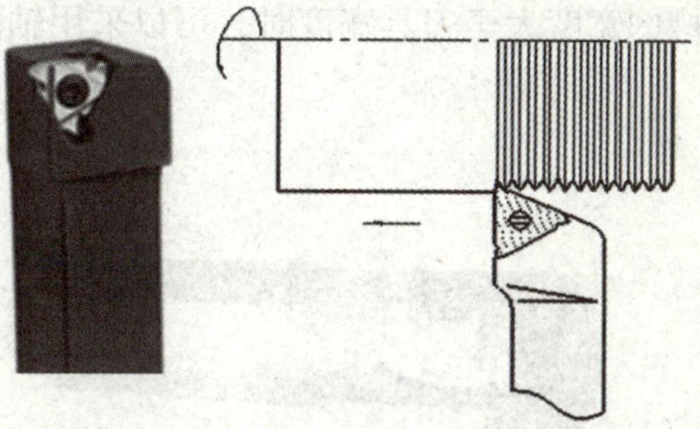

图 1–2–10　定螺距三角形外螺纹刀及加工示意图

七、内孔刀

（1）盲孔内孔刀。其刀尖角小，刀片强度低，散热性和耐用度差，主要用于对封闭孔或台阶孔的加工，切削部分的几何形状基本上与主偏刀相似。主偏角在 90°~95°且大于 90°，以保证内孔端面与孔壁垂直。刀尖在刀柄的最前端，刀尖与刀柄外端的距离应小于内孔半径，否则孔的底平面就无法车平。盲孔内孔刀及加工示意图如图 1–2–11（a）所示。

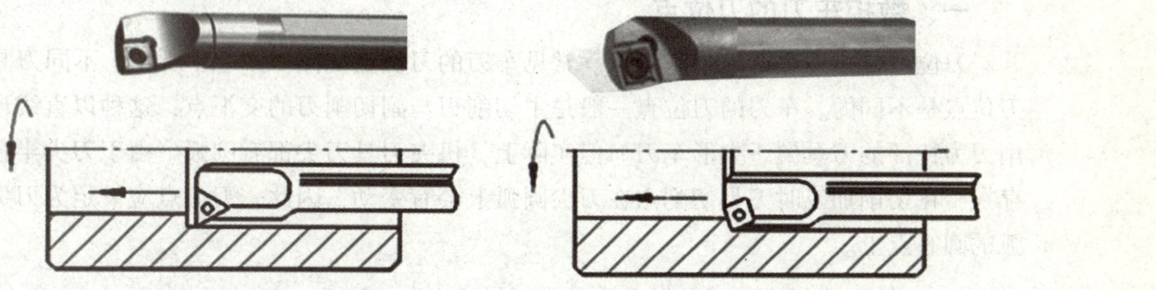

（a）盲孔内孔刀及加工示意图　　（b）通孔内孔刀及加工示意图

图 1–2–11　内孔刀及车削加工示意图

（2）通孔内孔刀。其刀尖角大，刀片强度高，散热性和耐用度好，切削部分的几何形状基本上与外圆刀相似。主偏角在 60°~75°，以减小径向切削力和振动。通孔内孔刀及加工示意图如图 1–2–11（b）所示。

八、内槽刀

内槽刀（如图 1–2–12 所示）与外槽刀基本相似，只是装夹方向相反，用于在内腔中加工槽。由于内槽两侧面通常与孔轴线垂直，所以要求内槽刀杆轴线与主轴轴线相平行。

内槽刀为一个主切削刃和两个副切削刃同时参与、三面切削的刀具，其加工示意图如图 1-2-13 所示。被切削材料塑性变形复杂、摩擦力大、加工时进给量小、切削厚度薄、平均变形大、单位切削力增大，总切削力与功耗大，切削温度高，散热性差。切削速度在加工过程中不断变化，这是因为刀具宽度窄、相对悬伸长、刚性差、易振动。当槽的宽度大于刀具宽度时，可以采用轴向重叠车削的加工方式。

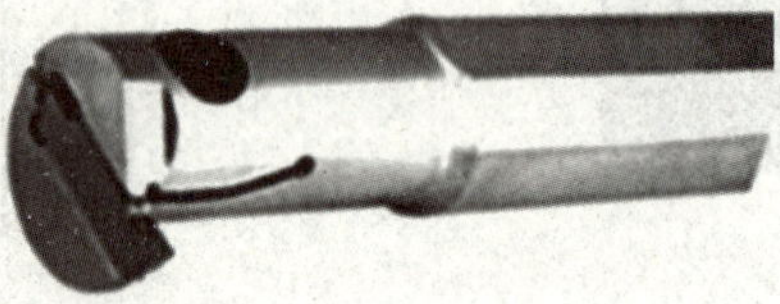

图 1-2-12　内槽刀

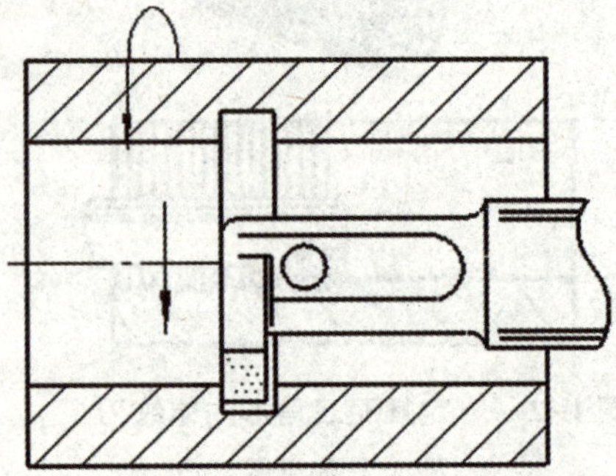

图 1-2-13　内槽刀加工示意图

知识二　数控车刀的刀位点、刀片及刀具的装夹

一、数控车刀的刀位点

刀位点是指刀具的定位基准点。常见车刀的刀位点如图 1-2-14 所示。不同刀具的刀位点是不同的。车刀的刀位点一般是主切削刃与副切削刃的交汇点，这种以直线形切削刃为特征的刀具属于尖形车刀。但实际上，机夹刀具刀尖都有圆弧，由于刀尖半径的存在，在切削加工时刀具切削点在刀尖圆弧上会有变动，因此，刀位点应设定为刀尖圆弧的圆心点上。

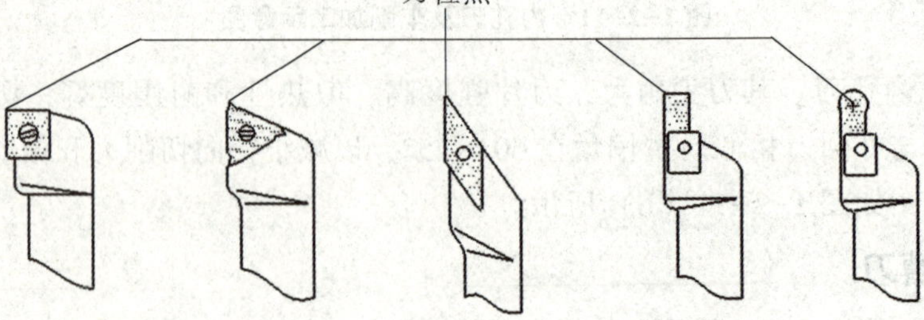

（a）90°偏刀　（b）螺纹刀　（c）外圆刀　（d）切断刀　（e）圆弧刀

图 1-2-14　常见车刀的刀位点

数控程序一般是针对刀具上的某一点（即刀位点）按照工件轮廓尺寸编写的。在实际对刀过程中还要进行刀具圆弧半径的补偿，否则在切削锥面和圆弧时，会出现过切或少切的现象，从而产生误差。

从理论上讲，刀具上任意一点都可以被选作刀位点，但为了方便编程和保证加工精度，刀位点应选择刀具上能够直接测量的点，以及能直接与精度要求较高的尺寸或难于测量的尺寸发生联系，并与刀具长度预调时的测定点尽量保持一致的点。因此，数控车刀的刀位点应选在假想刀尖或刀尖圆弧的圆心点上。

二、数控车刀刀片的刀尖半径的选择

刀尖圆弧半径的大小直接影响刀尖的强度及被加工零件的表面粗糙度。刀尖圆弧半径大，表面粗糙度增大，切削力增大，且易产生振动，切削性能变差；但刀刃强度增大，刀具前后面磨损减少。因此，在粗车时只要车床刚度允许，应尽可能采用较大的刀尖圆弧半径。通常情况下，在切深较小的精加工、细长轴类件加工、车床刚性较差的情况下，应尽可能选用刀尖圆弧较小的车刀。常用数控车刀规定刀尖圆弧半径的尺寸为0.2，0.4，0.8，1.2 mm 等。

三、数控车刀刀体的选择

（1）确定刀柄规格。常规外圆刀刀柄截面为方形，刀柄截面常用的有 20 mm×20 mm和 25 mm×25 mm 两种形式，可根据数控车床的刀架规格进行选取。内孔刀刀柄截面一般为铣扁圆柱形，并配有相应刀座，内孔尺寸的大小应根据加工孔的实际情况来选择。

（2）确定切削类型是外圆车削还是内孔车削，确定操作类型是纵向车削还是端面车削、是仿形车削还是其他切削方式、是采用负前角形式还是采用正前角形式，以上这些要根据零件的实际结构具体分析确定。

（3）可转位刀片牌号可根据被加工零件材料、切削工序及切削状况的稳定性来进行选择。

（4）选择相应的切削参数。应参看厂家提供的刀片说明书，其中给出了不同材料的切削参数和进给值，或凭借以往的加工经验进行合理选择。

四、数控车刀的装夹

常规数控车削刀具为条形方刀体和圆柱形刀杆。由于在该刀架上装夹使用的是标准化可转位刀具，其刀尖高度、精度在制造时就应得到保证，因此一般可不加垫片调整。对于长径比例较大的内径刀杆，最好具有抗震结构。内径刀的冷却液最好先引入刀体，再从刀头附近喷出。

普通数控车床一般均采用四工位转动式刀架，装夹刀具须调整刀尖与主轴轴线等高，调整办法用顶尖法或试切法。刀杆伸出长度应为刀杆厚度的 1.5~2.0 倍。采用三爪自定心卡盘装夹工件及找正的方法与普通车床的基本相同，对于圆棒料在装夹时应水平放置在卡盘的卡爪中，并经校正后旋紧卡盘的扳手，工件夹紧找正随即完成。

对于数控车床多工位回转刀架来说，由于使用的是多工位回转刀架，其刀具都是装夹在刀盘上的，既可以径向装刀，也可以轴向装刀。外圆刀通常是径向装刀，内孔刀通常是轴向装刀。刀具以刀杆尾部和一个侧面定位。当采用标准尺寸刀具时，只要定位准确、锁紧可靠，就能确定刀尖在刀盘上的相对位置。

五、安装可转位刀具的要求

1. 刀片安装

（1）更换刀片前应清理刀片、刀垫和刀杆各接触面，使接触面无铁屑和杂物，表面有凸起点应修平。已用过的刃口应转向切屑流向的定位面。

（2）刀片转位时应稳固靠向定位面，夹紧时用力适当，不宜过大。对于偏心式结构的刀片，夹紧时需要用手按住刀片，使刀片贴紧底面。

（3）夹紧的刀片、刀垫和刀杆三者的接触面应贴合无缝，注意刀尖部位紧贴良好，不得有漏光现象，刀垫更不得有松动现象。

2. 刀杆安装

（1）刀杆安装时其底面应清洁、无黏着物。若使用垫片调整刀尖高度，垫片应平直，且最多不要超过 3 块垫片。如果内侧和外侧面也需作安装定位面，应擦拭干净。

（2）刀杆伸出长度在满足加工要求下应尽可能短，普通刀杆的一般伸出长度是刀杆厚度的 1.0~1.5 倍，最长也不能超过 3.0 倍。伸出长度过长会使刀杆刚性变差，切削时产生振动，影响工件的表面粗糙度。

（3）车刀刀尖应与工件轴线等高，否则会因基面和切削平面的位置发生变化，使后角减小，增大车刀后刀面与工件间的摩擦；当车刀刀尖低于工件轴线时，会使前角减小，切削力增加，切削不顺利。

（4）车削端面时，车刀刀尖应高于或低于工件中心，车削后工件端面中心处留有凸头，当车到中心处时会使刀尖崩碎。

（5）车刀刀杆中心线应与进给方向垂直，否则会使主偏角和副偏角的角度值发生变化。

调整刀尖的高度使其对准工件中心的方法：由车床尾座顶尖点作为定点，用顶尖对准刀尖进行装刀；试车端面根据车削端面的情况调整车刀安装高度；根据车床要求的刀具尺寸，直接用高度尺测量刀尖到刀具底面的高度。

六、可转位刀具使用时易出现的问题

在利用可转位刀具加工工件时，尽管考虑了非常充足的因素，但是可转位刀具仍可能出现不少意想不到的问题，具体问题如下。

（1）刀具在切削时产生振动。可能是刀片装夹不牢、夹紧元件变形、刀片尺寸误差过大及刀具刀杆质量差等原因引起的。

（2）刀具在切削时有刺耳杂音。可能是刀片、刀垫和刀体接触有间隙，刀具装夹不牢固，刀具磨损严重，刀杆伸出过长，工件刚性不足或夹具刚性不足等原因造成的。

（3）刀具刀尖处闪火花。可能是刀片严重磨损、切削速度过高或刀尖有点滴破损等原因造成的。

（4）刀片前刀面有积屑瘤或黏刀。主要是工件材质软、切削槽型不正确、切削速度过低或刀头几何角度不合理引起的。

（5）刀片有剥离现象产生。可能是切削液浇注不充分、将适宜干切削的高硬度材料浇注了切削液、刀片质量差等原因造成的。

（6）切屑乱飞溅。加工脆性工件材料或正常切削进给量过大时都可能有此现象发生。

知识三　数控车床常用辅助刀具

数控车床常用辅具刀具一般包括中心钻、钻头及扩孔钻等。

一、中心钻

用中心钻加工零件一般有两个作用：一是作为轴类工件在顶尖上安装的定位基面，其中60°锥孔与顶尖上的60°锥面相配合，为保证配合贴切，里端的小圆孔可存储少量润滑油或黄油；二是用于轴端面孔加工的预制精确定位，引导麻花钻进行孔加工，以减少误差。

中心孔有A，B，C，R四种形式，一般常用的有A型和B型两种形式：A型中心孔不带护锥部分，只有60°锥孔，一般用于要求加工精度较高的工件；B型中心孔带120°护锥面，用以保护60°锥孔的外缘不被损坏，B型中心钻如图1-2-15所示。

注意：在未钻中心孔之前应先将轴的端面车平，防止中心钻折断。

“中心孔A2/5”含义为：中心孔为A型，中心孔圆柱部分直径为2 mm，中心孔在零件端面的最大直径为5 mm。

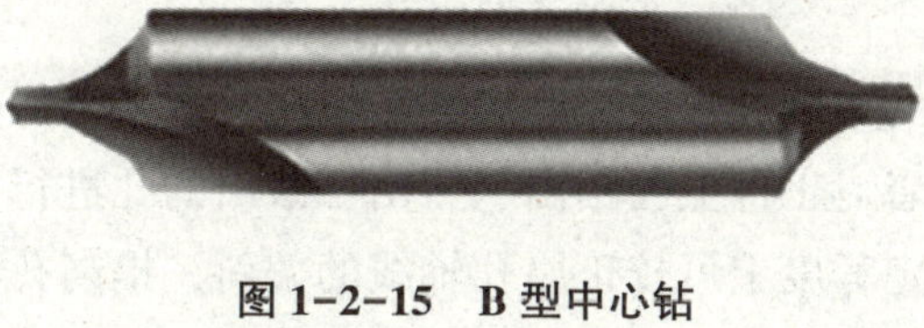

图1-2-15　B型中心钻

二、钻头

钻头是在工件上进行加工通孔或盲孔的专用工具，钻孔一般作为扩孔、铰孔前的粗加工或加工螺纹底孔等。数控车床钻孔用刀具主要是钻头。其中，钻头由工作部分、颈部和柄部组成。工作部分包括切削部分和导向部分，前者起切削作用，后者起导向、修光和排屑作用；柄部有莫氏锥柄和圆柱柄两种，如图 1-2-16 所示。钻头材料常用高速钢或硬质合金制造，工件经过钻削后精度一般在 IT12 左右，表面粗糙度一般只能达到 12.5 μm 左右。

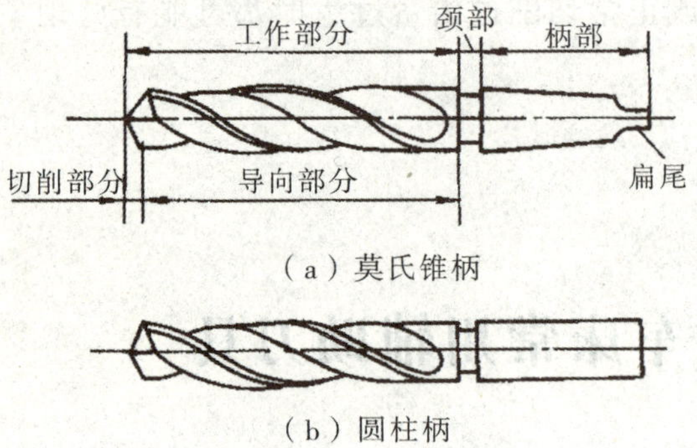

图 1-2-16 钻头示意图

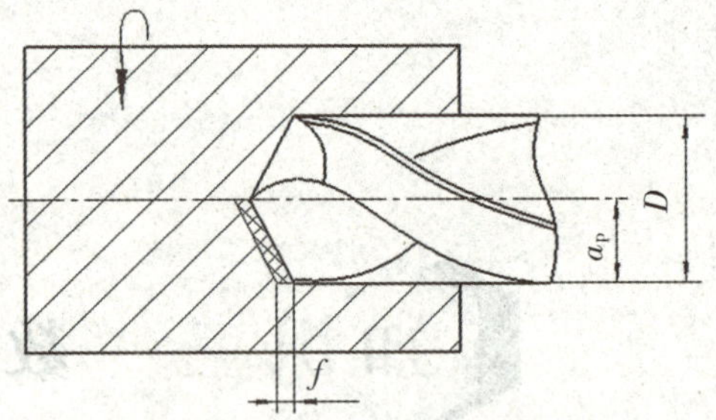

图 1-2-17 钻削切削用量示意图

钻削切削用量示意图如图 1-2-17 所示。钻削主轴转速以 700~800 r/min 为宜，使钻尖贴近中心孔端面缓慢摇动尾座手柄，每前进 10~20 mm 退屑，然后继续前进钻屑并反复重复退屑动作。黄铜钻孔时可以不用冷却液。

1. 背吃刀量（a_p）

钻孔时，背吃刀量是钻头直径的 1/2 倍。其计算公式：$a_p = D/2$（D 为钻头直径）。

2. 切削速度（v_c）

钻孔时，钻头的主切削刃外圆处的线速度即切削速度。其计算公式：$v_c = \pi dn/1000$（v_c为切削速度，m/min；d 为钻头的直径，mm；n 为主轴转速，r/min）。

用高速钢钻头钻削钢料时，一般选 v_c = 15~30 m/min 的钻头；钻铸铁时，一般选 v_c = 75~90 m/min的钻头。

3. 进给量（f）

在车床上钻孔时，工件转一周，钻头沿进给方向移动的距离为进给量。钻削钢料时，一般选 f = 0.15~0.35 mm/r 的钻头；钻铸铁时，一般选 f = 0.20~0.40 mm/r的钻头。

三、扩孔钻

扩孔钻主要用于孔的半精加工或最终加工，钻头是用来钻底孔的，而扩孔钻把钻头钻的底孔加以扩大，或者对工件上已钻出、铸出、锻出的孔进行扩大加工；也可以用作铰孔前的预加工，在一定程度上可校正厚孔轴线的偏斜，提高孔的圆柱度和粗糙度。扩孔钻是利用切削刃进行钻削的，一般有 3~4 个刃带，无横刃。如图 1-2-18 所示，扩孔钻的工作部分是由切削刃和排屑槽构成的，加工时导向效果好，轴向抗力小，切削条件优于钻头。扩孔钻的加工精度可达 IT10~IT9，表面粗糙度为 3.2~6.3 μm。

扩孔切削用量如图 1-2-19 所示，扩孔时，背吃刀量计算公式：$a_p = (D-d)/2$，（D 为扩孔钻直径、d 为预钻孔直径）。扩孔时进给量不能过大，一般不能修正孔的位置误差，因此扩孔前孔的位置精度应由钻头来保证。扩孔钻的齿数较多，导向性能好，而且钻芯粗、刚性好、切削平稳。扩孔时需加注乳化液作冷却液。

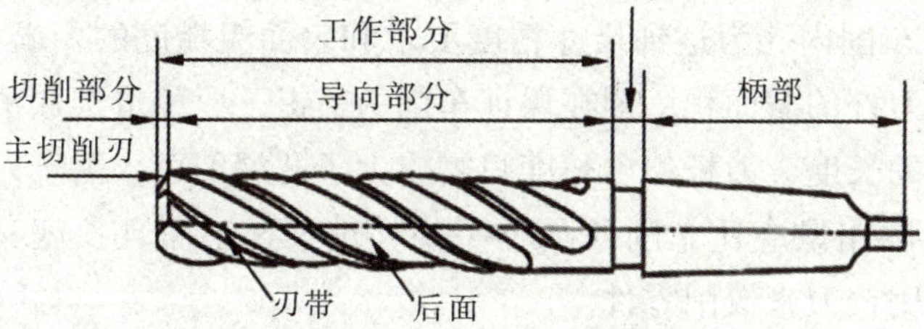

图 1-2-18 扩孔钻结构图

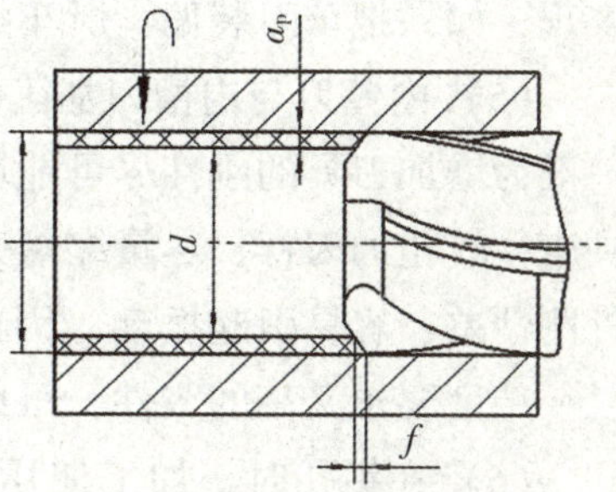

图 1-2-19 扩孔切削用量

单元总结

一、数控车削刀具

车刀是车削加工必备的工具，了解车刀的材料、性能和用途，可以在生产中合理选择刀具。加工质量还与切削用量有关，合理选择切削用量的原则是：粗加工时，以提高劳动生产率为主，选用较大的切削量；半精加工和精加工时，选用较小的切削量，以保证工件的加工质量。

二、数控车削主要刀具的使用

数控车削刀具主要包括端面刀，外圆刀，切槽刀，内、外螺纹刀，内镗刀，内槽刀，中心钻，钻头，扩孔钻及铰刀等。

（1）在车削端面时，使用端面刀。为减少换刀次数，对于余量小于 0.5 mm 切端面，一般可采用 90°正偏刀车削，而刀尖要与主轴中心等高，否则将在端面中心处产生小凸台，或将刀尖损坏。

（2）在车削外圆时，使用外圆刀。在使用时首先应看零件的轴向长短是否属于细件，其次要看车床的刚性是否满足要求。粗车选择切削用量时应把背吃刀量放在首位，背吃刀量应尽可能大；其次是进给量；最后是切削速度。用硬质合金车刀精车时，应尽量提高切削速度和采用较小的背吃刀量。

（3）在切槽或切断时，一个主切削刃与两个副切削刃将同时参与三面切削，被切材料塑性变形复杂，摩擦阻力大，平均变形大，单位切削力大，因此加工时要求进给量要小。另外，切断位置应尽量靠近卡盘，以避免引起振动；摇动手柄应均匀，防止由于切刀与工件表面摩擦产生冷硬现象而损坏刀具。切断时，中途不得停车，不能用两顶尖装夹工件。用一夹一顶方式切削工件时不应完全切断，应在临近切断时卸下工件再敲断。

(4) 在螺纹加工时，由于螺纹刀的移动具有特殊性，螺纹切削深度可采用多次径向进给加工完成。三角形螺纹要求轴向剖面牙型角必须正确、两侧面粗糙度小，中径尺寸应符合精度要求。它通过牙型对称中心线与车床主轴轴线处于垂直位置的安装要求而实现，如果把车刀装偏，所车螺纹会产生牙型倾斜现象。

(5) 内镗刀与内槽刀加工时，车削内孔为达到尺寸精度要求和表面粗糙度的要求，一般为增加刀具的刚性尽可能增加刀杆的截面积，即在保证车削的前提下，尽量选取机夹直径较粗的刀杆，尽量缩短刀杆的长度，刀杆伸出长度只需略大于孔深即可。由于刀杆刚性差、容易引起振动，因此切削用量应比车削外圆小一些。对于孔小而且长度又长、精度要求又高的零件，可以采用铰刀来铰削零件。

(6) 在钻孔时，加工使用的钻头如果顶角不对称，那么只有一个切削刃在切削，而另一个切削刃不起作用，两边受力不平衡，结果使钻出的孔扩大和歪斜。钻削长通孔时，必须先用中心钻打中心孔定位，否则过长的轴孔易偏斜。另外，钻孔前应先把工件端面车平，注意中心处不要留有凸尖。

单元三

数控车削常用量具

学习目标

- 了解游标卡尺、千分尺的结构。
- 掌握游标卡尺、千分尺的读法。
- 熟悉内径千分尺、深度千分尺的读法及使用。
- 掌握百分表的尺寸读法及应用范围

数控车削常用的量具主要为内外径卡尺。它是一种测量长度、内外径、深度的量具。它分为游标卡尺和其他卡尺（如电子数显卡尺、带表卡尺），还包括内外径千分尺、游标万能角度尺、百分表、三坐标测量仪、对刀仪及各种非标专用卡尺，（如测量沟槽深度的深度卡尺、测量齿轮厚度的齿厚卡尺等）。

知识一　游标卡尺及应用

一、游标卡尺的结构

游标卡尺（简称卡尺）是利用游标结构原理对两测量面相对移动分隔的距离进行读数的测量器具，属于万能量具。其特点是使用方便、用途广泛，测量范围大，结构简单，价格低廉，它是工厂里最常用的量具之一。利用游标卡尺可测量工件的内、外尺寸

（如长度、宽度、厚度、内径和外径），孔距，高度和深度等。按照测量精度，有1/10 mm（0.10）、1/20 mm（0.05）和 1/50 mm（0.02）三种游标卡尺，常用的是1/50 mm（0.02）。其测量范围一般为0~150，0~200，0~300，0~500，0~1000 mm等。

常用的游标卡尺有三用游标卡尺、单面量爪游标卡尺和双面量爪游标卡尺三种，其中以三用游标卡尺使用最为广泛。游标卡尺结构图如图 1-3-1 所示。

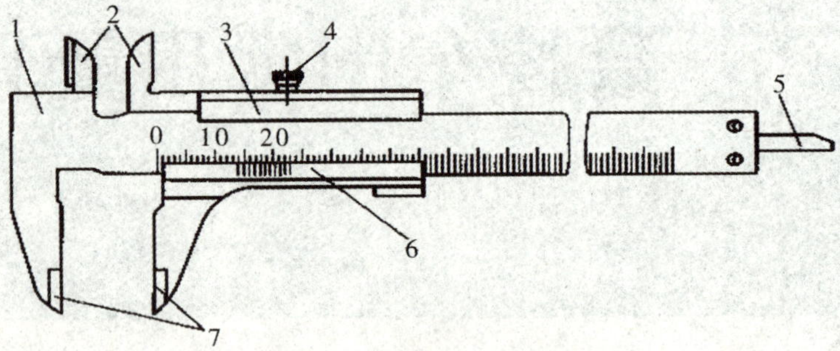

图 1-3-1 游标卡尺结构图

1—尺身；2—内量爪；3—尺框；4—紧固螺钉；5—测深尺；6—游标；7—外量爪

二、游标卡尺的读法

游标卡尺是一种中等精度的量具，所以不适宜用它来测量精度较高的零件尺寸。游标卡尺的精度与其游标刻度值有关。下面介绍 0.02 mm 游标卡尺的读数方法。

（1）先读整数。看游标零线的左边，找到尺身上最靠近的一条刻线的数值，读出被测尺寸的整数部分。

（2）再读小数。看游标零线的右边，数出游标第几条刻线与尺身刻线对齐，读出被测尺寸的小数部分（即游标读数精度乘以其对齐刻线的顺序数）。

（3）得出被测尺寸，把上面两次读数的整数部分和小数部分相加，就是卡尺所测尺寸。游标卡尺的读数示例如图 1-3-2 所示，读数的整数部分是 133 mm，游标的第 11 条线与尺身刻线对齐，所以读数的小数部分是 0.02×11＝0.22 mm，被测工件尺寸为（133 +0.22）＝ 133.22 mm。

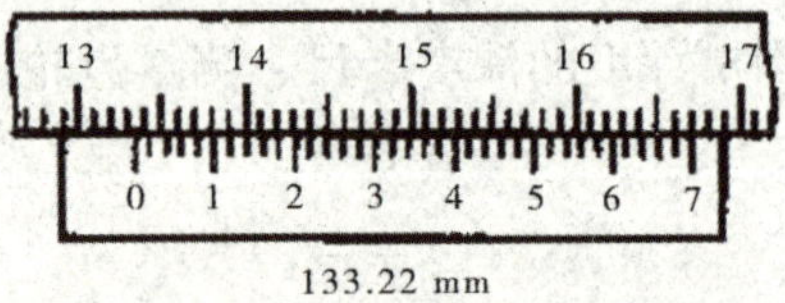

图 1-3-2 游标卡尺的读数示例

三、其他卡尺的读法

1. 电子数显卡尺

当使用电子数显卡尺测得某一尺寸时，数字显示部分就清晰地显示出测量结果，读数直观、清晰，测量效率较高。另外，尺身还附有米制与英制转换键，以实现米制与英制转换，如图 1-3-3 所示。

2. 带表卡尺

当使用带表卡尺测得某一尺寸时，可从表盘上直接读出尺寸的小数部分，再把尺身整数部分和小数部分相加即所测尺寸。该卡尺能解决游标卡尺的读数出现误差的问题。带表卡尺如图 1-3-4 所示。

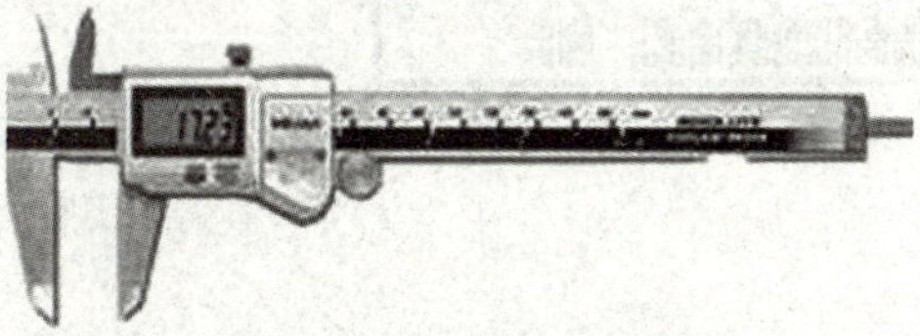

图 1-3-3 电子数显卡尺

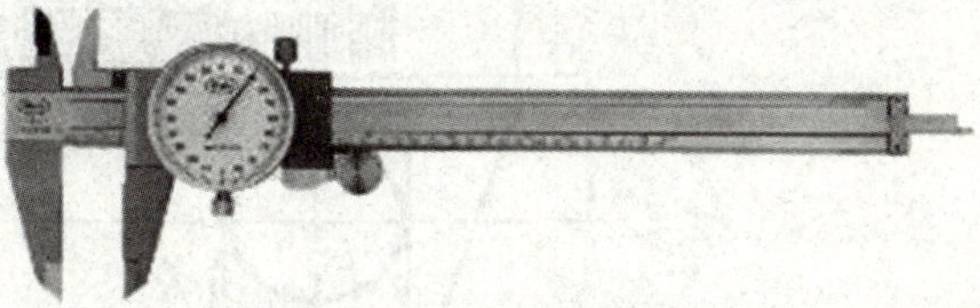

图 1-3-4 带表卡尺

四、游标卡尺的使用

测量时，右手拿住尺身，大拇指移动游标，左手拿待测外（内）径的零件，使待测零件位于外（内）测量爪之间；当待测零件与量爪紧紧相贴时，即可读数。测量外径和内径时游标卡尺的使用方法如图 1-3-5 所示。

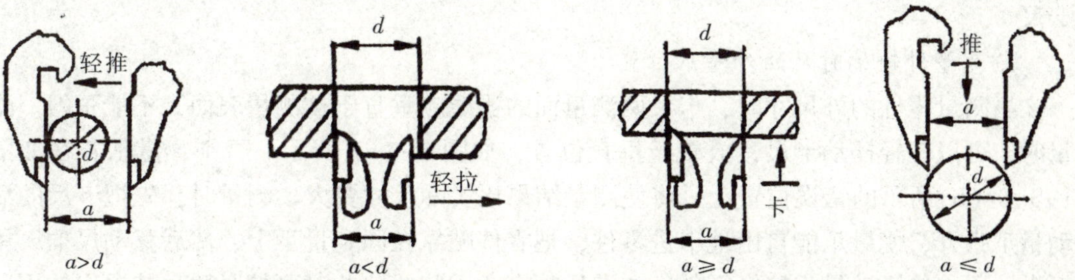

（a）正确用法　　（b）错误用法

图 1-3-5 测量外径和内径时游标卡尺的使用方法

测量零件内尺寸时，不要用力转动卡尺，可以轻轻摆动，以便找出最大值。取出内测量爪时，用力要均匀，并使游标卡尺沿着被测量的孔的中心线方向拉出，不可歪斜，否则会使内测量爪扭伤、变形或使已固定的尺框发生移位，影响读数的准确度。为了减少读数误差，一般卡尺测量零件时直接读数，而不是取下来再读数。量爪与被测零件接触时不要用力太大，用力的大小应该是正好使两个量爪能够接触到被测零件表面。

如果测量时用力过大，游框量爪会倾斜成一角度（如图 1-3-6 所示），这样测量出的尺寸比实际尺寸小（图 1-3-6 中测得的尺寸 A 小于实际尺寸 B）。从图 1-3-6 中很容易看出，S 值（被测零件在量爪上的位置）越大，所引起的误差也越大。所以，在使用游标卡尺时，用力要适当，被测零件要尽量往量爪测量面的根部放，以减小 S 值。

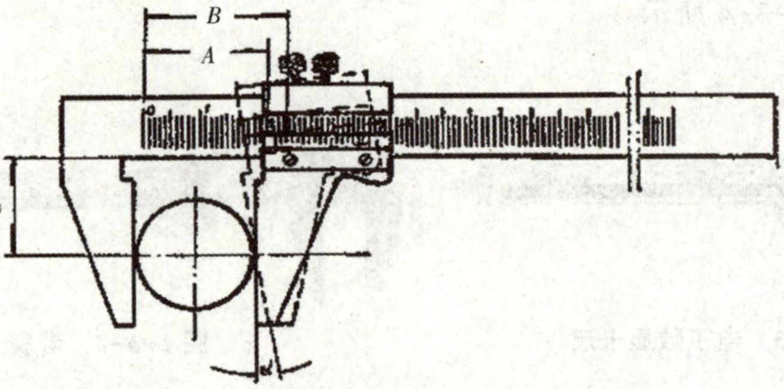

图 1-3-6　测量时用力过大引起测量误差

如果测量时用力过大，还容易压伤零件的加工表面，使测量刃陷入零件表面（尤其当测量软质金属和表面粗糙度较大的零件时），因此也使测量所得的结果或大（测内孔时）或小（测外部尺寸时）于实际的尺寸。在测量尺寸和读取尺寸以后，最好先把活动量爪移开，再从被测零件上取下游标卡尺，切不可从被测零件上猛力抽下游标卡尺。

1. 测量外轮廓时尺的外量爪位置

当测量零件的外尺寸时，卡尺两测量面的连线应垂直于被测量表面，不能歪斜。测量时，可以轻轻摇动卡尺，放置于垂直位置，如图 1-3-7 所示。否则，量爪若在如图 1-3-8（b)所示的错误位置上，将使测量结果比实际尺寸要大。测量时，先把卡尺的活动量爪张开，使量爪能自由地卡进零件，把零件贴靠在固定量爪上，然后移动尺框，用轻微的压力使活动量爪接触零件。如卡尺带有微动装置，此时可拧紧微动装置上的固定螺钉，再转动调节螺母，使量爪接触零件并读取尺寸。决不可把卡尺的两个量爪调节到接近甚至小于所测部位尺寸，不可把卡尺强制地卡到零件上去。因为这样做会使量爪变形，或使测量面过早磨损，使卡尺失去应有的精度。

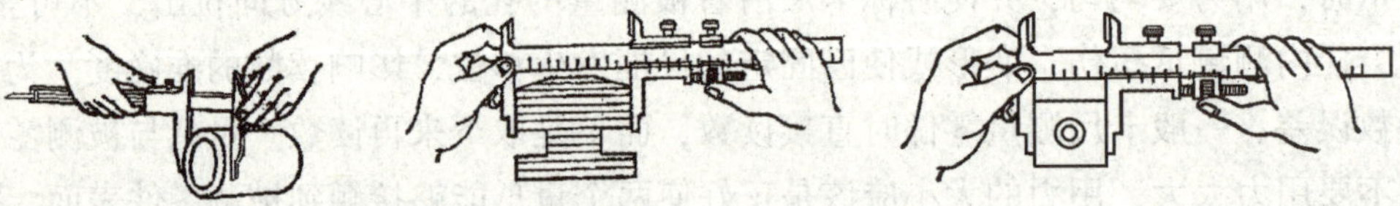

图 1-3-7　测量外尺寸时的正确位置（一）

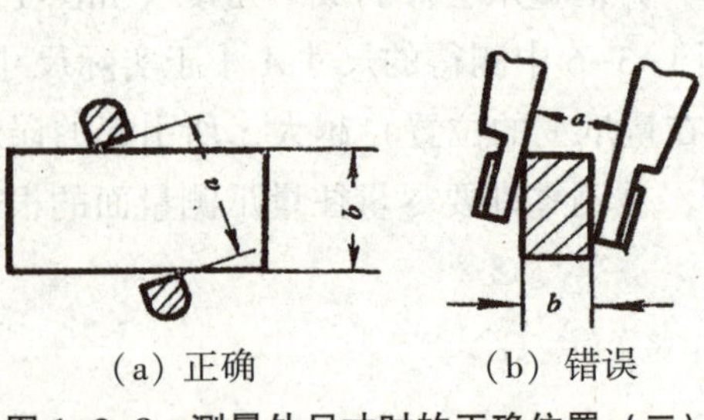

（a）正确　　（b）错误

图 1-3-8　测量外尺寸时的正确位置（二）

2. 测量外沟槽时尺的外量爪位置

测量沟槽时，应当用量爪的平面测量刃进行测量，而对于测量圆弧形沟槽尺寸，则应当用刃口型量爪进行测量，不应当用平面型测量刃进行测量，如图 1-3-9 所示。

(a) 正确　　(b) 错误

图 1-3-9　测量沟槽时正确与错误的位置（三）

测量沟槽宽度时，也要放正游标卡尺的位置，应使卡尺两测量刃的连线垂直于沟槽，不能歪斜；否则，量爪若在如图 1-3-10（b）所示的错误位置上，也将使测量结果不准确（可能偏大，也可能偏小）。

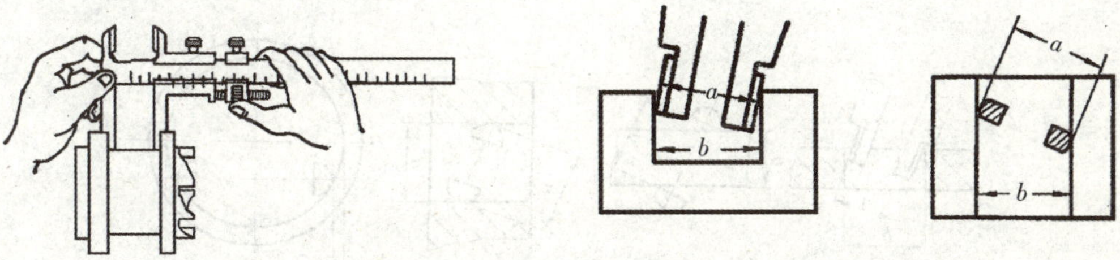

(a) 正确　　(b) 错误

图 1-3-10　测量沟槽宽度时正确与错误的位置

3. 测量内孔时尺的内量爪位置

当测量零件的内孔时，测量方法如图 1-3-11 所示。要使量爪分开的距离小于所测内孔尺寸，量爪进入零件内孔后再慢慢张开，并轻轻接触零件内表面，用固定螺钉固定尺框后，轻轻取出卡尺来读数。取出量爪时，用力要均匀，并使卡尺沿着孔的中心线方向滑出，不可歪斜，避免量爪扭伤、变形和受到不必要的磨损；而且用力不均匀也会使尺框移动，影响测量精度。

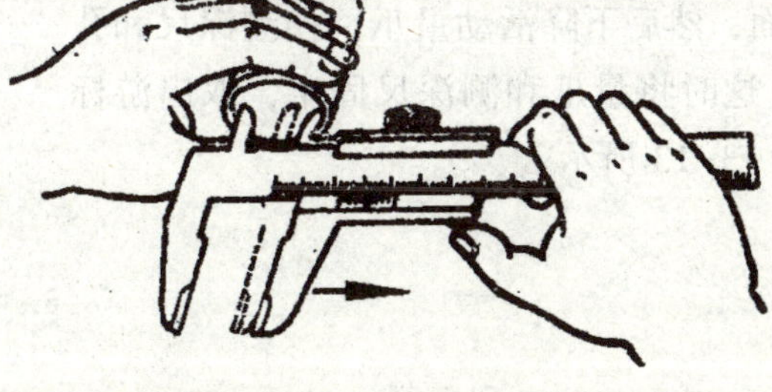

图 1-3-11　内孔的测量方法

卡尺两测量刃应在孔的直径上且不能偏斜。图 1-3-12 所示为测量内孔时卡尺刃口的正确与错误位置，当量爪在错误位置时，测量结果将比实际孔径小。

用游标卡尺测量零件时，不允许过分地施加压力，所用压力应使两个量爪刚好接触零件表面。如果测量压力过大，不但会使量爪弯曲或磨损，而且量爪在压力作用下会产生弹性变形，使测量的尺寸不准确（外尺寸小于实际尺寸，内尺寸大于实际尺寸）。

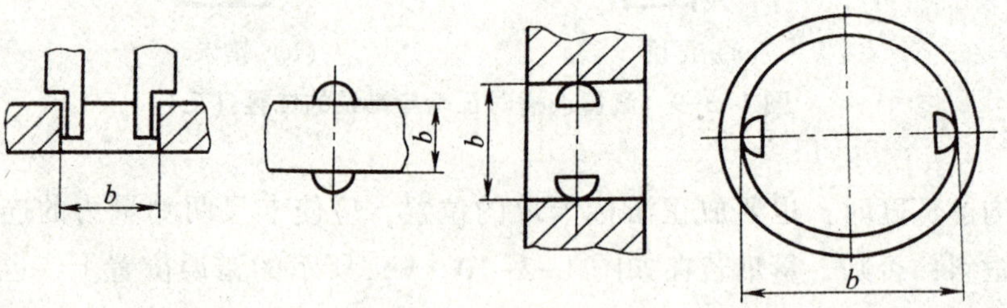

（a）正确

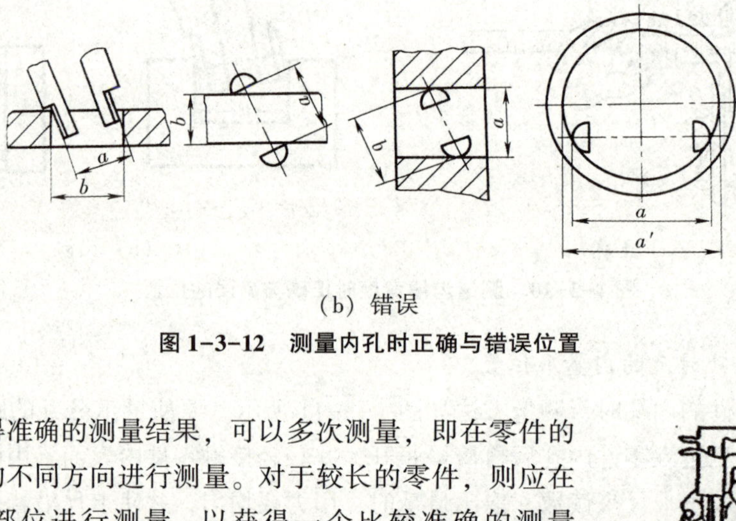

（b）错误

图 1-3-12　测量内孔时正确与错误位置

为了获得准确的测量结果，可以多次测量，即在零件的同一截面上的不同方向进行测量。对于较长的零件，则应在全长的各个部位进行测量，以获得一个比较准确的测量结果。

4. 深度测量时测深尺的位置

用测深尺测量工件深度时，尺体的尾端要垂直地压向工件孔（或槽）的顶平面，然后下降活动量爪，使测深尺和孔（或槽）底轻轻接触，这时将量爪和测深尺固定，取出游标卡尺进行读数，如图 1-3-13 所示。

图 1-3-13　测量深度时测深尺的正确位置

知识二　千分尺及应用

一、外径千分尺及读法

1. 外径千分尺

用螺旋测微原理制成的量具，称为螺旋测微量具。其测量精度比游标卡尺的高，并且测量比较灵活，因此，当加工精度要求较高时，应多使用螺旋测微量具。常用的螺旋测微量具有百分尺和千分尺。百分尺的读数精度为0.01 mm，千分尺的读数精度为0.001 mm。在工厂里，人们习惯把百分尺和千分尺统称为百分尺或分厘卡。目前，车间里大量使用的是读数精度为0.01 mm的百分尺。0~25 mm外径千分尺及其结构图如图1-3-14所示。

用外径千分尺测量零件的尺寸，就是把被测零件置于外径千分尺的两个测量面之间，所以两测砧面之间的距离就是零件的测量尺寸。当测微螺杆在螺纹轴套中旋转时，由于螺旋线的作用，测微螺杆就有轴向移动，使两测砧面之间的距离发生变化。如测微螺杆按照顺时针的方向旋转一周，两测砧面之间的距离就缩小一个螺距。例如，测量范围为0 ~ 25 mm，微分筒转过它本身圆周刻度的一小格时，两测砧面之间转动的距离为0.5/50=0.01 mm。由此可知，外径千分尺上的螺旋读数机构可以正确地读出0.01 mm，也就是外径千分尺的读数精度为0.01 mm。

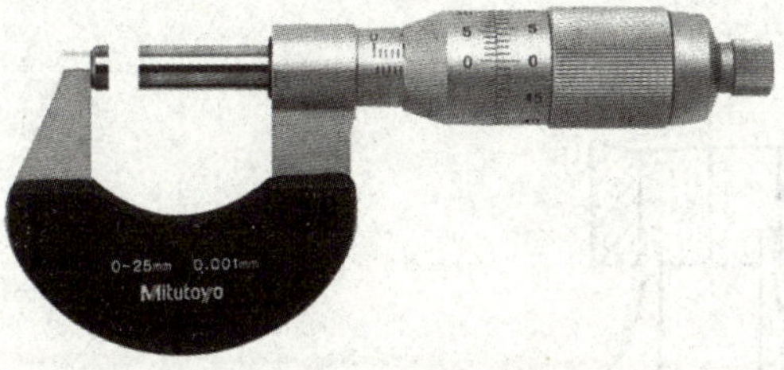

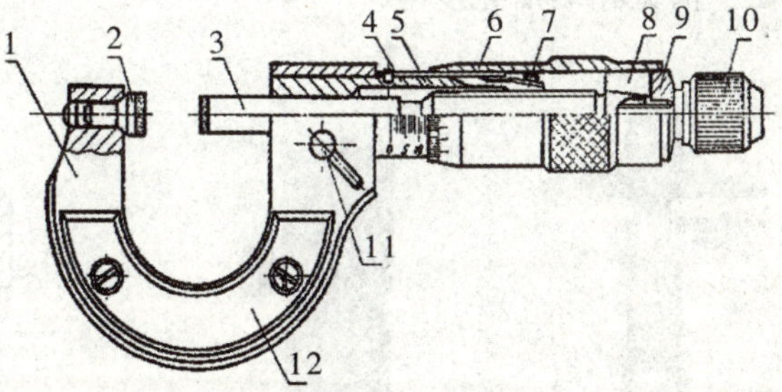

图1-3-14　0~25 mm外径千分尺及其结构图

1—尺架；2—固定测砧；3—测微螺杆；4—螺纹轴套；5—固定套筒；6—微分筒；7—调节螺母；8—接头；9—垫片；10—测力装置；11—锁紧螺钉；12—绝热板

2. 外径千分尺的读数方法

在外径千分尺的固定套筒上刻有轴向中线，其作为微分筒读数的基准线。另外，为了计算测微螺杆旋转的整数转，在固定套筒中线的两侧刻有两排刻线，刻线间距均为1 mm，上下两排相互错开0.5 mm。

外径千分尺的具体读数方法可分为三步：①读出固定套筒上露出的刻线尺寸，一定要注意不能遗漏应读出的0.5 mm的刻线值；②读出微分筒上的尺寸，要看清微分筒圆周上哪一格与固定套筒的中线基准对齐，然后将格数乘以0.01 mm即得出微分筒上的尺寸；③将前面两个数相加，即千分尺上测得的尺寸。

如图1-3-15（a）所示，在固定套筒上读出的尺寸为5 mm，在微分筒上读出的尺寸为46（格）×0.01 mm=0.46 mm，将这两个数相加即得被测零件的尺寸为5.46 mm；如图1-3-15（b）所示，在固定套筒上读出的尺寸为5.5 mm，在微分筒上读出的尺寸为46（格）×0.01 mm =0.46 mm，将这两个数相加即得被测零件的尺寸为5.96 mm。外径千分尺的手握方法如图1-3-16所示。

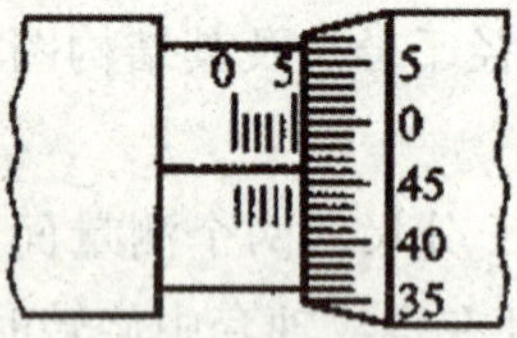

（a）读数结果为5.46 mm

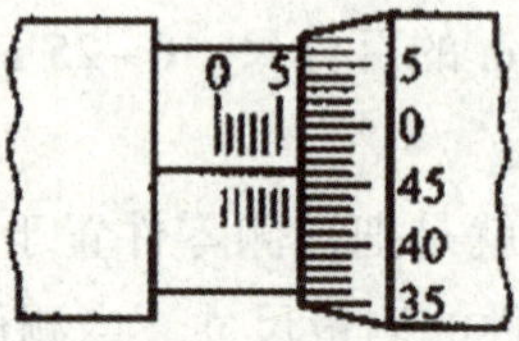

（b）读数结果为5.96 mm

图1-3-15 外径千分尺的读数

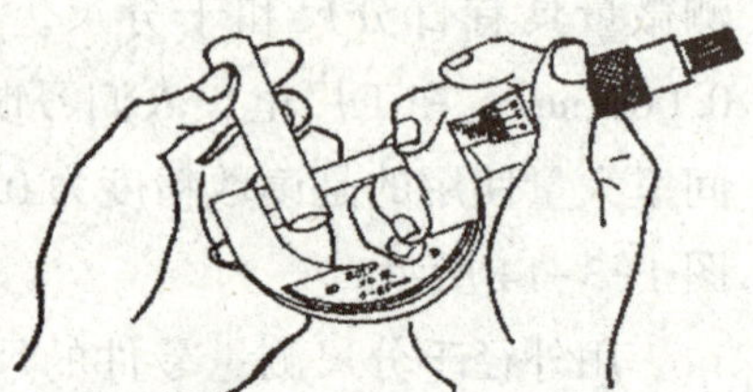

图1-3-16 外径千分尺的手握方法

二、两点内径千分尺

两点内径千分尺如图1-3-17所示。其读数方法与外径千分尺的相同，但读数方向与外径千分尺的相反，读时应注意不要读错。其测量精度为0.01 mm，测量范围为5~25，25~50，50~75，75~100 mm四种。两点内径千分尺主要用来测量中小尺寸的孔径、槽宽和键槽宽度等。

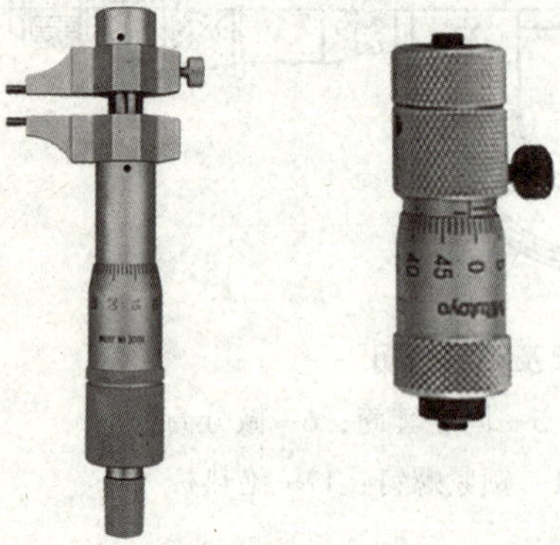

（a）实物图

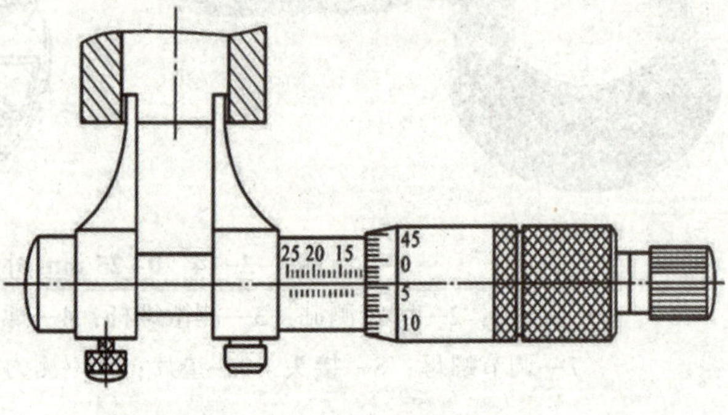

（b）使用测量图

图1-3-17 两点内径千分尺

测量前，应用标准环规校对两点内径千分尺的零位。测量两平行平面之间的距离时，应在量爪与被测零件为线接触的情况下，选取最小值作为测量结果。测量孔径时，应选取最大值作为测量结果。

三、深度千分尺

深度千分尺又称测深千分尺，其外形及使用示意图如图 1-3-18 所示。深度千分尺可用来测量工件的通孔、盲孔、槽和阶梯孔的孔深，其结构与外径千分尺的相似，不同之处是深度千分尺用底板代替尺架和测砧。深度千分尺的分度值为 0.01 mm，测微螺杆移动量是 25 mm，使用可换式测量杆，测量范围为 25～50，50～75，75～100 mm。测量时应保证测量杆的轴线与被测面保持垂直。另外，用测力装置（棘轮）来使测量杆与另一被测量面相接触，以保持恒定的测量力。

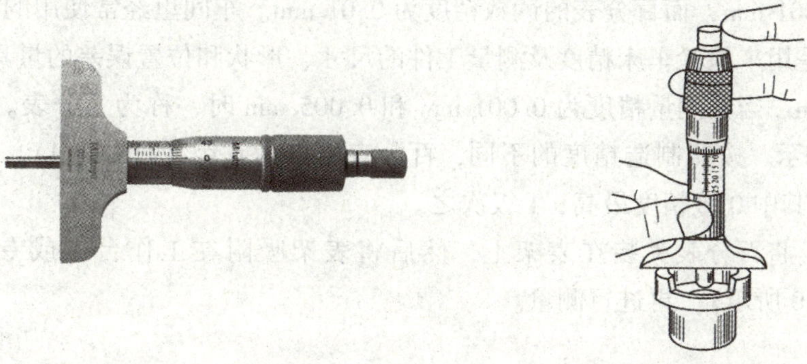

（a）外形　　　　（b）使用

图 1-3-18　深度千分尺外形及使用示意图

四、千分尺使用注意事项

（1）测量时要先旋转微分筒，调整千分尺测量面，当测量面快要接触被测表面时，再旋动棘轮，这样既节约时间，又防止棘轮过早磨损；退尺时应使用微分筒，不要旋动后盖和棘轮，以防其松动影响零位。

（2）测量时不要快速旋转微分筒，以防测量杆的测量面与被测零件发生猛撞，损坏千分尺或产生测微螺杆咬死的现象。

（3）当转动棘轮发出咔咔的响声后进行读数，如果需要把千分尺取下来读数，应先搬止动器，固定活动测量杆，再将千分尺取下来读数。但是这种读数法容易磨损测量面，应尽量少使用。

（4）测量时要使整个测量面与被测表面接触，不要只用测量面的边缘测量，同时可以轻轻地摆动千分尺或被测零件，使测量面与被测面接触良好。

（5）为消除测量误差得到准确的测量结果，可在同一位置多测量几次取平均值或多测量几个位置。

知识三　百分表、游标万能角度尺及应用

一、百分表的使用

百分表和千分表都是用来校正零件或夹具的安装位置、检验零件的形状精度或相互位置精度的。它们的结构原理基本相同，只是千分表的读数精度比较高，即千分表的读数精度为 0.001 mm，而百分表的读数精度为 0.01 mm。车间里经常使用的是百分表。

百分表是用来检验车床精度及测量工件的尺寸、形状和位置误差的量具。其测量精度为 0.01 mm。当其测量精度为 0.001 mm 和 0.005 mm 时，称为千分表。百分表头如图 1-3-19 所示。按照制造精度的不同，百分表可分为 0 级（IT6～IT4）、1 级（IT16～IT7）两种，其中 0 级精度最高，1 级次之。

使用时，将百分表头装在表架上，然后将表架吸附在工作台上或专用检验台上（如图 1-3-20 所示），再进行测量。

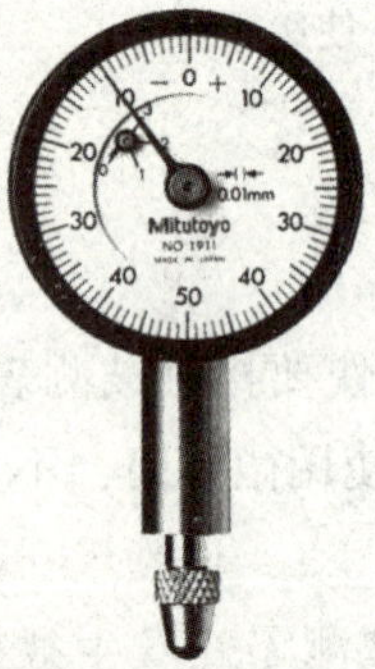

图 1-3-19　百分表头

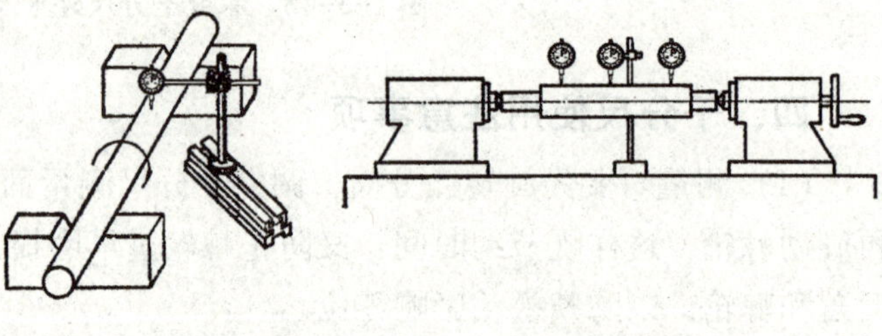

（a）吸附在工作台上　　（b）吸附在专用检验台上

图 1-3-20　轴类零件圆度、圆柱度及跳动

内径百分表是用来测量孔径及孔的形状误差的测量工具，如图 1-3-21 所示。内径百分表的测量范围有 6～10，10～18，18～35，35～50，50～100，100～160，160～250 mm等。内径百分表示值误差较大，一般为 ± 0.015 mm。百分表测量工件如图 1-3-22 所示。即先在外径千分尺上取孔径的整数值［如图 1-3-22（a）所示］，再用手轻按定位装置，将活动测头放入被测孔内，再放入可换测头，然后使内径百分表在孔的轴向截面内充分地摆动［如图 1-3-22（b）所示］，观察指针读数，以最小值作为读数值。若读数为零，说明被测孔径与标准的直径相等；若指针顺时针方向离开零位，说明被测孔径小于标准孔径；若指针逆时针方向离开零位，说明被测孔径大于标准孔径。

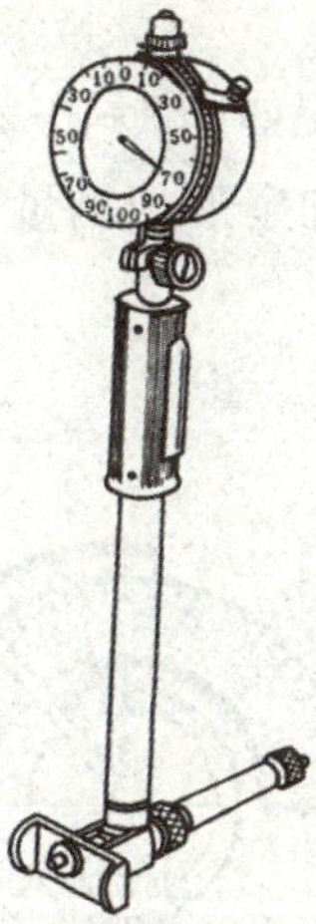

图 1-3-21　内径百分表示意图

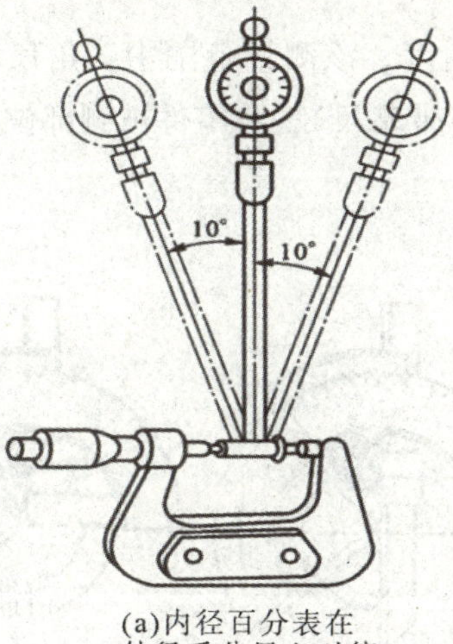

(a)内径百分表在外径千分尺上对值

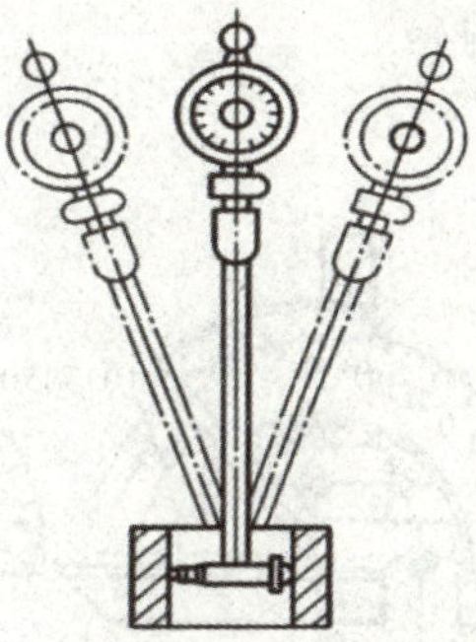

(b)内径百分表摆动测量孔径

图 1-3-22　百分表测量工件

二、游标万能角度尺的使用

游标万能角度尺是用来测量精密零件内、外角度或进行角度划线的角度量具，其外形如图 1-3-23所示。测量时，根据被测部位的情况，先调整好角尺或直尺的位置，用卡块上的螺钉把它们紧固住，再来调整基尺测量面与其他有关测量面之间的夹角。

这时，要先松开制动头上的螺母，移动主尺进行粗调整，再转动扇形板背面的微动装置进行细调整，直到两个测量面与被测表面密切贴合为止，最后拧紧制动器上的螺母，把角度尺取下来进行读数。

图 1-3-23　游标万能角度尺外形

游标万能角度尺的分度值有 2′和 5′两种，测量范围为 0°~320°。游标万能角度尺根据测量范围不同，分为四种角度组合方式，即测量角度分别是 0°~50°，50°~140°，140°~230°，230°~320°。

（1）测量 0°~50°的角度。该测量范围中，角尺和直尺装配如图 1-3-24（a）所示，将零件的被测部位放在基尺和直尺的测量面之间进行测量。

（2）测量 50°~140°的角度。该测量范围中，直尺装配如图 1-3-24（b）所示，使直尺与扇形板连在一起，将零件的被测部位放在基尺和直尺的测量面之间进行测量。

（3）测量 140°~230°的角度。该测量范围中，角尺装配如图 1-3-24（c）所示，须将角尺短边与长边的交线和基尺的尖棱对齐，将零件的被测部位放在基尺和角尺短边的测量面之间进行测量。

(4) 测量230°~320°的角度。该测量范围中，角尺和直尺装配如图 1-3-24 (d) 所示，只留下扇形板和主尺（带基尺)，将零件被测部位放在基尺和扇形板测量面之间进行测量。

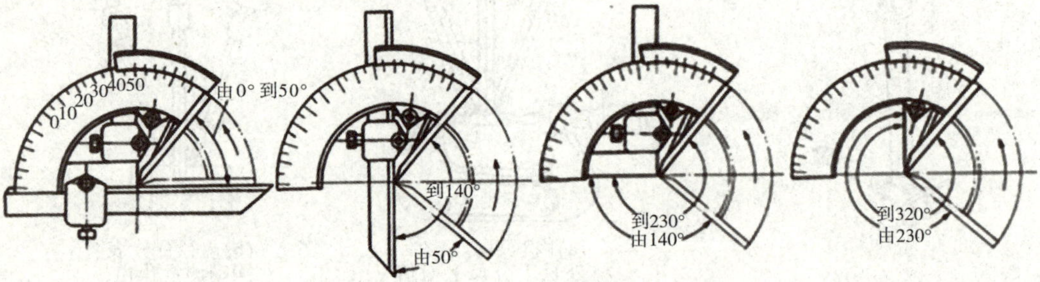

(a) (b) (c) (d)

图 1-3-24 游标万能角度尺不同角度组合示意图

游标万能角度尺的刻线原理与读数方法如下。

(1) 游标万能角度尺的刻线原理。尺身刻线每格为 1°，游标上 30 格与尺身上 29 格的弧长相等，即游标上每格对应的角度为 29/30，所以尺身 1 格与游标 1 格相差 1-29/30=1/30，即相差 2′，即游标万能角度尺的读数精度为 2′。

(2) 游标万能角度尺的读数方法。游标万能角度尺与游标卡尺的读数方法相同，即首先从尺身上读出与游标零线左边最近的刻度线数值，该数值即为被测角度的整数值；然后从游标上读出与尺身刻线对齐的那一条刻线的数值，该数值即为被测角度的“分”数值；最后将两数值相加得到被测角度的读数值。如图 1-3-25 所示，该读数的整数部分是 9°，游标的第 8 条线与尺身刻线对齐，所以读数的小数部分是 2′×8=16′，即被测工件角度为（9° +16′）= 9°16′。

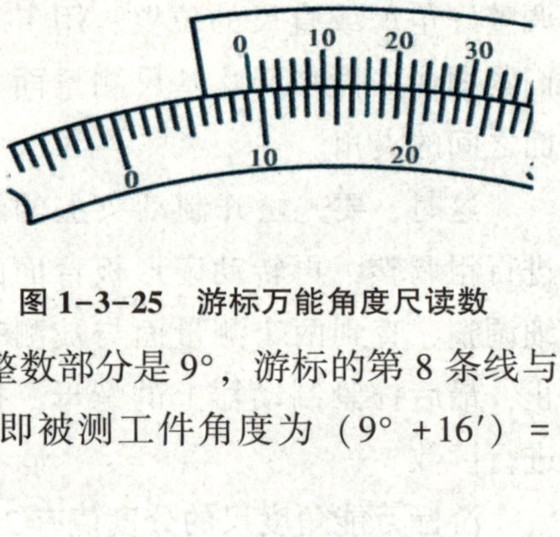

图 1-3-25 游标万能角度尺读数

知识四 螺纹千分尺、螺纹规及应用

螺纹在机械制造业中应用极为广泛。螺纹按照用途，可分为紧固螺纹、传动螺纹和密封螺纹。螺纹按照截面形状（牙型），可分为三角形螺纹、梯形螺纹、矩形螺纹、锯齿形螺纹等。其中，三角形螺纹常用于连接、紧固、调节等，矩形、梯形和锯齿形螺纹主要用于传递动力。另外，螺纹有内螺纹和外螺纹之分，在结构上还有直螺纹与锥螺纹之分。

一、螺纹

螺纹根据螺距的大小分为粗牙螺纹和细牙螺纹。

1. 粗牙螺纹

粗牙螺纹的螺距比细牙螺纹的螺距大，且粗牙螺纹不需要标注螺距（如 M8，M12-6g，M16-7h 等），主要用于联结螺纹。其与细牙螺纹相比，因螺距大，螺纹升角也大，故自锁性差，一般多与弹簧垫圈配合使用。其缺点是螺距大，牙型也深，对零件本体强度降低较大；优点是拆装方便，与之配套的标准件齐全，容易互换。

2. 细牙螺纹

细牙螺纹必须标注螺距，以示与粗牙螺纹的区别。例如，“M30×1.5”表示螺纹公称直径（大径）为 30 mm、螺距为 1.5 mm 的细牙螺纹。

二、螺纹千分尺

螺纹千分尺用于测量普通三角形螺纹的中径。图 1-3-26 所示为三角形螺纹千分尺示意图，它是由上、下测量头，测微螺杆和砧座等组成的。

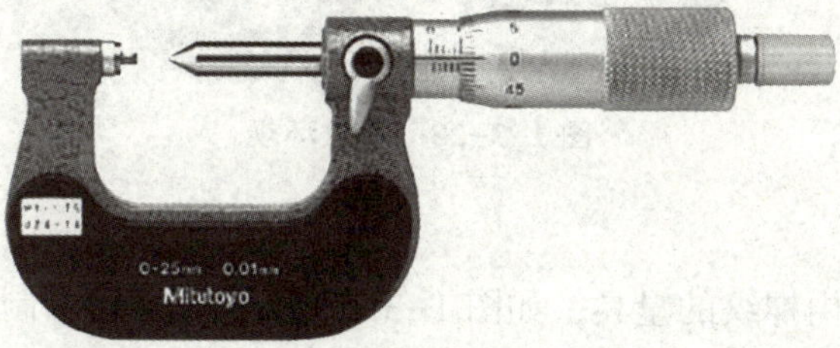

图 1-3-26　三角形螺纹千分尺示意图

螺纹千分尺测量方法如图 1-3-27 所示。螺纹千分尺备有一系列不同牙型的测量触头，测量时可根据需要选择合适的测量头，然后分别插入千分尺的测量杆和砧座的位置，使千分尺对准零位后即可测量。千分尺的读数就是中径的实际尺寸。

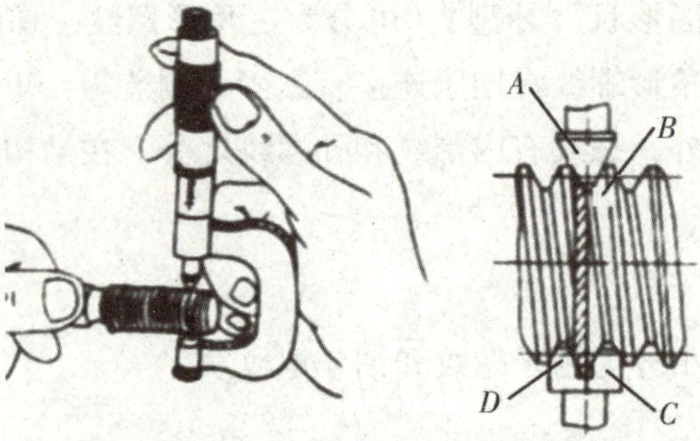

图 1-3-27 螺纹千分尺测量方法

三、螺纹环规

螺纹环规是检验外螺纹的量具，如图 1-3-28 所示。常用米制螺纹环规分为普通粗牙、细牙两种，是对外螺纹进行综合测量的量具。其中，厚度薄的为止端，在螺纹环规上标有“Z”字样；厚度厚些的为通端，在螺纹环规上标有“T”字样。而且，在螺纹环规的通端和止端上标有螺纹的公称直径、螺距和螺纹等级。例如，标有“M30×1.5-6g”的外螺纹使用螺纹环规检验时，若通端能过去，而止端过不去，则表示此外螺纹尺寸合格。

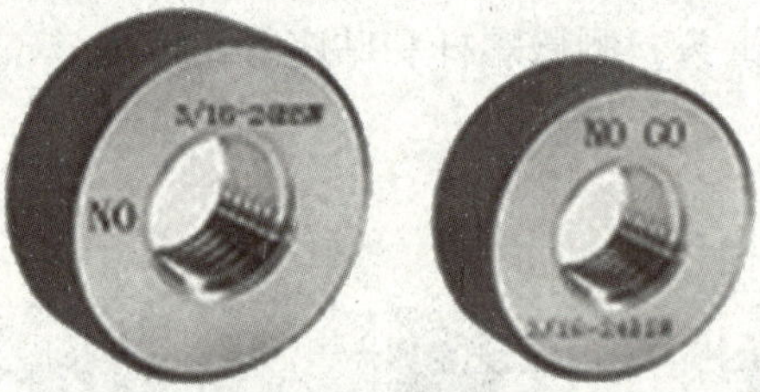

图 1-3-28 螺纹环规

四、螺纹塞规

螺纹塞规是检验内螺纹的量具，如图 1-3-29 所示。常用米制螺纹塞规同样分为普通粗牙、细牙两种，是对内螺纹进行综合测量的量具。其中，厚度薄的为止端，在螺纹塞规上标有“Z”字样；厚度厚些的为通端，在螺纹塞规上标有“T”字样。而且，在螺纹塞规的通端和止端上标有螺纹的公称直径、螺距和螺纹等级。例如，标有“M16×2-6G”的内螺纹使用螺纹塞规检验时，若通端能过去，而止端过不去，则表示螺纹尺寸合格。

图 1-3-29 螺纹塞规

五、螺纹牙型规

螺纹牙型规是对内、外螺纹牙型及螺距进行检测的量具，其示意图如图 1-3-30 所示。使用时，将螺纹牙型规的螺纹齿紧靠在零件螺纹齿上，吻合后看其配合的间隙。螺纹牙型规不能用来检测螺纹的外径、中径等尺寸。

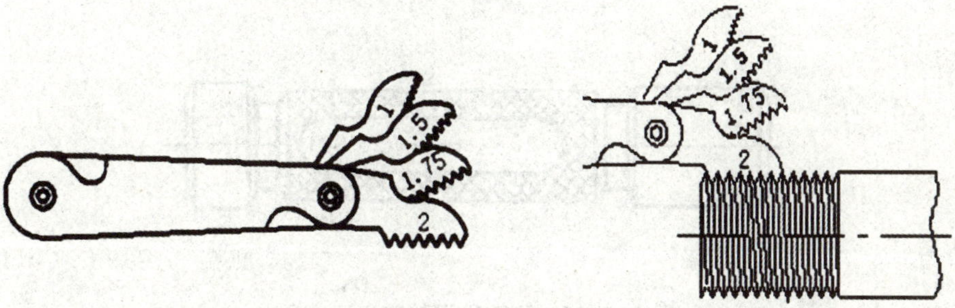

图 1-3-30 螺纹牙型规示意图

知识五 环规、塞规、塞尺及圆弧规

一、环规

环规是检验工件轴径的量规，也称轴测环规，其示意图如图 1-3-31 所示。它有两个测量面，尺寸大的一端在测量时应通过轴颈，叫作通端，该尺寸等于轴或外表面的最大极限尺寸；尺寸小的一端在测量时应不通过轴颈，叫作止端，该尺寸等于轴或外表面的最小极限尺寸。用环规检验工件时，如果通端能通过，而止端不能通过，说明该工件的尺寸偏差在允许的公差范围之内，是合格品；否则，是不合格品。

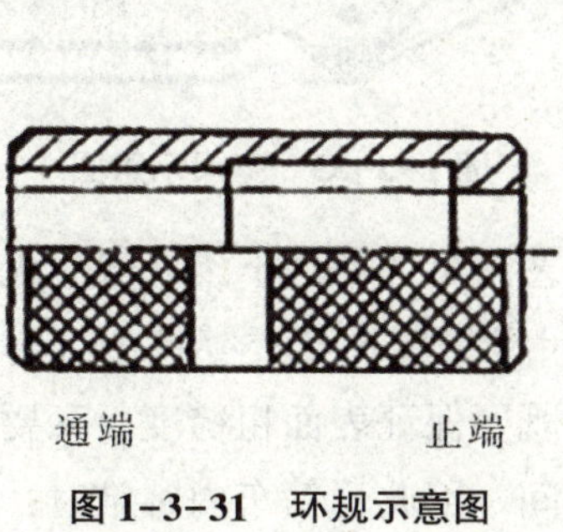

图 1-3-31 环规示意图

二、塞规

塞规是检验孔径的量规，也称孔测塞规，其示意图如图 1-3-32 所示。光滑塞规要成对使用，即通规和止规同时使用。由于塞规是无刻度的专用量具，检验时，如果通规能通过，止规不能通过，则被检验孔的直径尺寸合格；反之，如果通规能通过，止规也能通过，或通规和止规都不能通过，则说明被检验孔直径尺寸不合格。

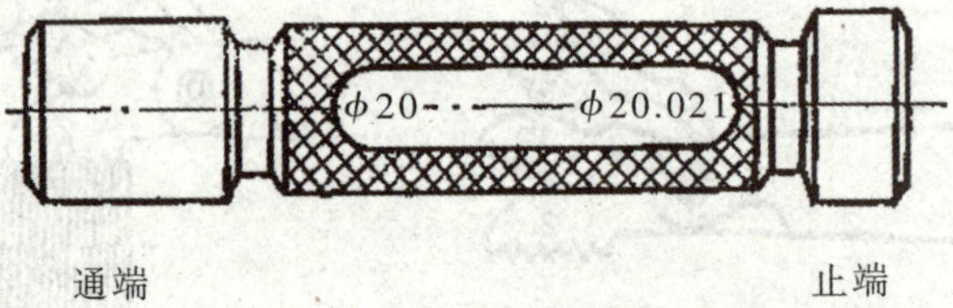

图 1-3-32　测孔径用的塞规示意图

三、塞尺

塞尺（图 1-3-33）是用于测量间隙尺寸的量具，根据塞尺与零件被测表面配合的松紧程度来判断被测零件的尺寸精度。塞尺一般用不锈钢制造，最薄为 0.02 mm，最厚为 3 mm，从 0.02~0.10 mm 各钢片厚度级差为 0.01 mm；从 0.1~1.0 mm 各钢片厚度级差为 0.05 mm；自 1 mm 以上各钢片厚度级差为 1 mm。在进行间隙测量和调整时，首先选择符合间隙规定的塞尺插入被测间隙中，然后边调整、边拉动塞尺，感到稍有阻力，说明该间隙值接近塞尺上所标出的数值；若拉动阻力过大或过小，则说明该间隙值小于或大于塞尺上所标出的数值。

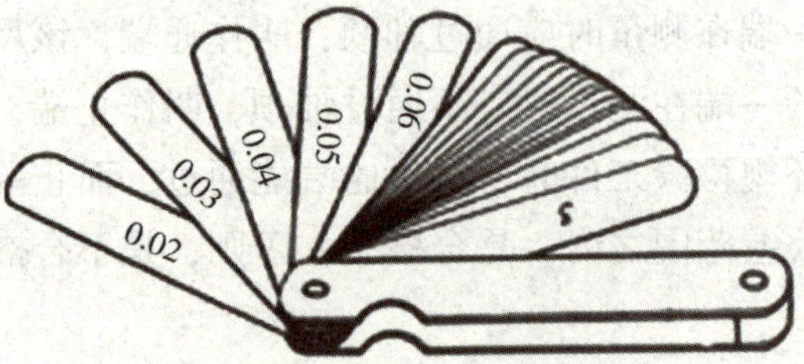

图 1-3-33　塞尺示意图

对于配合件的加工，在工艺许可的条件下，一般应先加工轴类零件后加工孔类零件（因为轴类零件的精度和表面尺寸精度比孔类零件的容易保证），再用轴零件去配合制作孔零件。由于车内圆锥时，既要保证表面粗糙度，又要保证圆锥直径，故与外圆锥加工相比较难掌握，而且耗费时间。因此，精车内圆锥时，可选择小背吃刀量进行车削加工，切削刃应该始终保持锋利状态，走刀应均匀，同时必须根据加工的实际情况，确定合适的切削速度。

四、圆弧规

对于圆弧零件可采用圆弧规（又称R规）进行检测，其示意图如图1-3-34所示。测量时，可根据零件圆弧半径的公差选两片极限样板。对于凸面圆弧，用上限半径样板检验时，允许其两边沿漏光；用下限半径样板检验时，允许其中间漏光，即可看出圆弧半径是否在公差范围内。对于凹面圆弧，漏光情况则相反。

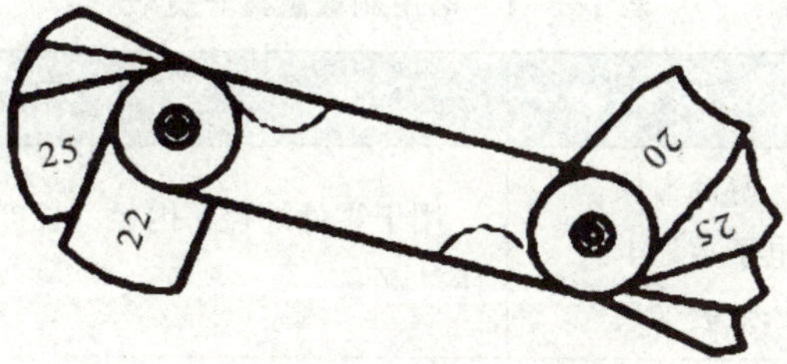

图1-3-34　圆弧规示意图

知识六　三坐标测量仪简介

三坐标测量仪又称为三坐标测量机或三坐标测量床，简称CMM，是指在三维可测的空间范围内，能够表现几何形状、长度及圆周分度等测量能力的仪器。它是将被测零件放入它允许的测量空间，精确地测出被测零件表面多点在空间三个坐标位置（X，Y，Z）的数值，能够根据测头系统返回的点数据，将这些点的坐标数值经过计算机数据处理，拟合形成测量元素（如圆、球、圆柱、圆锥、曲面等），再经过计算机进行数据处理得出其形状、位置公差及其他几何量数据。其外形结构图如图1-3-35所示，包括导向机构、测长元件、数显装置及工作台等。三坐标测量仪应用广泛，是一种用于设计开发、检测、统计分析的现代化的智能检测工具。目前使用的三坐标测量仪有桥式测量仪、龙门式测量仪、水平臂式测量仪和便携式测量仪。其测量方式大致可分为接触式与非接触式两种。操作三坐标测量仪时，须注意探针的有效长度，且探针去碰触工件时应尽可能与工件的被测量面保

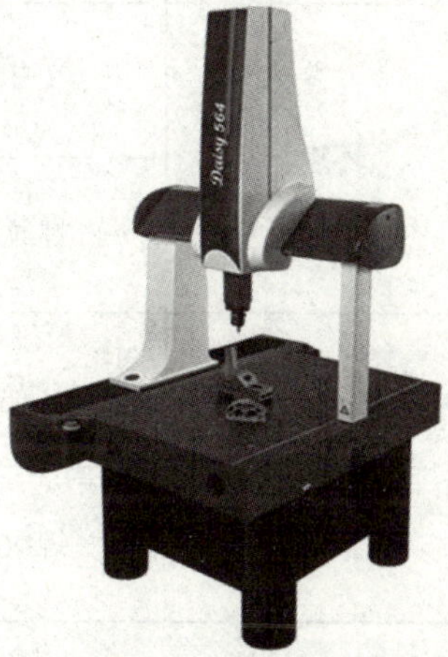

图1-3-35　三坐标测量仪外形结构图

持垂直。正确有效地使用探针来碰触被量测工件，可以避免产生许多测量上不必要的误差。但是在实际碰触取点时，至少需保持探针与垂直面成±30°，以防止探针打滑而造成检测重复、精度不准。

单元总结

表 1-3-1　常用测量量具一览表

量具名称	分类	适用范围
卡尺	游标卡尺 电子数显卡尺 带表卡尺	用于零件外径、内径、长度、宽度、厚度、深度和孔距的测量
千分尺	外径千分尺	多用于加工精度要求较高时的测量，并且测量比较灵活
	螺纹中径千分尺	测量外螺纹的中径尺寸
	两点内径千分尺	测量中、小尺寸的孔径、槽宽和键槽宽度
	深度千分尺	测量通孔、盲孔、槽和阶梯孔的孔深
百分表		用于检验车床精度和测量工件的尺寸、形状和位置误差
游标万能角度尺		用于测量精密零件内、外角度或进行角度划线的角度量具
环规	环规	用于检验工件的外径，若通端能通过，止端不能通过，则工件合格
	螺纹环规	用于检验工件外螺纹，若通端能通过，止端不能通过，则工件合格
塞规	塞规	用于检验工件的内孔，若通端能通过，止端不能通过，则工件合格
	螺纹塞规	用于检验工件内螺纹，若通端能通过，止端不能通过，则工件合格

单元四

数控车削加工概述

学习目标

- 了解数控车床的特点、加工对象及应用范围。
- 掌握数控车削工艺分析、工序的划分。
- 掌握数控工艺文件的填写。

知识一　数控车床的特点、加工对象及应用

随着现代化工业的飞速发展，机械行业对数控车床的需求也逐渐变大。虽然数控车床是在普通车床的基础上发展起来的，但与普通车床相比，其加工效率和加工精度更高，可加工的零件形状更复杂，加工工件的一致性更好。这是由于数控车床是根据加工程序的指令要求自动进行加工的，且加工过程中无须人为干预。因此，在整个加工过程中，要将全部工艺过程及工艺参数等编制成数控加工程序，所以程序编制前的工艺分析、工艺处理、工艺装备的选用等工作就显得尤为重要。

一、数控车床的特点

1. 数控车床的床身采用高刚度构件、立柱等

数控车床的车身均采用静刚度、动刚度、热刚度等较好的支承结构，使其加工时的稳定性大大增强。

2. 传动结构简化

数控车床主轴转速由主轴伺服驱动系统直接控制与调节，取代了传统卧式车床的多级齿轮传动系统，简化了机械传动结构。

3. 主轴转速高速化

数控系统均采用变频调速主轴电动机，没有中间齿轮传动环节，因此其速度调节范围大，转速高。

4. 传动元件精度高

数控车床采用效率、刚度和精度等各方面都高的传动元件，如滚珠丝杠螺母副、静压蜗轮蜗杆副及静压导轨等。

5. 主传动与进给传动分离

数控系统协调 X，Z 轴伺服电动机两轴联动，取代了传统车床的主传动联动。

6. 操作自动化

数控系统采用工件的自动夹紧装置、自动换刀装置、自动排屑装置、自动润滑装置、双刀架装置，全方位实现了操作上的自动化，操作者的劳动趋于智力型工作。

7. 全封闭防护

数控设备均采用全封闭结构，封闭式加工，既清洁、安全，又美观。

8. 对操作维修人员的技术水平要求高

正确的维护和有效的维修是提高数控车床效率的基本保证。数控车床的维修人员应有较高的、较全面的数控理论知识和维修技术，维修人员应有比较丰富的机、电、液专业知识，这样才能综合分析、判断故障根源，缩短因故障停机的时间，实现高效维修。

二、数控车床主要加工对象

1. 要求表面精度高的回转体零件

由于数控车床的刚性好，制造和对刀精度高，以及能方便和精确地进行人工补偿及自动补偿，所以它能够加工尺寸精度要求较高的零件。此外，由于数控车削时刀具运动是通过高精度插补运算和伺服驱动来实现的，再加上车床的刚性好和制造精度高，所以它能加工对母线直线度、圆度、圆柱度要求高的零件，尤其适合加工圆弧及其他曲线轮廓形状的零件。另外，数控车削对提高位置精度特别有效。在数控车床上加工零件时，如果发现位置精度较低，可以通过修改程序的方法来校正，以提高零件的位置精度。

2. 要求表面粗糙度小的回转体零件

由于数控车床的刚性和制造精度高，再加上数控车床具有恒线速度切削功能，因此能加工出表面粗糙度小的零件。在材质、精车余量和刀具已定的情况下，表面粗糙度取决于进刀量和切削速度。在传统普通车床上车削端面时，由于转速在切削过程中恒定，所以在端面内的粗糙度是不一致的。而使用数控车床可以选用最佳线速度来切削端面，这样切出的粗糙度既均匀又一致。数控车床还适合于车削各部位表面粗糙度要求不同的零件，粗糙度小的部位可以通过减小走刀量的方法来实现切削。

3. 要求表面形状特别复杂的回转体零件

由于数控车床既具有直线和圆弧插补功能，部分车床数控装置还有某些非圆曲线插补功能（如椭圆、抛物线、双曲线等），因此可以车削由任意直线与曲线、曲线与曲线等外形复杂的回转体及具有复杂封闭内成型面的零件。复杂外形轴类零件如图 1-4-1 所示。对于由非圆曲线组成的轮廓，可用非圆曲线插补功能；若所选系统没有曲线插补功能，也可以利用宏程序编程来实现对零件的加工。

图 1-4-1　复杂外形轴类零件

图 1-4-2　横向加工轴类零件

4. 要求带有横向加工的回转体零件

由于数控车削加工中心能够实现车、铣两种模式的加工，因此带有键槽、径向孔或端面分布的孔系及有曲面的盘套或轴类零件，可以选数控车削加工中心来完成对零件的加工。横向加工轴类零件如图 1-4-2 所示。

5. 要求带有特殊螺纹的回转体零件

数控车床不但能车削等导程的直、锥和端面螺纹，也能车削变导程的螺纹零件，而且车削螺纹的效率很高，这是普通车床所不能完成的。另外，数控车床采用的是机夹硬质合金螺纹车刀，以及采用较高的转速，所以车削出来的螺纹不仅精度高，而且表面粗糙度小。变导程螺纹零件如图 1-4-3 所示。

图 1-4-3　变导程螺纹零件

6. 超精密、超低表面粗糙度的零件

超精加工的轮廓精度可达 0.1 μm，表面粗糙度可达 0.02 μm。超精加工所用数控系统的最小设定单位应达到 0.01 μm。超精车削零件的材质以前主要是金属，现已扩大到塑料和陶瓷，这些都适合于在高精度、高功能的数控车床上进行加工。

三、数控车床的应用范围

数控车床与普通车床不同，它是按照事先编写好的程序自动地进行加工。在零件加工前，编程人员需根据加工的工艺过程、切削工艺参数、位移量、进给量、背吃刀量及加工所需要的辅助动作（如换刀、冷却、夹紧、主轴的正反转、转速、切削液打开与关闭等），按照加工顺序和数控系统所规定的指令代码及程序格式先编写程序单，再将程序单中的全部内容输入车床数控装置中，从而控制车床对零件的切削加工。其应用范围主要有：

（1）外轮廓复杂且加工精度要求高，用普通车床无法加工或虽然能加工但很难保证产品质量的零件；

（2）具有难测量、难控制进给、难控制尺寸的内腔零件；

（3）用数学模型描述的具有复杂曲线、曲面轮廓的零件；

（4）必须在一次装夹中完成钻、铣、镗、锪、铰或攻丝等多工序的零件；

（5）用普通车床加工时难以观察、测量和控制进给的内、外凹槽类零件；

（6）毛坯上的加工余量稳定且生产批量小的零件。

知识二 数控车削加工工艺

一、数控车削加工工艺分析

1. 对零件设计图进行分析

对零件设计图进行分析是制订数控车削工艺的基础，主要包括以下几方面内容。

（1）尺寸标注方法分析。首先应进行零件图纸分析，观察零件尺寸是否完整，零件尺寸精度、表面粗糙度、材料硬度、热处理及技术要求等是否符合数控车床加工的特点。

（2）对零件图样尺寸的标注方法分析。若零件的尺寸标注分散地从设计基准引注，这将会给工序安排、加工、坐标计算和数控编程带来许多麻烦。单端车削加工的零件图样则要求从同一基准引注尺寸或直接给出相应的坐标值。而对于两端车削加工的零件不应该以一端作为基准进行标注，如图 1-4-4 所示；应从两端作为基准分别向中间标注，最后在中间留开口尺寸，如图 1-4-5 所示。

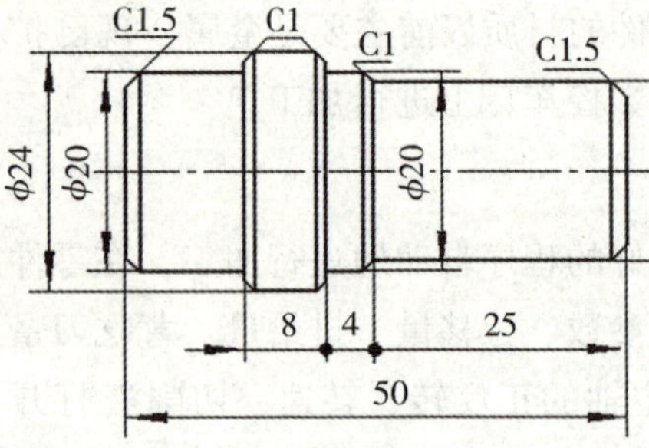

图 1-4-4 不合理的尺寸标注

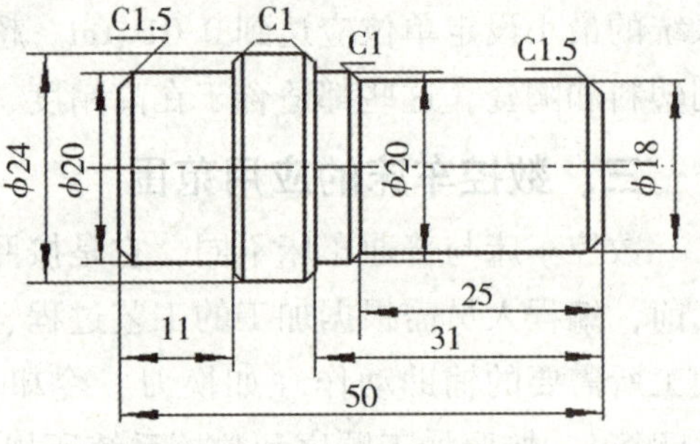

图 1-4-5 合理的尺寸标注

（3）对刀具运动轨迹及装夹的可行性分析。观察图纸中零件毛坯外形和内腔是否有碍装夹或刀具的定位、运动和切削。如图 1-4-6 所示，零件内腔球面过深，需判断加工时 ϕ25 mm 内孔能否出现与内孔刀杆发生干涉现象。必要时可进行刀具检测，为刀具运动路线的确定和程序设计提供依据。另外，对于车削零件，若需调头加工还应分析调头后有无装夹的可能。如图 1-4-7 所示，该零件调头后零件本身无法装夹，因此必要时可做螺纹工装来装夹零件，然而这样会增加零件的加工成本。

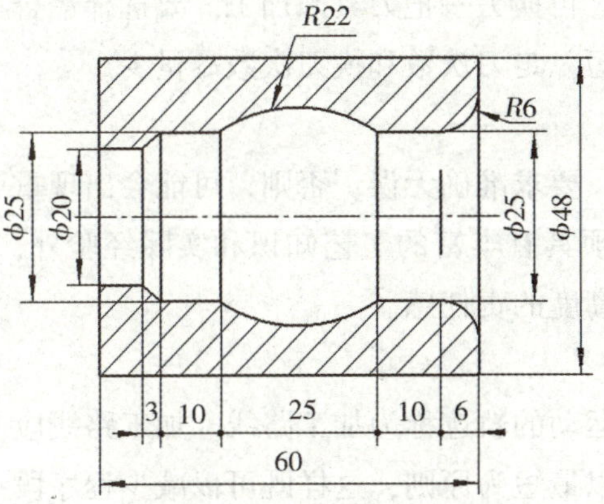

图 1-4-6　内球面零件

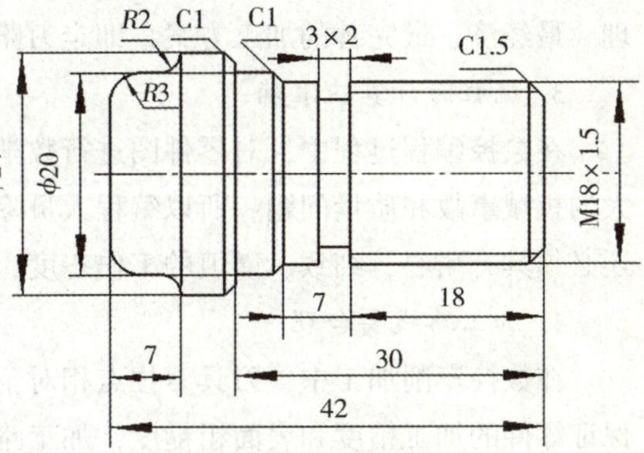

图 1-4-7　销轴零件

（4）对被加工零件的精度及技术要求进行分析。这是零件工艺性分析的重要内容，只有在分析零件尺寸精度和表面粗糙度的基础上，才能正确合理地选择加工方法、装夹方法、刀具及切削用量等。例如，粗车能保证精度的不用精车，精车能保证精度的不用磨削。另外，对于粗糙度要求较高的不同直径表面、端面，应用恒线速度车削。

2. 对零件结构工艺性进行分析

零件的结构工艺性是指在满足使用要求的前提下，零件对加工方法的适应性、可行性和经济性，取决于产品零件的结构形状、尺寸和技术要求，即所设计的零件结构应便于加工成型，且成本低、效率高。因此，对零件结构的局部形状调整，有利于提高零件的加工精度、尺寸公差、表面粗糙度及经济成本。例如，零件的内腔与外形应尽量统一几何类型和尺寸；同一销轴零件上出现两个不同的直径螺纹，在可能满足要求的前提下，采用同一尺寸螺距，以避免使用两把螺纹刀；在零件上切槽时，需将不同宽度的槽刀进行统一，可减少刀具的数量，少占刀位，做到经济合理。

3. 对数据进行计算分析

编程前要进行工件坐标系的确定及基点或节点的数据计算，分配数控加工工序的公差及数控加工中的容差，保证零件加工后尺寸精度合格。另外，编程时要将刀具补偿指令编写在程序中，加工时还要将刀具补偿值设置到数控系统中。

二、数控车削加工工艺特点

1. 预前设计好加工方案

为了使数控车床发挥高效加工性，在掌握车床特性的同时，应对加工零件的刀具配置及使用顺序、加工部位、加工顺序、刀具轨迹、切削参数等方面进行正确合理地选择。

2. 零件加工工序应集中

在数控车床上加工工件，工序必须集中，在一次装夹中应尽可能完成所有的工序，因此要划分好工序。一般情况下采用“先内后外、先粗后精”的原则，为了减少换刀次数，缩短空行程，减少不必要的定位误差。还应采用“刀具集中”的原则，就是将零件上用同一把刀具加工的部位全部加工完成后，再换另一把刀具来加工。要选择最合理、最经济、最完善的加工方案，即走刀路线最短、走刀次数和换刀次数尽量少。

3. 编程时计算应准确

在数控编程过程中，对零件图进行数学计算，要求准确无误；否则，可能会出现重大的机械事故和质量问题。所以编程人员除了必须具有丰富的工艺知识和实际经验外，还必须具有耐心，细致、谨慎的工作态度，以及高度的责任感。

4. 加工路线要合理

在数控车削加工中，刀具刀位点相对于零件运动的轨迹称为加工路线。加工路线应保证零件的加工精度和表面粗糙度，加工路线应以最短为原则，这样既可以减少程序段的数量，又可以减少空刀时间。对于复杂的零件表面、特殊曲线表面或有特殊要求的表面，在零件的一次装夹中要尽量完成多个表面的加工，从而缩短加工工艺路线和生产周期。

5. 采用先进工艺装备

为了满足数控加工中高质量、高效率和高柔性的要求，在数控加工中一般都广泛采用先进的数控刀具、组合夹具等工艺装备。

三、数控车削加工工序划分

数控车削加工工序划分要根据数控加工的特点，以及零件的结构与工艺性、车床的功能及零件数控加工内容的多少、安装的次数等进行综合考虑，主要包括以下内容。

（1）根据安装次数划分工序。例如：加工外形时，以内腔进行一次夹紧为一道工序；加工内腔时，再以外形夹紧为另一道工序。

（2）根据所用的刀具划分工序。例如：在一次装夹中用一把刀完成可以加工的全部部位作为一道工序，然后换另一把刀加工其他部位再作为另一道工序。

（3）根据粗、精加工划分工序。对于易变形的零件，考虑到工件加工精度、变形等因素，可按照粗、精加工分开的原则来划分工序，即先粗后精，将粗加工作为第一道工序、精加工作为第二道工序。

（4）按照加工部位划分工序。以完成相同型面的那部分工艺作为第一道工序。有些零件加工表面多而复杂，构成零件轮廓的表面结构差异大，可按照其结构特点划分多道工序。

总之，数控车削工序的划分要根据零件的结构要求、零件的安装方式、零件的加工工艺性、数控车床的性能及加工的实际情况等因素灵活掌握，不可千篇一律，力求合理即可。

四、数控车削加工工序设计

数控车削加工工序将直接影响零件的加工质量和生产效率。工序设计前要对零件图进行认真分析，把本工序的加工内容、切削用量、工艺装备、定位夹紧方式及刀具轨迹都确定下来，为编制加工程序做充分的准备。

1. 确定走刀路线和安装工步顺序

加工路线应保证被加工工件的精度和表面粗糙度，选择最短的走刀路线以减少空行程时间，合理设计刀具的切入与切出的方向，尽量避免传动系统反向间隙而产生的定位误差。

2. 确定定位基准与夹紧方案

尽量做到设计、工艺与编程计算的统一，采用工序集中原则，应减少装夹次数；尽量做到在一次装夹后就能加工出全部待加工表面，还要尽量避免采用占机人工装夹方案。

五、工件在数控车床上的定位

工件在车床或夹具上的定位及夹紧的正确与否，直接影响到工件的加工质量。在工件的机械加工工艺过程中，合理地选择定位基准对保证工件的尺寸精度和相互位置精度有重要的作用。毛坯在开始加工时，都是以未加工的表面定位，这种基准面称为粗基准；用已加工的表面作为定位基准面称为精基准。

1. 粗基准的选择

选择粗基准时，首先应保证所有加工表面都有足够的加工余量，其次还要保证工件加工表面与不加工表面之间具有一定的位置精度。

（1）选择重要表面为粗基准。为保证工件上重要表面的加工余量小而均匀，应选择加工精度及表面质量要求较高的表面为粗基准。

（2）选择不加工的表面为粗基准。对于同时有加工表面与不加工表面的工件，为保证不加工表面之间的位置要求，应选择不加工表面作粗基准。图 1-4-8 所示为皮带轮粗基准选择示意图。

分析图 1-4-8（a），由于铸造时有一定的形位误差，因此第一次装夹车削时，应选择皮带轮内缘不加工表面作为粗基准，加工后就能保证轮缘厚度基本相等，如图 1-4-8（b）所示。如果选择皮带轮外圆加工表面作为粗基准，加工后因铸造误差不能消除，会使轮缘厚度不均匀，如图 1-4-8（c）所示。

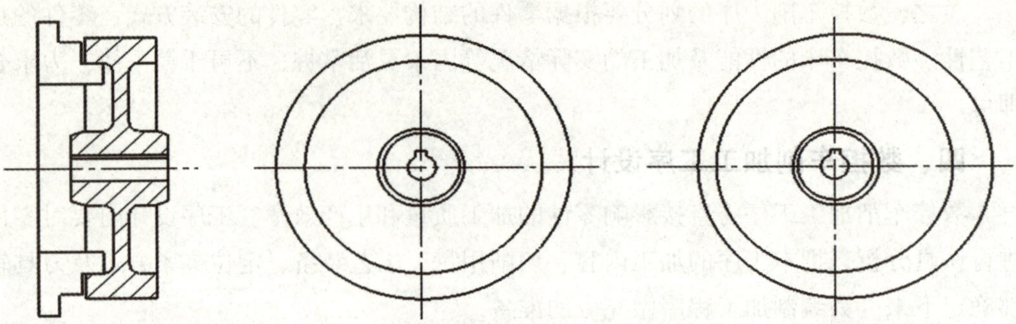

(a) 正确装夹方式　　(b) 轮缘厚度一致　　(c) 轮缘厚度不均匀

图 1-4-8　皮带轮粗基准选择示意图

(3) 合理分配加工余量。对于所有表面都需加工的工件，在选择粗基准时，应考虑合理分配各加工表面的余量，选择毛坯量最小、精度高的表面作粗基准。这样不会因位置的偏移而造成余量太少的部位加工不出来。如图 1-4-9 所示的阶梯轴，其铸件毛坯 *A* 侧余量小、*B* 侧余量大，粗车找正时应以 *A* 侧为基准，适当兼顾 *B* 侧加工余量。

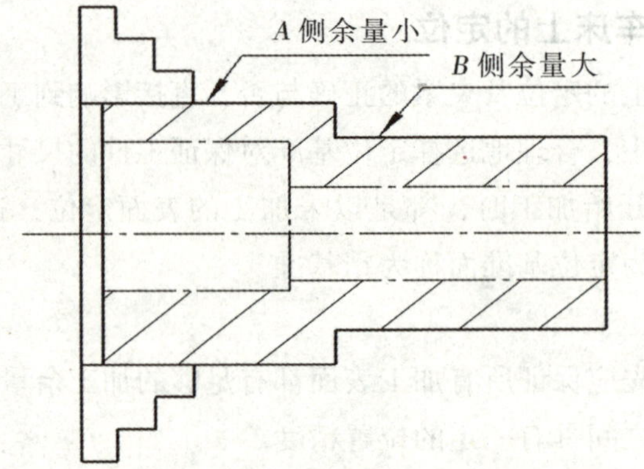

图 1-4-9　以加工余量小的表面找正

(4) 粗基准应选择平整光滑的表面，铸件装夹时应让开浇、冒口部分。

(5) 应选用工件上强度、刚性好的表面作为粗基准，以防止将毛坯夹坏或产生松动。

(6) 粗基准应避免重复使用。粗基准在同一尺寸方向上只能使用一次，因为粗基准本身都是未经机械加工的毛坯面，其表面粗糙度大且精度低，若重复使用将产生较大的误差。如图 1-4-10 所示，毛坯粗基准第一次装夹加工右端；当将毛坯调头重新装夹加工左端时，会产生较大的同轴度误差，而且轴心线严重偏移，如图 1-4-11 所示。

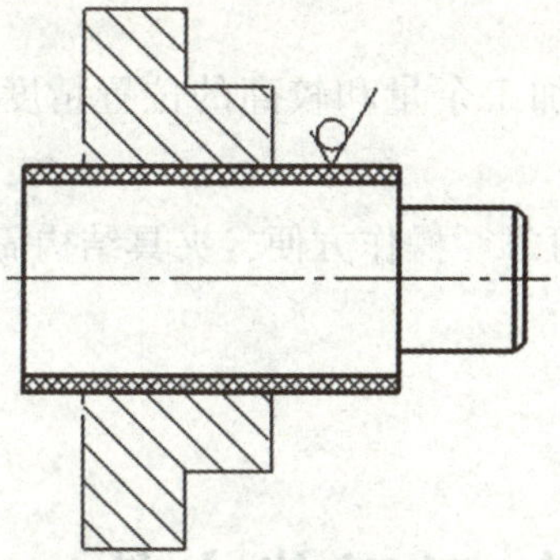

图 1-4-10 毛坯粗基准第一次装夹

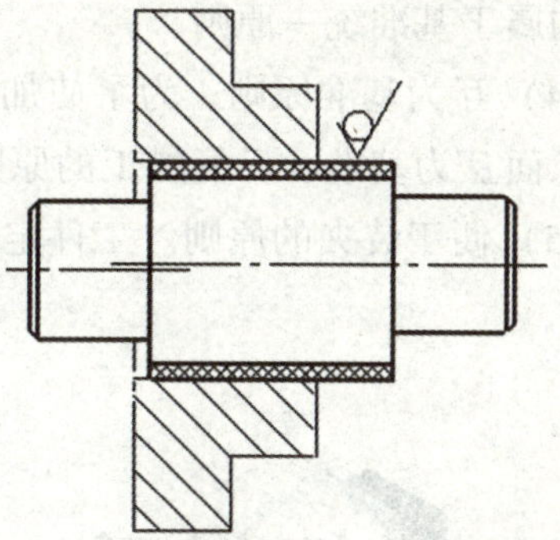

图 1-4-11 毛坯调头第二次装夹粗基准

2. 精基准的选择

选择精基准时主要应保证加工精度、装夹方便、夹具结构简单。精基准选择原则如下。

（1）基准重合原则。即选择设计基准或装配基准作为定位基准，以避免产生基准不重合误差。这种基准重合的情况能使某个工序所允许出现的误差加大，使加工更容易达到精度要求，经济性更好。但是，这样往往会使夹具结构复杂，增加操作难度。例如，轴套、齿轮坯和带轮在精加工时利用心轴以孔作为定位基准来加工外圆等。如图 1-4-12 所示，在车床的三爪自定心卡盘上加工法兰盘时，一般先车好法兰盘的内孔和螺纹，然后将它安装在专用的心轴上再加工凸肩、外圆和端面，即将定位基准和装配基准重合，以达到装配精度要求。

（2）自为基准原则。有些精加工为了保证加工质量，要求加工余量小且均匀，故采用加工表面本身作为定位基准，这就是自为基准原则。对于加工精度要求高、加工余量小且均匀的表面，常采用此原则定位基准。图 1-4-13 所示的浮动铰刀铰孔即采用自为基准原则。

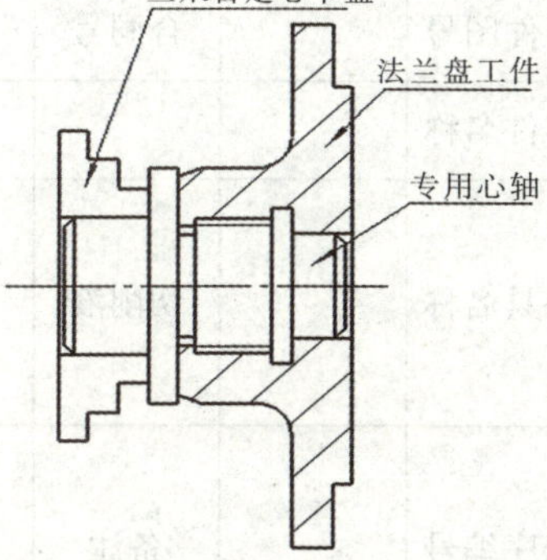

图 1-4-12 法兰盘的心轴加工

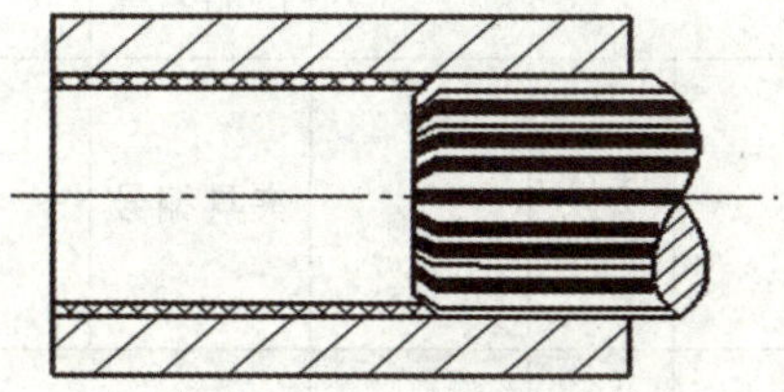

图 1-4-13 浮动铰刀铰孔

（3）基准统一原则。当工件上有许多表面需要进行多道工序加工时，应尽可能在多道工序中采用同一组基准定位，这就是基准统一原则。例如，加工轴类零件时，采用两中心孔定位加工各外圆表面、齿轮坯和齿形，多采用齿轮的内孔及一端面为定位基准，均属于基准统一原则。

(4) 互为基准原则。为了使加工面获得均匀的加工余量和较高的位置精度，可采用加工面互为基准、反复加工的原则。

(5) 便于装夹的原则。工件定位要稳定，夹紧可靠，操作方便，夹具结构简单。

知识三　常见数控加工工艺文件

数控加工工艺文件是数控加工与数控加工工艺内容的具体体现，是指令性文件。它受控于程序指令，是用来记录加工工艺内容的。它与普通加工工序卡不同的是，除了零件的工艺过程以外，主要还包括切削参数、走刀路线、刀具尺寸、车床运动、装夹方式、编程原点、对刀点等相关参数，还要注明编程说明等相关信息。它是操作人员进行数控加工的主要指导性技术文件，并以表格（卡片）形式记录。它是数控零件加工、产品验收的依据，也是操作人员遵守执行的规程。

一、数控加工工艺卡

数控加工工艺卡与普通加工工艺卡相似，除表达加工内容外，还要反映使用的辅具、刃具及切削用量等。它是编制加工程序的主要依据和操作人员配合数控程序进行数控加工的主要指导性工艺文件。当工序内容不太复杂时，可把工序图画在工序卡片上。常用数控加工工艺卡见表 1-4-1。

表 1-4-1　数控加工工艺卡（一）

数控加工工艺卡				产品型号		零件图号		合同号	共　页
单位				产品名称		零件名称			第　页
车床型号		车床名称		夹具编号		夹具名称		切削液	
工序号		工序名称				程序编号		备注	

表 1-4-1（续）

工步号	作业内容	刀具号	刀具名称（机夹）	主轴转速/（$r \cdot min^{-1}$）	进给速度/（$mm \cdot min^{-1}$）	背吃刀量/mm

标记	处数	签字	日期	设计	审核	会签	批准日期

二、数控加工刀具卡

数控加工对刀具要求十分严格，加工前应根据刀具实际尺寸调整刀具参数数值。数控加工刀具卡是调刀人员调整刀具、组装刀具的依据。它主要包括刀具号、刀具名称、刀柄型号、刀具的直径和长度等内容。常见数控加工刀具卡见表 1-4-2。

表 1-4-2 数控加工刀具卡

<table>
<tr><td colspan="3">数控加工工艺卡</td><td>产品型号</td><td colspan="2"></td><td>零件图号</td><td></td><td>合同号</td><td>共 页</td></tr>
<tr><td>单位</td><td colspan="2"></td><td>产品名称</td><td colspan="2"></td><td>零件名称</td><td></td><td></td><td>第 页</td></tr>
<tr><td>车床型号</td><td></td><td>车床名称</td><td></td><td>调刀设备型号</td><td colspan="3"></td><td>调刀工</td><td></td></tr>
<tr><td>程序编号</td><td></td><td>工序号</td><td></td><td>工序名称</td><td colspan="3"></td><td>磨刀工</td><td></td></tr>
<tr><td rowspan="2">序号</td><td rowspan="2">刀具号（H）</td><td rowspan="2">刀具规格、名称及标准号</td><td rowspan="2">刀柄型号</td><td colspan="2">刀具补偿量</td><td rowspan="2" colspan="2">刀具简图</td><td rowspan="2">工步号</td><td rowspan="2">备注</td></tr>
<tr><td>长度值地址（D）</td><td>半径值地址（D）</td></tr>
<tr><td></td><td></td><td></td><td></td><td></td><td></td><td colspan="2"></td><td></td><td></td></tr>
<tr><td></td><td></td><td></td><td></td><td></td><td></td><td colspan="2"></td><td></td><td></td></tr>
</table>

表 1-4-2（续）

序号	刀具号（H）	刀具规格、名称及标准号	刀柄型号	刀具补偿量		刀具简图	工步号	备注
				长度值地址（D）	半径值地址（D）			

标记	处数	通知单编号	签字	日期	设计	审核	会签	批准日期

知识四　数控车削的切削用量

数控车床加工的切削用量包括切削速度（v_c）、背吃刀量（a_p）和进给量（f），其选用原则与普通车床基本相似。切削用量的选择原则如下。

粗加工时，一般以提高生产效率为主，但也应考虑经济性和加工成本。切削用量的选择应首先选取尽可能大的背吃刀量，其次选取尽可能大的进给量，最后确定最佳的切削速度。

半精加工和精加工时，应在保证加工质量的前提下，首先根据粗加工后所留下的半精加工或精加工余量来确定背吃刀量；其次根据表面的粗糙度要求，选取较小的进给量；最后在保证刀具耐用度的前提下，尽量选取较高的切削速度。

数控切削加工工艺参数包括背吃刀量、进给速度、主轴转速、切削速度等。这些参数的值是否合理，将直接影响零件的加工质量。切削加工工艺参数的确定方法如下。

1. 背吃刀量（a_p）的确定

背吃刀量应根据车床、夹具、刀具和零件的刚度及车床功率来确定。在工艺系统刚性允许的条件下，尽可能选取较大的背吃刀量，以减少走刀次数，提高效率。影响背吃刀量的因素还有零件的加工工艺、刀具的强度、零件材料及表面粗糙度等。

粗加工时，在留下半精加工和精加工余量后，在工艺系统刚性允许的条件下，尽可能用较少的走刀次数将粗加工量切除；一般来说，首次切削 a_p 应尽可能大些，以使刀尖避开工件表面不平及铸锻件表层的硬氧化皮。

精加工时，a_p应根据粗加工留下的加工余量来确定。a_p值依次减少（半精加工，a_p取1.0~3.0 mm；精加工，a_p取0.05~0.80 mm），以提高加工精度和表面质量。

2. 进给速度（v_f）的确定

进给速度是指在单位时间内，刀具沿进给方向移动的距离，包括分进给（单位为mm/min）与转进给（单位为mm/r）。

粗加工的进给速度应以较大为原则，以减少走刀次数，缩短切削时间；精加工的进给速度应以较小为原则，以降低表面粗糙度。但还要考虑到刀尖角度、刀尖圆弧半径对工件表面粗糙度的影响。一般情况下，粗车进给速度取0.3~0.8 mm/r为宜；精车进给速度取0.1~0.3 mm/r为宜；切断进给速度取0.05~0.20 mm/r为宜。另外，当工件材料较软时，可适当增大进给速度；反之，可适当减小进给速度。

3. 主轴转速（n）的确定

主轴转速应根据被加工部位的直径，并按照零件和刀具的材料及加工性质等条件所允许的切削速度来确定。

4. 切削速度（v_c）的确定

切削速度的大小直接影响切削效率、切削温度、刀具耐用度及表面粗糙度。所以，在确定切削速度时，要考虑刀具材料、工件材料、背吃刀量、进给量、刀具几何形状、切削液、车床性能等综合因素的影响，一般可通过计算、查表或凭经验选取。常用切削加工工艺参数表见表1-4-3。

表1-4-3 常用切削加工工艺参数表

零件材料	热处理状态	不同金属材料切削加工工艺参数对照		
		a_p=0.3~2.0 mm	a_p=2~6 mm	a_p= 6~10 mm
		f=0.08~0.30 mm/r	f=0.3~0.6 mm/r	f=0.6~1.0 mm/r
		v_c/（m·min^{-1}）	v_c/（m·min^{-1}）	v_c/（m·min^{-1}）
低碳钢/易切钢	热轧	140~180	100~120	70~90
中碳钢	热轧/调质	130~160/100~130	90~110/70~90	60~80/50~70
合金结构钢	热轧/调质	100~130/80~110	70~90/50~70	50~70/40~60
工具钢	退火	90~120	60~80	50~70
灰铸铁	HBS<190	90~120	60~80	50~70
	190<HBS<225	80~110	50~70	40~60
高锰钢（W_{Mn}=13%）			10~20	
铜及铜合金		200~250	120~180	90~120
铝及铝合金		300~600	200~400	150~200
铸铝合金		100~180	80~150	60~100

单元总结

一、数控车削加工的特点

数控车床是实现柔性自动化的重要设备，与普通车床相比，具有以下特点：适应性强，适合加工单件或小批量复杂工件；加工精度高，产品质量稳定；生产率高；自动化程度高，劳动强度低；有利于生产管理现代化；便于计算机辅助设计与制造；易于建立计算机通信网络；对操作维修人员的技术水平要求较高；等等。

数控车床的类别较多，通常以和普通车床相似的方法进行分类。可以按照数控车床主轴的位置、刀架数量、控制方式、数控系统的功能，把数控车床分成不同的类型。

二、数控车削工艺分析

（1）在对零件图进行分析并确定好数控车床以后，就要确定零件的装夹定位方式、加工路线，如对刀点、换刀点、进刀和退刀路线、刀具及切削用量等工艺参数（包括进给速度、主轴转速、背吃刀量等）。

（2）确定好加工顺序和步骤。加工一般分为粗加工、半精加工、精加工三个阶段。粗加工背吃刀量一般为 1~2 mm，半精加工一般留有 0.6 mm 左右的余量，精加工直接形成产品的最终尺寸精度和表面粗糙度。

（3）对于要求较小表面粗糙度的零件，要分别进行半精加工与精加工。对于加工表面粗糙度要求不高的零件，粗加工留有 0.5 mm 左右的加工余量，半精加工与精加工可合二为一，一次完成，这样可以大大提高生产效率。

三、数控车削加工工艺文件

数控车削加工工艺文件包括数控加工工序卡、数控加工刀具卡、数控加工程序说明卡、数控加工程序单、数控加工走刀路线图，常用的主要是数控加工程序说明卡、数控加工工序卡及数控加工刀具卡。

四、数控车削切削用量

数控车削切削用量包括切削速度、切削深度和进给量。合理选择切削用量的原则如下：粗加工时，以提高劳动生产率为主，选用较大的切削量；半精加工和精加工时，选用较小的切削量，以保证工件的加工质量。

单元五 数控车削编程基础

学习目标

➢ 掌握数控编程程序的结构、格式及程序段的含义。

➢ 明确数控车床工件坐标系的设定方法。

➢ 掌握常用数控系统准备功能代码、辅助功能代码、常用螺纹及复合循环指令等。

➢ 明确刀具补偿指令及用法。

数控车床是严格按照从外部输入的数控加工程序、自动加工所需零件的车床。只要改变控制车床动作的程序就可达到加工不同零件的目的。因此，加工程序是车床数控系统的应用软件。由于数控系统的种类繁多，数控系统程序的语言规则与格式也不尽相同，但基本编程方法和步骤是相同的。

知识一 数控车床程序结构与指令

一、数控程序的结构

在数控加工程序中，一个完整的程序结构由程序号、程序结束符和程序段组成。在加工程序的开头有程序号，以便于进行程序检索。程序号就是给工件加工程序编一个号，并说明该工件加工程序已经开始。华中系统中，常用字符“%”及其后的4位数（注意：不能超过4位数，也不能为4个0）表示程序号，形式为“%××××”，如“%4215”。

程序结束符是以辅助功能指令M02、M30或M99（子程序结束）作为整个程序的结束符号，来结束工件加工过程的。

工件加工程序由程序段组成，每个程序段又由若干个指令字组成。指令字是控制系统的具体指令，由表示地址的英文字母、特殊文字和数字集合而成。各指令字前有地址，各指令字的排列顺序要求不严格，数据的位数可多可少，不需要的指令字及与上一程序段相同的续效字可以不写，在一个程序段中可以包含一个或几个功能字。程序段格式如下：

N	G	X	Y	Z	…	F	S	M	T

其中，“N”为程序段号字，范围是1~9999，顺序号是任意给定的，可以不连续，可以在所有的程序段中都指定顺序号，也可以在必要的程序段中特别指定顺序号。

“G”为准备功能字。

“X，Y，Z”为坐标字。

“F”为进给功能字，既可以是转进给（单位为mm/r），也可以是分进给（单位为mm/min）。

“S”为主轴转速功能字（单位为r/min），如“M03 S1000”，该功能只有在主轴速度可调节时有效，主轴转速可以借助车床控制面板上的主轴倍率开关进行修调。

数控车削加工，刀具做插补运动来切削工件时，当已知要求的圆周速度为v时，车床主轴的转速（单位为r/min）为$n=1000\,v/\pi d$（d为工件的外径，mm）。

例如：工件外径为100 mm，要求切削速度为300 m/min，经计算得$n=955$ r/min；因此，主轴转速为955 r/min，表示为“S955”。

“M”为辅助功能字，也称为M功能、M指令或M代码。它由字母“M”和其后的2位数字组成，主要用作车床加工时的辅助行动作控制。一个程序段只能指定一个M代码，如果指定了一个以上M代码时，则最后一个M代码指定有效。

二、数控程序的指令

数控程序的指令包括准备功能指令和辅助功能指令。

1. 准备功能指令

准备功能指令是数控编程常用的系统功能，是程序的编制基础，也称为G功能指令，简称G功能、G指令或G代码。该指令的作用主要是指定数控车床的加工方式，为数控装置的插补运算、刀补运算、固定循环等做好准备。G指令由字母“G”和其后2位数字组成，从G00至G99共有100种。G指令有两种，即非模态指令和模态指令

（续效代码）。

（1）非模态指令。这种 G 指令只在被指定的程序段中起作用。

（2）模态指令。这种 G 指令在同组其他的 G 指令出现并被执行以前一直有效。不同组的 G 指令，在同一程序段中可以指定多个。如果在同一程序段中指定了两个或两个以上的同一组 G 指令，则最后指定的有效。G 指令通常位于程序段中坐标字之前。华中 HNC-818A 系统准备功能指令代码见表 1-5-1。

表 1-5-1 常用华中 HNC-818A 系统准备功能指令代码

序号	G 代码	组别	指令功能	模态/非模态
1	* G00	01	快速点定位	模态
2	* G01		直线插补	
3	G02		顺时针圆弧插补	
4	G03		逆时针圆弧插补	
5	G04	00	暂停	非模态
6	G20	08	英寸输入	模态
7	* G21		毫米输入	
8	G27	00	返回参考点检验	非模态
9	G28		自动返回参考点	
10	G29		自动从参考点返回	
11	G32	01	单段螺纹切削	模态
12	* G36	16	直径编程	模态
13	G37		半径编程	
14	* G40	09	取消刀尖半径补偿	模态
15	G41		刀尖半径左补偿	
16	G42		刀尖半径右补偿	
17	G53	00	直接车床坐标系编程	非模态

表 1-5-1（续）

序号	G 代码	组别	指令功能	模态/非模态
18	* G54	11	坐标零点偏置设置	模态
19	G55			
20	G56			
21	G57			
22	G58			
23	G59			
24	G71	00	外（内）径粗、精车复合切削循环	非模态
25	G72		端面粗、精车复合切削循环	
26	G73		封闭轮廓粗、精车复合切削循环	
27	G76		螺纹切削复合循环	
28	* G80	01	内（外）圆切削循环	模态
29	G81		端面切削循环	
30	G82		螺纹切削循环	
31	* G90	13	绝对值编程	模态
32	G91		增量值编程	
33	G92	00	工件坐标系设定	非模态
34	* G94	14	每分钟进给	模态
35	G95		每转进给	
36	G96	02	恒线速度	模态
37	* G97		取消恒线速度	

G 指令根据功能的不同可以划分为若干组，其中 00 组为非模态功能，其余组均为模态功能。

表中标注“ * ”记号的 G 功能为系统上电时将初始化该功能。

没有共同地址符的不同组 G 指令代码可以放在同一程序中，且与顺序无关，如“G90 G00 G40”可以放在同一程序段中使用。

2. 辅助功能指令

（1）M 指令共 100 种，即从 M00 至 M99，常用数控程序中 M 功能含义见表 1-5-2。

表 1-5-2 常用数控程序中 M 功能含义

代码	模态	功能	代码	模态	功能
M00	非模态	程序暂停	M03	模态	主轴正转
M02	非模态	主程序结束	M04	模态	主轴反转
M30	非模态	程序结束并返回程序起点	M05	模态	主轴停止转动
			M06	非模态	换刀
M98	非模态	调用子程序	M08	模态	切削液开
M99	非模态	子程序结束	M09	模态	切削液停

（2）T 指令为刀具功能，常用指定方法有字母“T”加 4 位数法（T××××），其后的 4 位数字分别表示刀具号和刀具补偿号。执行 T 指令，转动刀架，选用指定刀具。当一个程序段中同时包含 T 代码与刀具移动指令时，先执行 T 代码指令，再执行刀具移动指令。T 指令同时导入刀补寄存器中的补偿值。

（3）其他常用数控程序中功能字、地址符含义见表 1-5-3。

表 1-5-3 常用数控程序中功能字、地址符含义表

名称	功能地址	含义
程序号	%	程序编号
程序段号	N	程序段编号
准备功能	G	指令动作状态：G00～G99
坐标字	X（U），Y（V），Z（W）	坐标轴绝对（增量）移动指令
	I，J，K	圆弧中心相对圆弧起点的增量坐标
进给功能	F	进给速度指令
主轴转速功能	S	主轴旋转速度功能指令
刀具功能	T	刀具功能指令
辅助功能	M	车床开/关指令，指定工作台的分度等
补偿号	D	刀具半径补偿号指令
暂停	P	暂停时间指令
圆弧半径	R	圆弧半径
参数	U，R，P，Q，V，W，I，J，K，A	切削循环参数

知识二　数控车床坐标系统

建立数控车床坐标系是为了确定刀具或工件在车床中的位置，确定车床运动部件的位置及其运动范围。统一规定数控车床坐标系各轴名称及其正负方向，可以简化数控程序的编制，使编制的程序对同类型车床有互换性。

一、车床坐标系

车床坐标系又称机械坐标系，是车床运动部件的进给运动坐标系，其坐标轴与方向按照相关标准规定。坐标原点是车床上的一个固定点，也称为车床原点或车床零点，是制造和调整车床的基础，其位置由各车床生产厂家设定，通常禁止用户变动。

二、车床零点

车床零点是车床坐标系的设计系统的设计原点（也称机械原点），它在制造车床时即被确定，并且原则上是不可改变的。车床坐标系统就是以该点为原点建立的。

车床零点的设置方式有两种：方式一是将该车床零点定义在卡盘后端面与主轴轴线的交汇点上，如图 1-5-1 所示；方式二是将该车床零点定义在 X 轴和 Z 轴的正向运动极限点上，如图 1-5-2 所示。

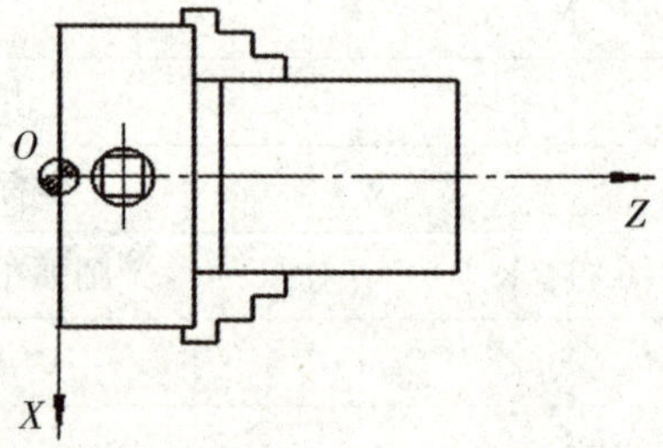

图 1-5-1　车床零点位于卡盘后端面与主轴轴线交汇处（前置刀架）

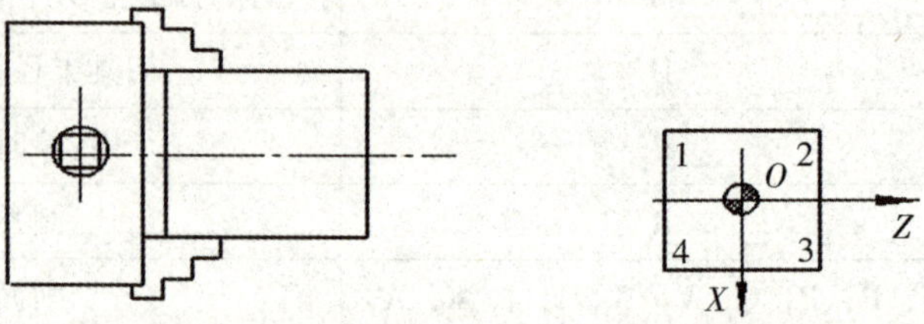

图 1-5-2　车床零点位于刀架 X 轴、Z 轴正向运动极限点（前置刀架）

由上面两图可以看出，车床参考点可以与车床零点重合，也可以不重合，但可通过参数设定车床参考点到车床零点的距离。当车床刀架回到参考点位置时，也就知道了该坐标轴的零点位置，这样便建立起了车床坐标系。

三、车床参考点

车床参考点是由车床制造厂家人为定义的点，车床参考点与车床零点之间的坐标位置关系是固定的，并被存放在数控系统的相应车床数据中，一般是不允许改变的。仅在特殊情况下可通过变动车床参考点的限位开关位置来变动其位置，但同时必须能准确测量出车床参考点相对于车床零点的几何尺寸距离并存入数控系统的相应车床数据中，才能保证原设计的车床坐标系统不被破坏。

数控车床在开机前其参考点的位置是不确定的。为了正确建立车床坐标系，通常在 *X*，*Z* 坐标轴移动范围的极限位置处设定一个测量点，这一点就是参考点。车床上电后可利用 MDI 方式、手动方式或利用系统指定的自动返回参考点指令（G28）回参考点，以建立车床坐标系。

四、工件坐标系

1. 工件坐标系简介

工件坐标系又称编程坐标系，是编程人员为了方便编写数控程序而建立的坐标系，一般建立在工件上或零件图样上。

2. 工件坐标系的建立

工件坐标系的建立是有一定原则的，否则无法编写数控加工程序或编写的数控程序无法加工零件，具体建立方式如下。

（1）工件坐标系方向的设定。此方向必须与所采用的数控车床坐标系方向一致，卧式数控车床上加工工件，工件坐标系 *Z* 轴正方向应向右、*X* 轴正方向向下或向上。

（2）工件坐标系原点位置的设定。工件坐标系原点又称为工件原（零）点或编程原（零）点。数控车床的工件坐标系可设在工件右端面与主轴轴线交汇处（如图 1-5-3所示），工件零点设置在该处有利于对刀操作；也可设在工件左端面与主轴轴线的交汇处（如图 1-5-4 所示），工件零点设置在该处有利于工件长度的确定。

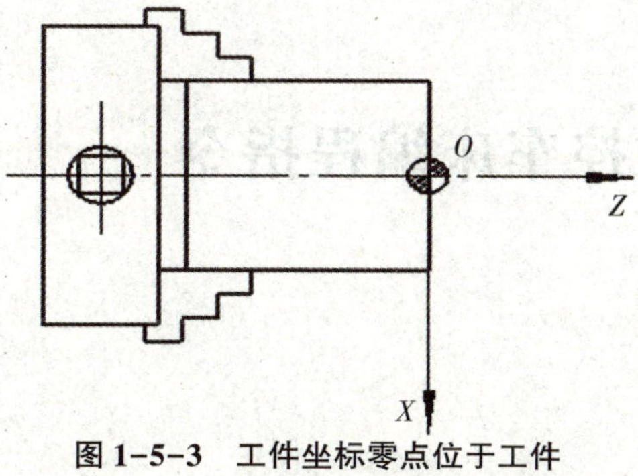

图 1-5-3　工件坐标零点位于工件右端面与主轴轴线交汇处（前置刀架）

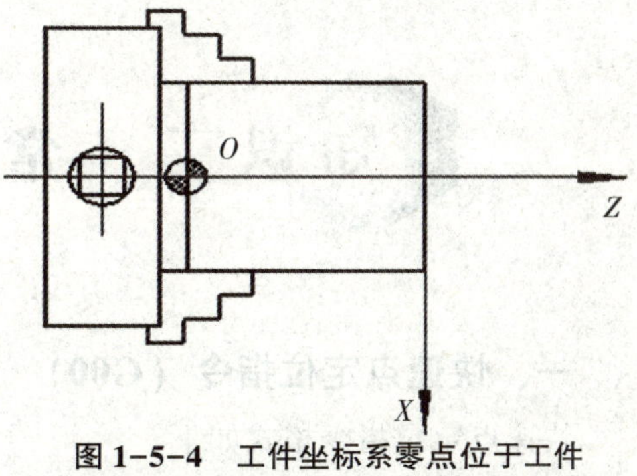

图 1-5-4　工件坐标系零点位于工件左端面与主轴轴线交汇处（前置刀架）

五、绝对坐标系与增量坐标系

数控车床（刀具）刀架运动位置的坐标值总是相对于以固定点（即工件坐标系的零点）为基准给出的，称为绝对坐标系。如图 1-5-5 所示，*A*，*B* 两点的坐标值均是以固定点工件坐标原点为基准计算的。当从 *A* 点直接移动到 *B* 点时，其坐标值为：$X_A=9$，$Z_A=10$；$X_B=25$，$Z_B=35$。

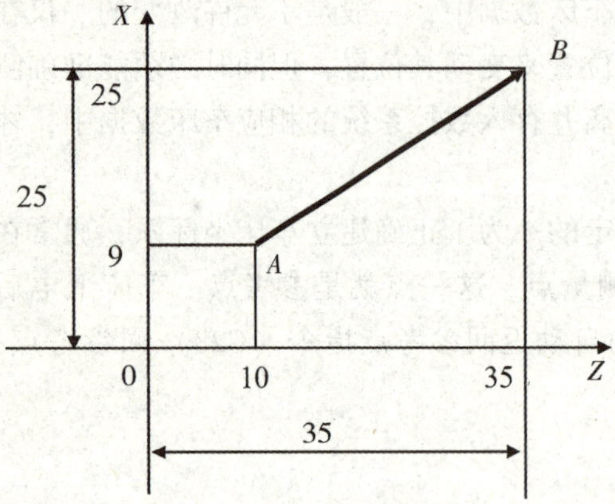

图 1-5-5　绝对坐标系

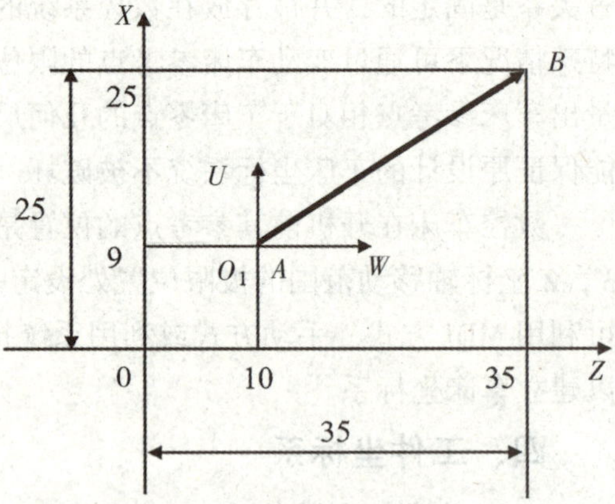

图 1-5-6　增量坐标系

数控车床（刀具）刀架运动位置的坐标值总是相对于前一个位置的点为基准给出的，而不是相对于固定的坐标原点给出的，称为增量坐标系。如图 1-5-6 所示，*B* 点的坐标值是以前一点 *A* 作为基准的。增量坐标系常用代码表中的第二坐标 *U*，*W* 表示 *X*，*Z* 的增量坐标系统。当从 *A* 点直接移动到 *B* 点时，其坐标值为：$U_B=25-9=16$，$W_B=35-10=25$。

在混合编程数控车床编程时，可以采用绝对坐标值编程（简称绝对值编程），也可以采用增量坐标值编程（也称相对值编程）和混合编程。在编程中，可以使用绝对值编程，用 X，Y 表示；也可以使用增量值编程，用 U，W 表示；而混合编程是将绝对值编程和增量值编程混合在一起进行编程的一种方法，如“X __ W __”。但无论是采用哪一种编程方法，都要根据实际情况而定，以不计算或少计算、方便编程为原则。

知识三　常用数控车床编程指令

一、快速点定位指令（G00）

快速点定位指令格式如下：

G00 X（U）__ Z（W）__

说明：G00 指令是模态代码，命令刀具以点定位控制方式，从刀具所在点的位置快速运动到下一个目标位置。它只是快速定位，而无运动轨迹要求、无切削过程。

当采用绝对值编程时，刀具分别以各轴的快速进给速度运动到工件坐标系的（X，Z）点。当采用增量值编程时，刀具以各轴的快速进给运动到距离现有位置（U，W）的点。

注意事项：

（1）移动速度不能用程序指令设定，而是由厂家预定或通过车床倍率调节。

（2）G00 的执行过程是首先刀具由程序的起始点加速到最大速度，然后快速移动，最后减速到终点，实现快速点定位，以提高数控车床的定位精度。

（3）刀具的实际运动路线不一定是直线，也可以是折线。使用时，应注意刀具是否与工件发生干涉。如图 1-5-7 所示，刀具开始沿 X，Z 轴等速运动，当刀具到达 C 点后，沿 Z 轴继续运动到 B 点。因此，刀具从 A 到 B 点运动的实际路线为 $A \to C \to B$。

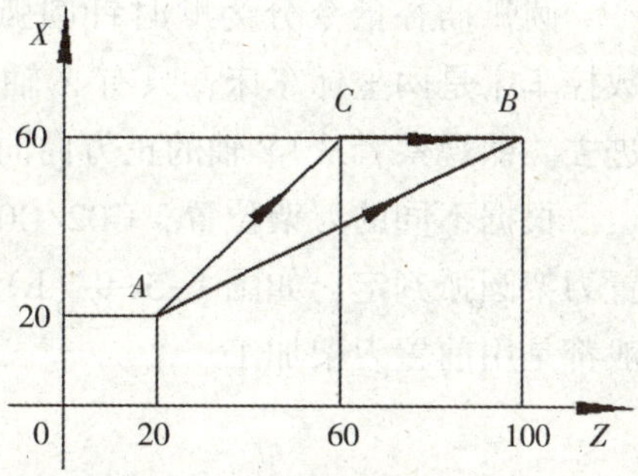

图 1-5-7 快速点定位

二、直线插补指令（G01）

直线插补指令格式如下：

G01 X（U）__ Z（W）__ F __

说明：G01 指令是模态代码，是直线运动的命令，规定刀具在两坐标或三坐标间以插补联动方式并按照指定的 F 进给速度做任意斜率的直线运动。当采用绝对值编程时，刀具以 F 进给速度进行直线插补，运动到工件坐标系（X，Z）点。当采用增量值编程时，刀具以 F 进给速度运动到距离当前位置为（U，W）的点坐标上。“F”为续效代码。

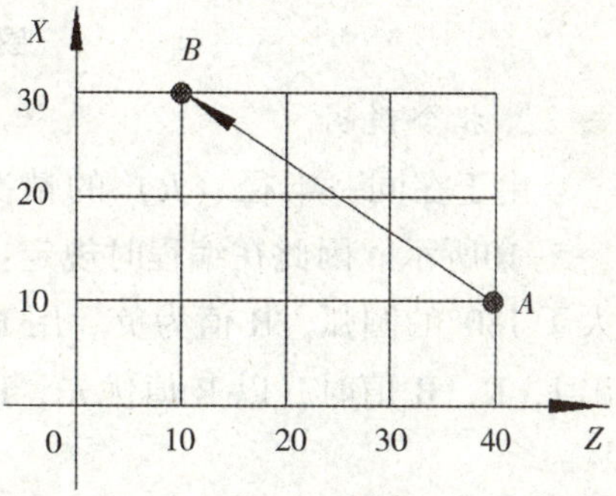

图 1-5-8 直线插补

直线插补如图 1-5-8 所示。用绝对值编程（$A \to B$）为“G01 X30 Z10 F100”；用增量值编程（$A \to B$）为“G01 U20 W-30 F100”。

三、圆弧插补指令（G02/G03）

圆弧插补指令是命令在指定平面内按照给定的进给速度（F）做圆弧运动，切出圆弧轮廓。其指令格式有以下两种：

格式一 G02/G03 X（U）__ Z（W）__ I __ K __ F __

格式二 G02/G03 X（U）__ Z（W）__ R __ F __

说明：X（U）和 Z（W）表示采用绝对（增量）值编程时，圆弧终点在工件坐标系中的坐标值。I，K 为圆心相对于圆弧起点的增量，I 对应 X、K 对应 Z（等于圆心坐标减去圆弧起点的坐标）。无论绝对编程还是增量编程都是以增量方式指定，不管是直径编程还是半径编程，I 都是半径值。

若用格式二编程时，R 表示圆弧半径，但圆弧对应的圆心角必须小于 180°。

1. 圆弧顺、逆的判断

圆弧插补指令分为顺时针圆弧插补指令（G02）和逆时针圆弧插补指令（G03），数控车床是两坐标车床，只有 *X* 轴和 *Z* 轴，因此，应按照右手定则的方法将 *Y* 轴考虑进去。即观察者从+*Y* 轴的正方向向-*Y* 轴的负方向看去，即可判断圆弧的顺、逆。

根据不同的刀架位置，G02/G03 的圆弧方向有所不同，如图 1-5-9（a）所示为后置刀架圆弧判定，如图 1-5-9（b）所示为前置刀架圆弧判定。在实际加工过程中，一般都是用前置刀架加工。

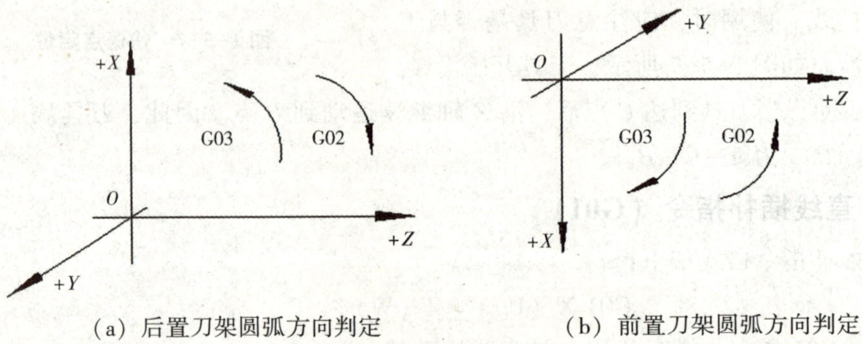

图 1-5-9　圆弧的方向的判定

2. 指令说明

由于在同一半径（*R*）的情况下，从圆弧的起点到终点可能有两个圆弧，如图 1-5-10所示。因此在编程时规定：圆心角小于或等于 180°的圆弧，R 值为正；圆心角大于 180°的圆弧，R 值为负。用 R 指定圆心位置时，不能描述整圆。程序段中同时给出 I，K，R 值时，以 R 值优先，I 和 K 值无效，F 指两个轴的合成进给速度。

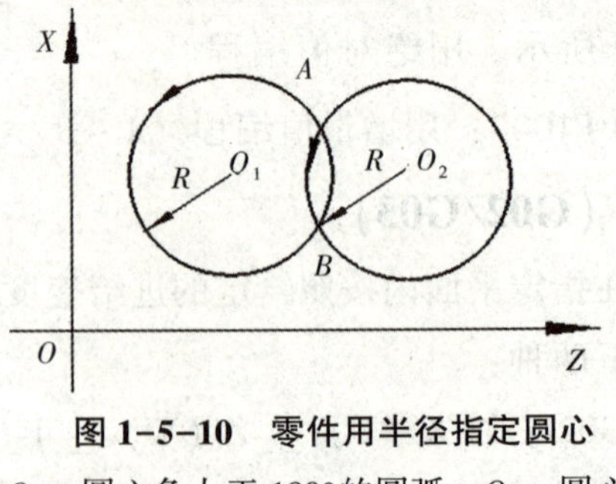

图 1-5-10　零件用半径指定圆心

A—起点；*B*—终点；O_1—圆心角大于 180°的圆弧；O_2—圆心角小于 180°的圆弧

【实例 1】图 1-5-11 所示为零件顺时针圆弧插补，试编写精车加工程序。（用 R 表示圆弧半径编程。）

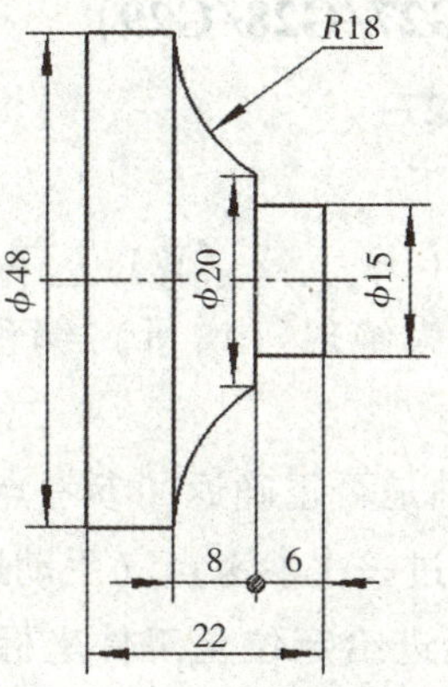

图 1-5-11 零件顺时针圆弧插补

参考程序：

…………	…………
N50 G00 X15 Z2	快进至零件加工起点
N60 G01 Z-6 F150	精车 ϕ15 mm 外圆
N70 X20	精车 ϕ15～ϕ20 mm 圆环
N80 G02 X48 W-8 R18	精车 R18 圆弧
N90 G01 Z-22	精车 ϕ48 mm 外圆
N100 G00 X100	X 轴退刀至换刀点
N110 Z100	Z 轴退刀至换刀点
…………	…………

四、恒线速度指令（G96/G97）

恒线速度控制指令格式如下：

G96 S

说明：S 为切削速度，单位为 m/min。

取消恒线速度控制指令格式如下：

G97 S

说明：S 为转速，单位为 r/min。

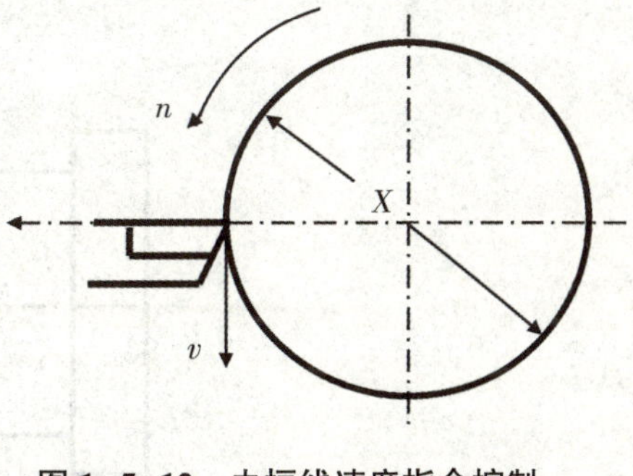

图 1-5-12 由恒线速度指令控制

恒线速度公式是 $v=\pi nX$，其中 n 为主轴的转速，X 为刀尖所在的工件表面直径，如图 1-5-12所示。在车削端面时，随着刀具向工件中心移动，X 在缩小，此时系统自动增加转速 n，仍能够保持圆周切削线速度 v 不变，使工件从外缘到中心具有相同的表面粗糙度，以改善工件的加工质量。系统执行 G96 指令后便认为“S”指定的数值为主轴切削速度，单位为 m/min。例如，“G96 S180”即切削速度为 180 m/min。

五、参考点控制指令（G27/G28/G29）

1. 返回参考点检验指令（G27）

返回参考点检验指令格式如下：

G27 X（U）＿Z（W）＿T ×× 0 0

说明：X（U）和 Z（W）为绝对（增量）编程时参考点在工件坐标系中的坐标值。

该指令用于检查 *X* 轴与 *Z* 轴是否正确返回参考点。但需要注意的是，执行 G27 指令的前提是车床上电后必须返回过一次参考点（手动返回或用 G28 指令返回）。

执行 G27 指令时，刀具快速进给定位至工件坐标系中的指定点位置上，如果到达指定点的位置是参考点，则对应的轴在返回参考点时指示灯亮，再执行下一个程序段。如果到达的指定点不是参考点，则系统报警，这说明指令中所给的参考点坐标值不正确或车床定位误差过大。使用 G27 指令时，应取消刀具补偿功能，否则会发生不正确的动作。若须使车床停止，还应在 G27 指令程序段后加 M00 或 M01 等辅助功能。

注意：在车床锁住状态下使用 G27 指令时，数控系统不执行返回参考点校验动作。

2. 自动返回参考点指令（G28）

自动返回参考点指令格式如下：

G28 X（U）＿Z（W）＿T ×× 0 0

说明：X（U）和 Z（W）为绝对（增量）编程时中间点在工件坐标系中的坐标值。

该指令首先使所有的编程轴都快速定位到中间点（在工件以外所设定的安全点），然后从中间点返回到参考点，用于检查 *X*，*Z* 轴能否正确返回参考点（如图 1-5-13 所示），否则会发生不正确的动作。它主要用于刀架自动返回参考点或者消除机械误差。在执行该指令时应取消刀具补偿。

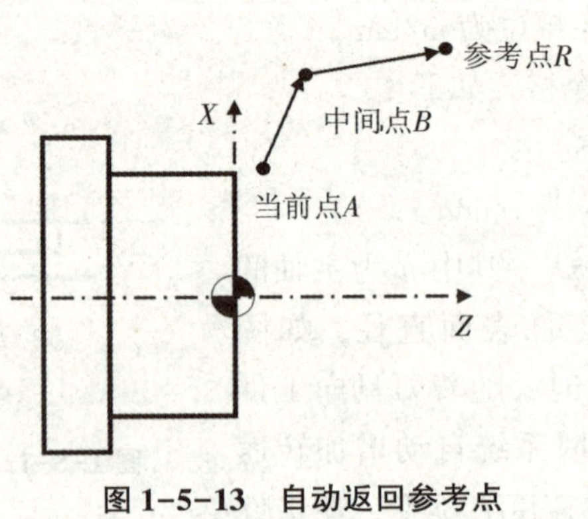

图 1-5-13　自动返回参考点

在 G28 的程序段中不仅产生坐标轴移动指令，而且记忆中间点坐标，以供 G29 指令使用。

车床在没有手动返回参考点的状态下，可以用 G28 指令指定从中间点自动返回参考点，该方法与手动返回参考点效果相同。另外在使用 G27 和 G28 指令时，必须取消刀具的补偿功能，否则会产生刀具动作上的误差。

3. 自动从参考点返回指令（G29）

自动从参考点返回指令格式如下：

G29 X（U）__ Z（W）__

说明：X（U）和 Z（W）为绝对（增量）编程时目标点在工件坐标系中的坐标。

该指令为刀具由当前点 *A* 开始，快速进给先经过 G28 指令定义的中间点 *B*，再自动返回参考点。编程时不必计算从中间点到参考点的实际距离，到参考点时相应的坐标轴指示灯亮。

【实例 2】如图 1-5-14 所示，要求 2 号刀由当前点 *A*，经过中间点 *B* 后，返回参考点 *R*；换 3 号刀，再从参考点 *R*，经由中间点 *B* 后，返回到目标点 *C*。（用 G28 和 G29 指令编程。）

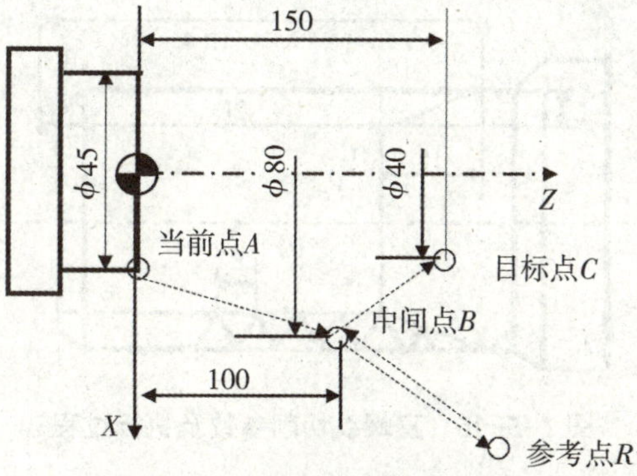

图 1-5-14　G28/G29 编程图例

参考程序：

…………	…………
N100 T0101	调用 1 号刀，导入 1 号刀补
N110 M03 S900	主轴正转，转速为 900 r /min
N120 G01 X45 Z0 F100	工进至当前点 *A*
N130 G28 X80 Z100 T0200	自动回参考点、取消 2 号刀具补偿
N140 T0303	换 3 号刀，导入 3 号刀补
N150 G29 X40 Z150	从参考点经 *B* 点到 *C* 点
…………	…………

六、单段螺纹切削指令（G32）

单段螺纹切削指令格式如下：

G32 X（U）__Z（W）__R__E__C__P__F__

说明：X，Z 为绝对值（U，W 为增量值）编程时有效螺纹终点在工件坐标系中的坐标值。

R 为 *Z* 向螺纹退尾量，其值一般可根据螺纹标准，取（0.75～1.75）*P*。

E 为 *X* 向退尾量，其值见表 1-5-4 中的相应牙深（半径值）。

另外，E 和 R 都以增量方式指定，可免退刀槽。一般情况下，加工外螺纹时，R 取负值、E 取正值；加工内螺纹时，R 取负值、E 取负值。刀具沿“*A*→*B*→*C*→*D*→*G*→*A*”轨迹运动，其中 1R，3R，4R 为刀具快速运行；2F 为螺纹进给运动。当有退刀槽时，R，E 省略。

对于直螺纹，由于车刀的轨迹平行于 Z 轴线，则取 X（U）= 0。其格式为

G32 Z（W）__R__E__C__P__F__

各参数含义及执行过程如图 1-5-15 所示。

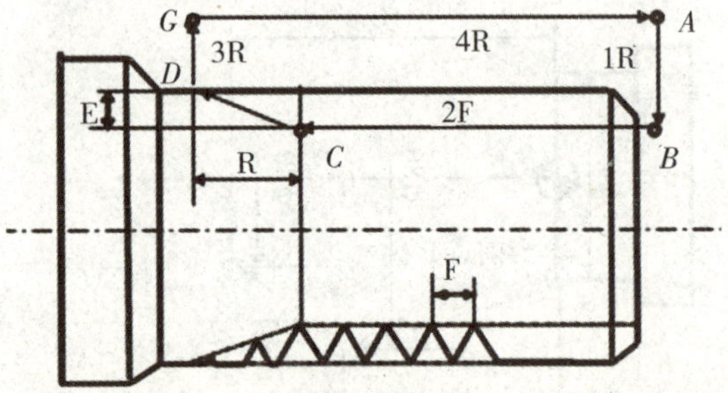

图 1-5-15　直螺纹切削参数及执行过程

对于锥螺纹，由于车刀的轨迹倾斜于 *Z* 轴线，则在“X（U）__Z（W）__”均应填写相应的数值。其格式为

G32 X（U）__Z（W）__R__E__C__P__F__

各参数含义及执行过程如图 1-5-16 所示。

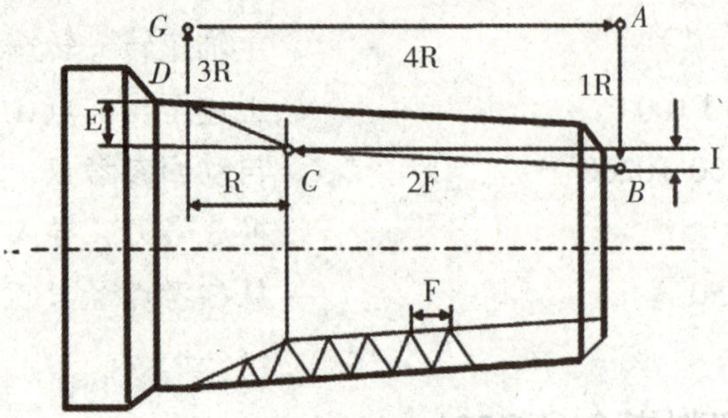

图 1-5-16　锥螺纹切削参数及执行过程

常用公制螺纹切削的进给次数与背吃刀量见表 1-5-4。

表 1-5-4　常用公制螺纹切削的进给次数与背吃刀量

米制螺纹								
螺距		1.0	1.5	2.0	2.5	3.0	3.5	4.0
牙深（半径量）		0.649	0.974	1.299	1.624	1.949	2.273	2.598
背吃刀量及次数（直径量）	1 次	0.7	0.8	0.9	1.0	1.2	1.5	1.5
	2 次	0.4	0.6	0.6	0.7	0.7	0.7	0.8
	3 次	0.2	0.4	0.6	0.6	0.6	0.6	0.6
	4 次		0.16	0.4	0.4	0.4	0.6	0.6
	5 次			0.1	0.4	0.4	0.4	0.4
	6 次				0.15	0.4	0.4	0.4
	7 次					0.2	0.2	0.4
	8 次						0.15	0.3
	9 次							0.2

常用普通螺纹的公称直径和螺距见表 1-5-5。

表 1-5-5　常用普通螺纹的公称直径和螺距（摘自 GB/T 193—2003）　　单位：mm

公称直径（D，d）			螺距（P）					
第一系列	第二系列	第三系列	粗牙	细牙				
10			1.5	1.25	1	0.75	0.5	0.35
		11	1.5		1	0.75		
12			1.75	1.25	1			
	14		2	1.25*	1			
		15			1			
16			2		1			
		17		1.5	1			
	18		2.5		1			

表 1-5-5（续）

公称直径（*D*，*d*）			螺距（*P*）					
第一系列	第二系列	第三系列	粗牙	细牙				
20			2.5		1			
	22		2.5		1			
24			3		1			
	27		3		1			
30			3.5		1			

螺纹加工是零件切削的重要环节，对于小直径的螺纹可以用丝锥、板牙攻丝。由于螺纹的结构和刀具移动控制要求的特殊性，所以螺纹的加工难度大、工艺复杂、精度不稳定、效率低。因此，螺纹切削深度可采用多次径向进给加工完成，每次进给背吃刀量按照螺纹深度依次递减分配。

七、螺纹切削循环指令（G82）

1. 直螺纹切削循环

直螺纹切削循环指令格式如下：

G82 X（U）__Z（W）__R__E__C__P__F__

说明：各参数含义与单段螺纹切削指令（G32）的相同。

2. 锥螺纹切削循环

锥螺纹切削循环指令格式如下：

G82 X（U）__Z（W）__I__R__E__C__P__F__

说明：X，Z 为绝对值（U，W 为增量值）编程时螺纹终点 *C* 在工件坐标系下的坐标值。

I 为螺纹起点 *B* 与螺纹终点 *C* 的半径差，其符号为差的符号（无论是绝对值编程还是增量值编程），如图 1-5-16 所示。

其他参数含义同 G32 指令的参数含义。

八、螺纹切削复合循环指令（G76）

螺纹切削复合循环指令格式如下：

G76C（c）R（r）E（e）A（a）X（x）Z（z）I（i）K（k）U（d）V（Δd_{min}）Q（Δd）P（p）F（L）

说明：

c——精整次数（1~99），为模态值；

r——螺纹 *Z* 向退尾系数（00~99），为模态值；

e——螺纹 *X* 向退尾系数（00~99），为模态值；

a——刀尖角度，为模态值，在 80°，60°，55°，30°，29°，0°六个角度中选一个，其角度用 2 位数字指定；

x，*z*——绝对值编程时，为有效螺纹终点 *C* 的坐标；增量值编程时，为有效螺纹终点 *C* 相对于循环起点 *A* 的有向距离；也可以用 G91 指令定义为增量编程；

i——螺纹两端的半径差，当 $i=0$ 时为直螺纹（圆柱螺纹）切削方式；

k——螺纹高度，由 *X* 向上的半径值指定；

d——精加工余量（半径值）；

Δd——第一次切削深度（半径值）；

Δd_{min}——最小切削深度（半径值），当第 *n* 次背吃刀量 $\Delta d\left[\sqrt{n}-\sqrt{(n-1)}\right]$ 小于 Δd_{min} 时，则背吃刀量设为 Δd_{min}；

p——主轴基准脉冲处距离切削起始点的转角；

L——螺纹导程（单线螺纹为螺距）。

螺纹切削复合循环指令执行的加工轨迹如图 1-5-17 所示。图中 *C* 点到 *D* 点的切削速度由 F 代码指定，而 *AB*，*DA* 段轨迹均为快速进给。

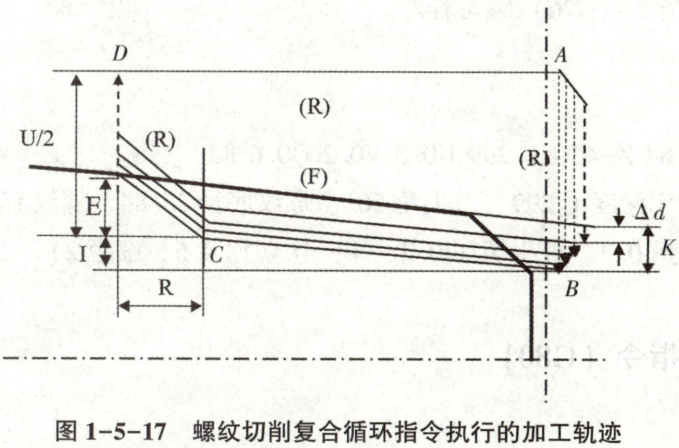

图 1-5-17　螺纹切削复合循环指令执行的加工轨迹

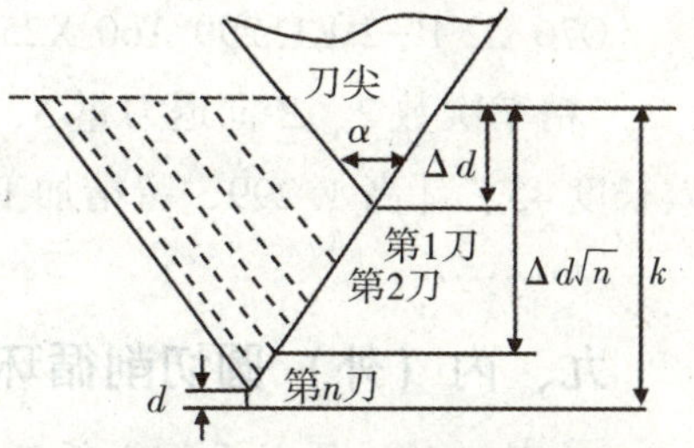

图 1-5-18　切削循环原理图

G76 循环为单边切削，切削循环原理图如图 1-5-18 所示。

按照 G76 程序段中的 X（*x*）和 Z（*z*）指令实现循环加工，增量编程时，要注意 U 和 W 的正负号（由刀具轨迹 *AC* 和 *CD* 段的方向决定）。G76 循环进行单边切削，减小了刀尖的受力。第一次切削时切削深度为 *d*，第 *n* 次的切削总深度为 $\Delta d\sqrt{n}$。

【实例 3】编写如图 1-5-19 所示零件的加工程序，工件外形已加工完成。

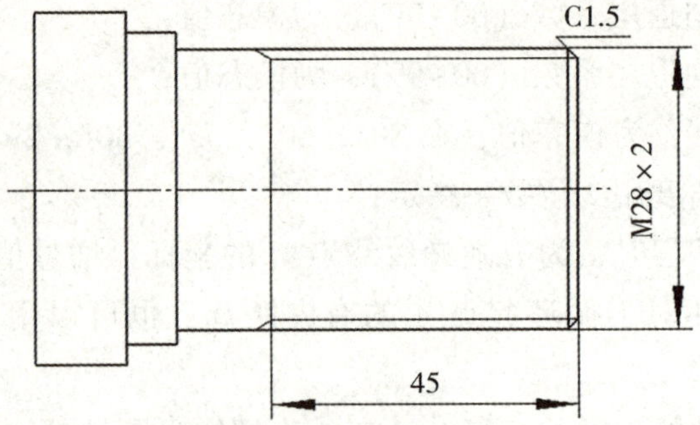

图 1-5-19　直螺纹切削

（1）采用螺纹切削循环指令（G82）编写程序。

…………	…………
G00 X30 Z2	快进至切削螺纹起点
G82 X27.4 Z-45 R-2 E1.299 F2	第一次螺纹切削背吃刀量为 0.60 mm
X26.9 Z-45 R-2 E1.299 F2	第二次螺纹切削背吃刀量为 0.50 mm
X26.5 Z-45 R-2 E1.299 F2	第三次螺纹切削背吃刀量为 0.40 mm
X26.1 Z-45 R-2 E1.299 F2	第四次螺纹切削背吃刀量为 0.40 mm
X25.84 Z-45 R-2 E1.299 F2	第五次螺纹切削背吃刀量为 0.26 mm
…………	…………

（2）采用螺纹切削复合循环指令（G76）编写程序。

…………

G00 X30 Z2

G76 C2 R-2 E1.299 A60 X25.84 Z-45 K1.299 U0.3 V0.2 Q0.6 F2

（精车次数 2、*Z* 向退刀量 3、牙深度 1.299、刀尖角 60°、螺纹底径 25.84、螺纹有效长度 45、牙高 1.299、留精加工量 0.3、最小切深 0.2、第一次切深 0.6、螺距 2）

…………

九、内（外）圆切削循环指令（G80）

1. 内（外）圆柱面切削循环

内（外）圆柱面切削循环指令格式如下：

G80 X（U）__ Z（W）__ F __

说明：外圆切削循环如图 1-5-20 所示，刀具均按照轨迹“*A*→*B*→*C*→*D*→*A*”循环动作，其中虚线 R 表示快速运动，实线 F 表示工作进给运动。

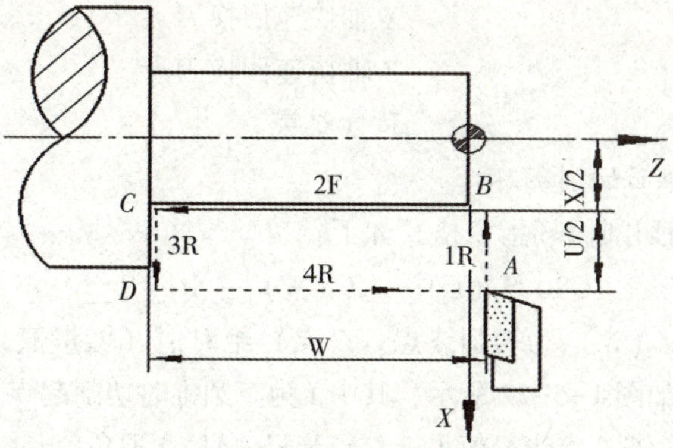

图 1-5-20　外圆切削循环

G80 指令中各参数均为模态值，在完成固定切削循环后，可用同组 G 代码（如 G00）取消其作用。循环起点（*A* 点）应距离工件表面 1~2 mm。

【实例 4】如图 1-5-21 所示的外圆柱面切削零件，毛坯尺寸为 ϕ50 mm×70 mm，用 G80 指令编程。

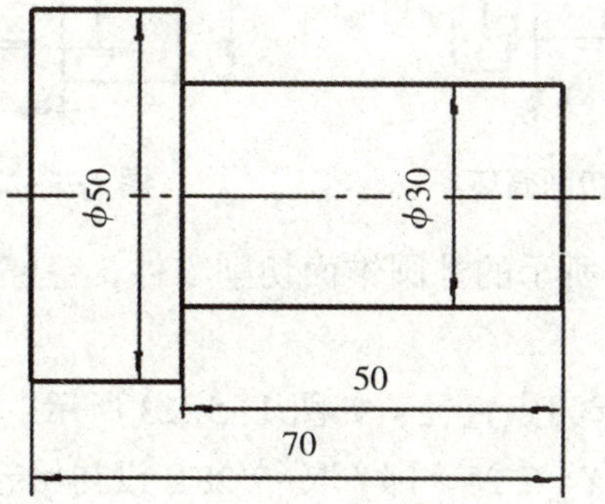

图 1-5-21　外圆柱面切削零件

参考程序：

%4001	程序名
N10 T0101	调用 1 号外圆刀，导入 1 号刀补
N20 G97 S900 M03	设主轴正转，转速为 1500 r/min
N30 G00 X50 Z2	快速进刀至循环起点
N40 G80 X45Z-50 F150	第一次外圆切削循环，设进给量为 150 mm/min
N50 X40 Z-50	第二次外圆切削循环
N60 X35 Z-50	第三次外圆切削循环
N70 X30. 5 Z-50	第四次外圆切削循环
N80 S1800	换精车，转速为 1800 r/min
N90 G80 X30 Z-50 F100	精车 ϕ30 mm 外圆至尺寸、进给量为 100 mm/min

N100 G00 X100　　　　　　　*X* 轴快速回换刀点

N110 Z100　　　　　　　　*Z* 轴快速回换刀点

N120 M30　　　　　　　　程序结束

2. 内（外）圆锥面切削循环

内（外）圆锥面切削循环指令格式如下：

G80 X（U）__Z（W）__I__F__

说明：X（U），Z（W）为切削终点（*C* 点）绝对值（增量值）的坐标。

外圆锥切削循环如图 1-5-22 所示，其中 I 为车圆锥时切削起点 *B* 与终点 *C* 的半径差值。该值有正、负号，若 *B* 点半径值小于 *C* 点半径值时，I 取负值。F 为切削进给速度。

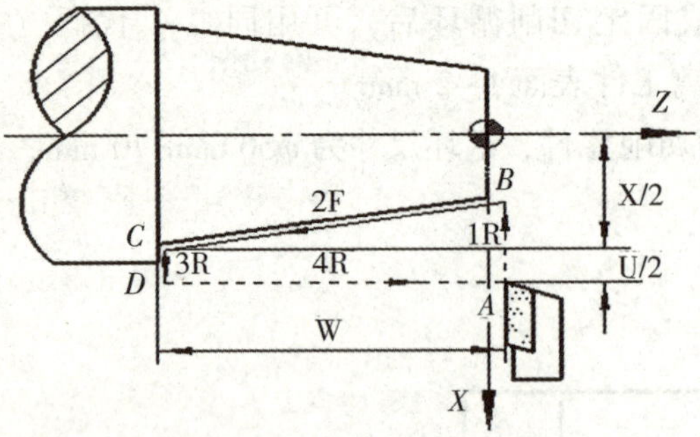

图 1-5-22　外圆锥切削循环

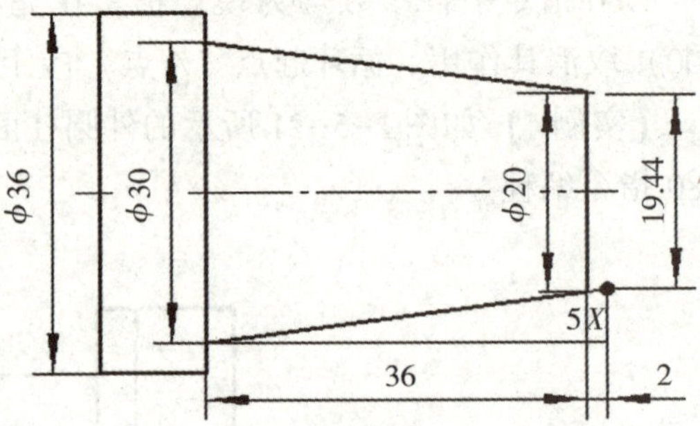

图 1-5-23　外圆锥面切削零件

【实例 5】如图 1-5-23 所示的外圆锥面切削零件，毛坯尺寸为 ϕ50 mm×70 mm，试用 G80 指令编写加工程序。

计算离前端面 2 mm 处起刀点直径，如图 1-5-23 所示，两个三角形相似，对边之比相等，故有 5/36=*X*/38，得 *X*=5.28，即 *I* 取−5.28，设初始起刀点为（40，2）。

参考程序：

…………　　　　　　　　…………

N10 G00 X40 Z2　　　　　快速进刀至循环起点

N20 G80 X37 Z−36 I−5.28 F180　　第一次粗车外圆锥面

N30 X34 Z−36 I−5.28　　　第二次精车外圆锥面

N40 X32 Z−36 I−5.28　　　第三次粗车外圆锥面

N50 X30 Z−36 I−5.28 F100　　第四次精车外圆锥面

N60 G00 X100 Z100　　　　*X*，*Z* 轴快速回换刀点

…………　　　　　　　　…………

十、端面切削循环指令（G81）

1. 直端面切削循环

直端面切削循环指令格式如下：

G81 X（U）__Z（W）__F__

说明：X，Z 为绝对值编程（U，W 增量值编程）时切削终点 *C* 在工件坐标系下的坐标；F 为切削进给速度，单位为 mm/min。

该指令执行如图 1-5-24 所示，刀具按照轨迹“*A*→*B*→*C*→*D*→*A*”循环动作。其中，图中虚线 R 表示快速运动，实线 F 表示工件进给。*A* 为切削起点、*B* 为循环起点、*C* 为切削终点、*D* 为退刀点，指令中各参数均为模态值。

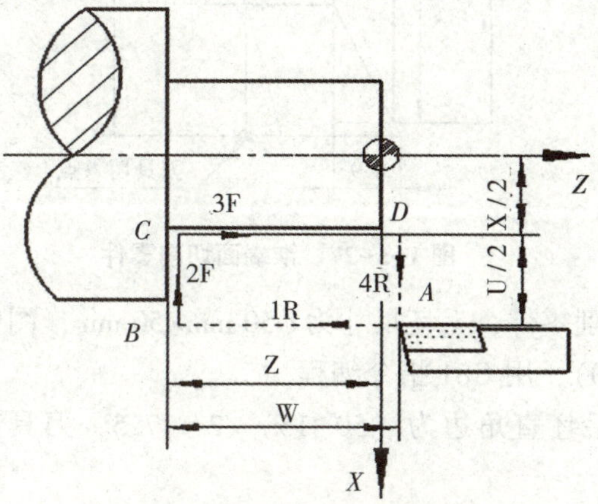

图 1-5-24 直端面切削循环指令执行

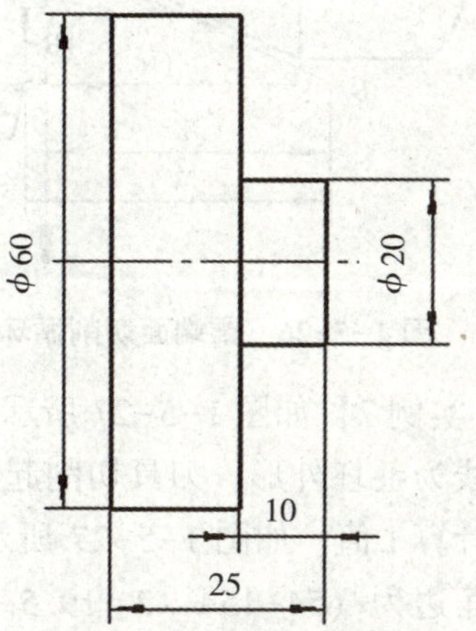

图 1-5-25 直端面切削零件

【实例 6】如图 1-5-25 所示为外直端面切削零件，毛坯尺寸为 ϕ60 mm×50 mm，试用 G81 指令编写加工程序（单件加工）。

…………	…………
N30 G00 X64 Z0	快速进刀至循环起点
N40 G81 X20 Z-3 F150	端面切削循环一次
N50 X20 Z-6	端面切削循环二次
N60 X20 Z-9	端面切削循环三次
N70 X20 Z-10	端面切削循环四次
N80 G00 X100 Z100	*X*，*Z* 轴返回换刀点
…………	…………

2. 锥端面简单切削循环

锥端面简单切削循环指令格式如下：

G81 X（U）_ Z（W）_ K_ F_

说明：如图 1-5-26 所示，X，Z 为绝对值编程（U，W 为增量值编程）时，切削终点 *C* 在工件坐标系下的坐标；F 为进给速度；K 为切削起点 *B* 相对于切削终点 *C* 的 *Z* 向有向距离。

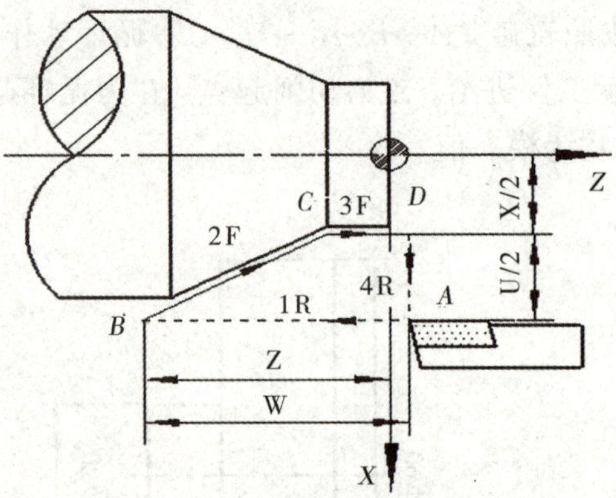

图 1-5-26　锥端面切削循环指令执行

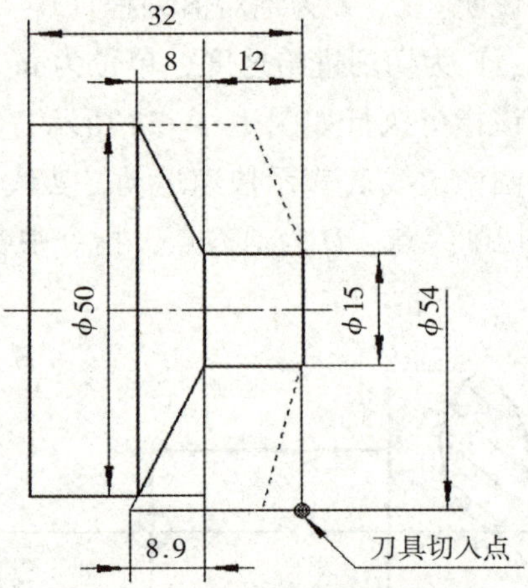

图 1-5-27　锥端面切削零件

【实例 7】如图 1-5-27 所示的锥端面切削零件，毛坯尺寸为 $\phi50$ mm×50 mm，图中点画线为毛坯外形，刀具切削起点为（54，0），用 G81 指令编程。

计算 I 值。如图 1-5-27 所示，三角形毛坯直角边为（50-15）/2＝17.5，刀具起点直角边为（54-15）/2＝19.5。

相似三角形对应边之比相等，故 8/K= 17.5/19.5，即 K=8×19.5/17.5＝8.9；由于沿 Z 负向，因此 K=-8.9。

参考程序：

…………	…………
N30 G00 X54 Z0	快速进刀至循环起点
N40 G81 X15 Z-3 K-8.9 F150	锥面切削循环一次，进给量为 150 mm/min
N50 X15 Z-6 K-8.9	锥面切削循环二次
N60 X15 Z-9 K-8.9	锥面切削循环三次
N70 X15 Z-11 K-8.9	锥面切削循环四次
N80 S1500	换精车，转速为 1500 r/min
N90 G81 X15 Z-12 K-8.9 F100	精车锥面，进给量为 100 mm/min
N100 G00X100	X 轴返回换刀点
N100 Z100	Z 轴返回换刀点
…………	…………

十一、刀尖圆弧半径补偿功能（G40/G41/G42）

1. 刀尖圆弧半径补偿

在编程中常将刀尖看作一个点，但实际上刀尖是有圆弧的（如图 1-5-28 所示）。在加工外圆柱、端面和内直孔时，刀尖圆弧不影响加工尺寸和形状；但对于加工倒角、圆弧及锥度时，就会出现少切或过切等加工误差。若零件要求精度不高或留有精加工余量时可以忽略此加工误差，否则应考虑刀尖圆弧半径对工件的影响。具有圆弧半径补偿功能的数控系统，可以根据刀尖半径计算出刀尖圆弧补偿量，避免出现加工误差。

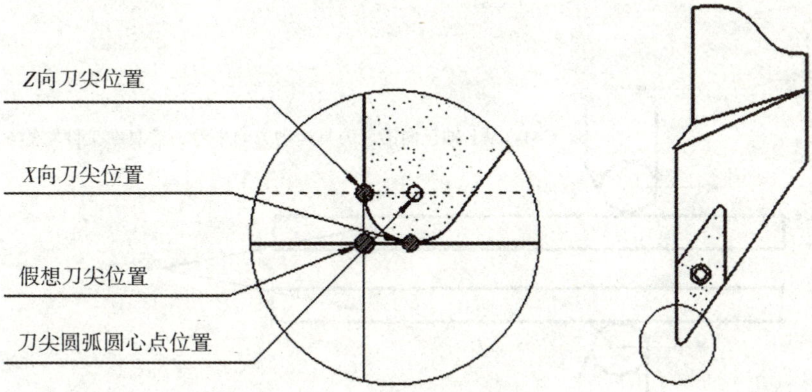

图 1-5-28　实际刀尖圆弧半径

2. 补偿方向

刀尖圆弧半径补偿必须通过准备功能指令（G41/G42）建立及 G40 指令取消，刀具半径补偿建立后，刀具中心在偏离编程工件轮廓一个半径的等距线的轨迹上运动。

该指令格式如下：

$$\begin{Bmatrix} G40 \\ G41 \\ G42 \end{Bmatrix} \quad \begin{Bmatrix} G00 \\ G01 \end{Bmatrix} X\_\_ Z\_\_ \ (F)$$

说明：G40 为取消刀尖半径补偿指令，使假想刀尖轨迹与编程轨迹重合，另外，取消刀尖圆弧半径补偿也可用 T××00 方式；

G41 为刀尖半径左补偿指令，简称“左刀补”；

G42 为刀尖半径右补偿指令，简称“右刀补”；

X，Z 为 G00/G01 的参数，即建立刀补或取消刀补的终点；

F 为 G01 的进给速度；

G40，G41，G42 都是模态代码，G40 为缺省值，可相互注销。

3. 左、右刀补的判定

（1）后置刀架。如图 1-5-29 所示为后置刀架刀补的判定。

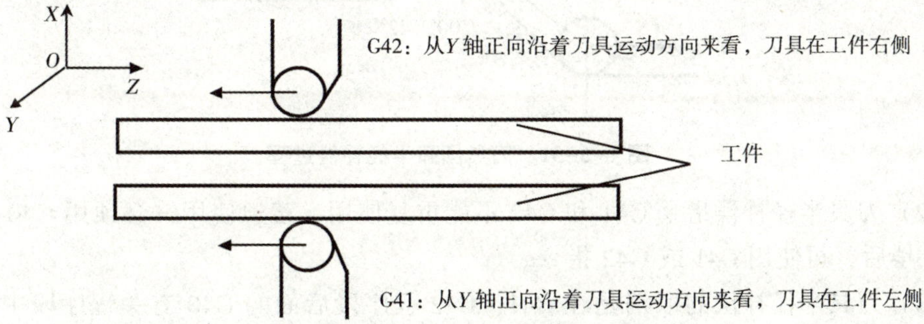

图 1-5-29　后置刀架刀补的判定

（2）前置刀架。如图 1-5-30 所示为前置刀架刀补的判定。

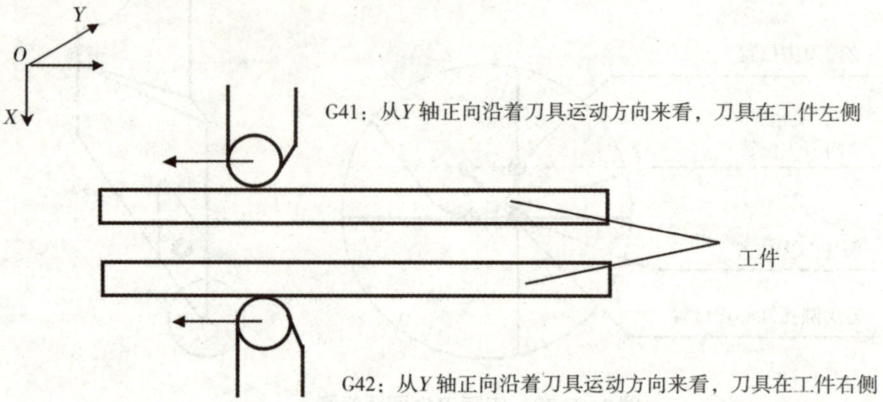

图 1-5-30　前置刀架刀补的判定

另外，G40，G41，G42 指令不能与 G02，G03 指令出现在同一程序段中。G01 指令有倒角控制功能时，也不能进行刀具补偿。在调用新刀具前，必须用 G40 取消刀补。要改变刀尖半径补偿方向，必须先用 G40 指令解除原来的左刀补或右刀补状态，再用 G41 或 G42 指令重新设定；否则补偿会出现不正常现象。

4. 刀具半径补偿的使用

（1）刀具半径补偿加入时，该程序段内必须有 G00 或 G01 指令才有效，而且偏移量补偿必须在一个起始程序段的执行过程中完成，并且不能省略。图 1-5-31 所示为刀具圆弧半径补偿过程。

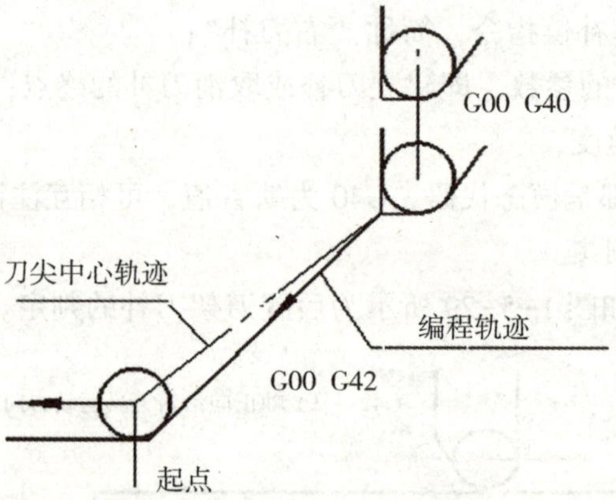

图 1-5-31　刀具圆弧半径补偿过程

（2）刀具半径补偿指令 G41 和 G42 不能重复使用，若想使用，必须用 G40 指令取消原补偿后，再使用 G41 或 G42 指令。

（3）刀具半径补偿的取消是在 G41，G42 程序段后面的 G40 有关程序段中。如图 1-5-32 所示为取消刀具圆弧半径补偿的过程。G40 程序段执行前，刀尖圆弧中心停在前一程序段终点的垂直位置上。G40 程序段是控制刀具由终点退出的动作。

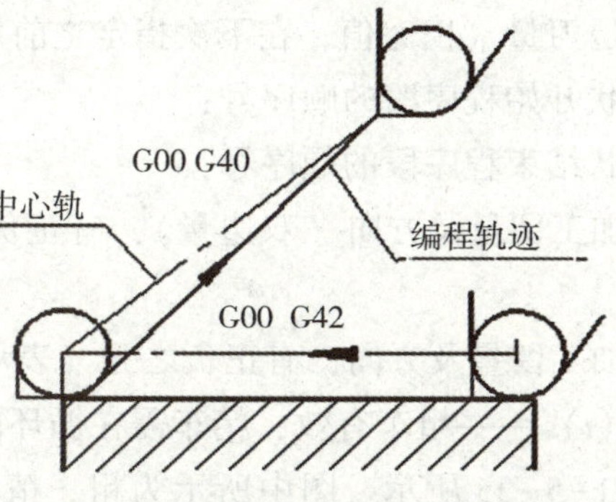

图 1-5-32　取消刀具圆弧半径补偿的过程

(4) 刀具补偿量的设定。每个刀具补偿号都对应一组偏置量（X，Z）、刀具半径补偿量（R）和刀尖方位号（T），其刀尖圆弧补偿号应与刀具偏置补偿号相对应。

5. 常见部分典型刀具刀尖方位号的选择

车刀的形状和位置共有九种，它能决定刀尖圆弧所处的位置，因此在加工零件前，需要把代表车刀形状和位置的参数输入刀偏表中，以便使数控系统对刀尖的圆弧半径所引起的误差进行自动补偿。

常见部分典型刀具的刀沿位置：前置刀架刀尖方位号如图 1-5-33 所示，后置刀架刀尖方位号如图 1-5-34 所示。例如，外圆刀无论是前置刀架还是后置刀架，其刀尖方位号均为“3”；内孔刀无论是后置刀架还是前置刀架，其刀尖方位号均为“2”。

常见的刀尖圆弧半径有 0.2，0.4，0.8，1.2 mm 四种。

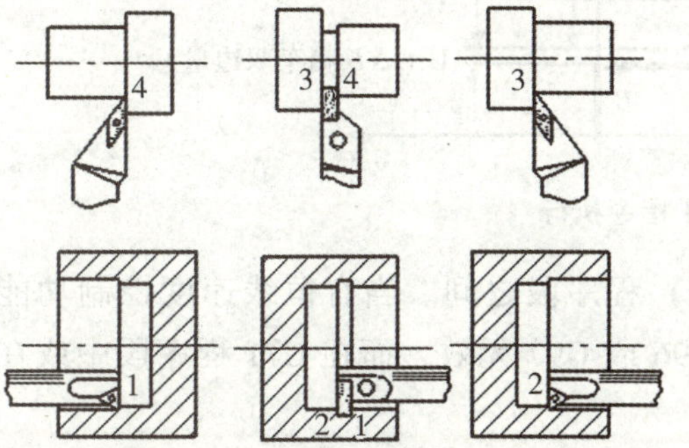

图 1-5-33　前置刀架刀尖方位号

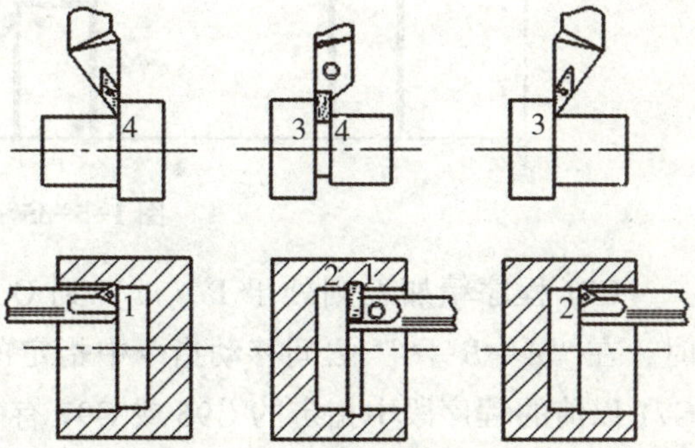

图 1-5-34　后置刀架刀尖方位号

十二、外（内）径粗、精车复合切削循环指令（G71）

外（内）径粗、精车复合切削循环指令格式如下：

G71 U（Δd） R（e） P（ns） Q（nf） X（ΔU） Z（ΔW） F（f） S（s） T（t）

说明：

Δd——每次粗车单边背吃刀量，指定时不加符号，方向由矢量$\overrightarrow{AB}$决定；

e——每次径向退刀量（模态值，在下次指定之前均有效，可用参数指定）；

ns——精加工形状开始程序段的顺序号；

nf——精加工形状结束程序段的顺序号；

ΔU——X方向精加工留量及方向（双边量），有正负之分，切削外径为正、内径为负；

ΔW——Z方向精加工留量及方向，有正负之分（表示方向）；

F（f），S（s），T（t）——粗车有效，精车需在循环段内设置有效。

G71 指令执行如图 1-5-35 所示。图中所示为粗、精加工路径，其中“$B\rightarrow C$”刀具轨迹为精加工路径，“$A\rightarrow B$”刀具轨迹在程序段中的指定可以用 G00 或 G01 指令。当用 G00 指定时，“$A\rightarrow B$”之间为快速移动；当用 G01 指定时，“$A\rightarrow B$”之间为切削进给移动。在顺序号 P（ns）到 Q（nf）的程序段之间不能调用子程序。在指定 A 点时，必须保证刀具在工件直径、左端面以外某一点，否则将发生第一刀切量过大或撞刀。

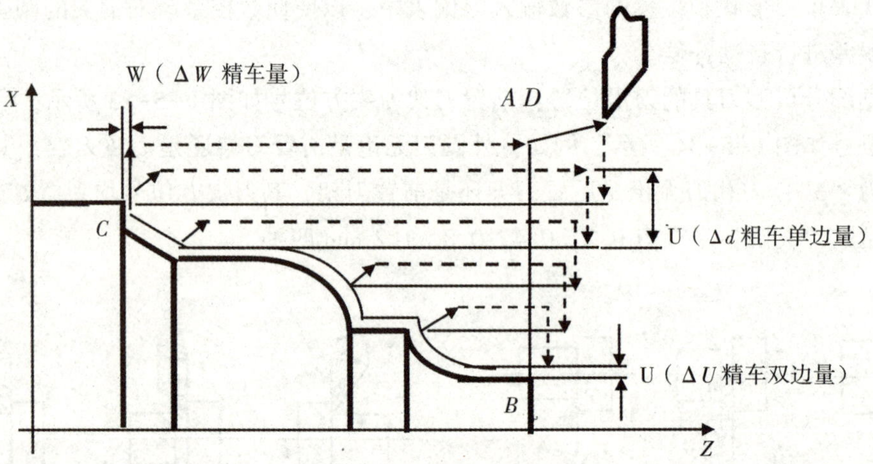

图 1-5-35　G71 指令执行

G71 程序精加工则处于 P（ns）到 Q（nf）程序段之间。当有恒线速度控制功能时，在“$A\rightarrow B\rightarrow C$”之间移动指令中指定的 G96 或 G97 无效，而在 G71 程序段中或在 G71 以前的程序段中指定的 G96 或 G97 有效。

G71 指令切削进给方向平行于 Z 轴，U（ΔU）和 W（ΔW）的符号如图 1-5-36 所示。其中，“+”表示沿轴正方向移动，“-”表示沿轴负方向移动。

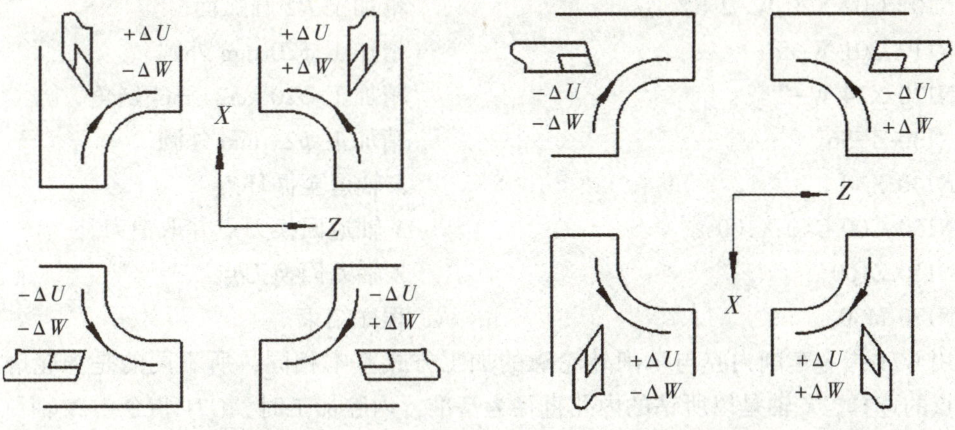

(a) 后置刀架　　(b) 前置刀架

图 1-5-36　G71 指令中（ΔU）和（ΔW）的符号判定

【实例 8】如图 1-5-37 所示的外轮廓零件，毛坯尺寸为 ϕ28 mm×60 mm，试用外圆粗、精车复合切削循环指令编写加工程序（单件加工）。

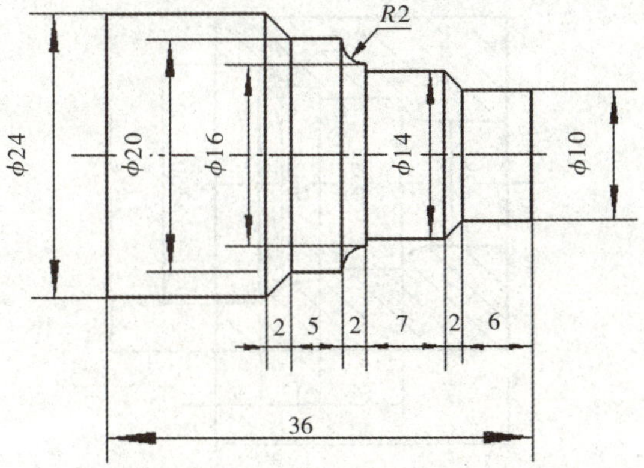

图 1-5-37　外轮廓零件

参考程序：

%2125	程序名
N10 T0101	调用 1 号刀，导入 1 号刀补
N20 M03 S800	主轴正转，转速为 800 r/min
N30 G00 G40 X30 Z2	到循环起点位置，取消刀补
N40 G71 U1.5 R1 P50 Q140 X0.8 Z0.2 F180 S1200	设定复合循环参数
N50 G00 G42 X10 S1700	到精车起始点，加右刀补精车转速
N60 G01 Z-6 F110	精加工 ϕ10 mm 外圆，设定精车转速
N70 X14 Z-8	精加工 ϕ10~ϕ14 mm 倒角
N80 W-7	精加工 ϕ14 mm 外圆
N90 X16	精加工 ϕ14~ϕ16 mm 圆环

N100 G02 X20 W-2 R2　　精加工 $R2$ 圆弧面
N110 G01 W-5　　精加工 $\phi20$ mm 外圆
N120 X24 W-2　　精加工 $\phi20\sim\phi24$ mm 倒角
N130 Z-36　　精加工 $\phi24$ mm 外圆
N140 X30　　X 轴退至循环点
N150 G00 G40 X100　　X 轴返回换刀点并取消刀补
N160 Z100　　Z 轴返回换刀点
N170 M30　　程序结束

用 G71 指令车削内腔与车削外轮廓的加工方式基本相同，所不同的是内轮廓加工循环点的选择，X 轴是以所钻的内孔直径为基准，内腔加工时，G71 指令中 X 轴留精车量值由图 1-5-36 所示判定为负号。另外，退刀必须将 X 轴方向先退到孔内一个安全位置后，Z 轴再退出，否则会出现撞刀事故。

【实例 9】如图 1-5-38 所示的内腔零件，毛坯尺寸为 $\phi75$ mm×62 mm，试用 G71 指令编写加工程序（钻 $\phi22$ 通孔）。

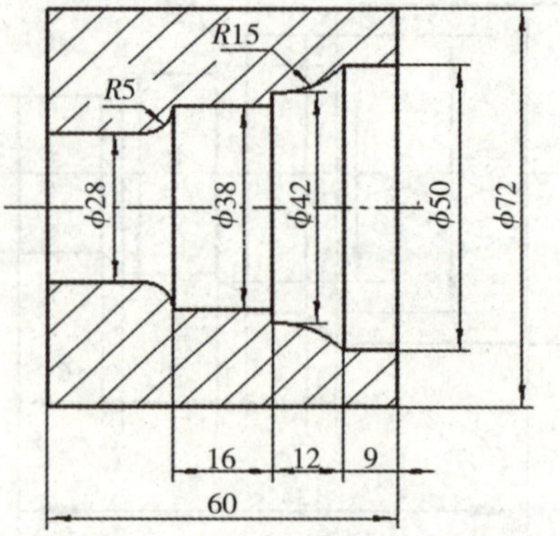

图 1-5-38　内腔零件

参考程序：
%8912　　程序名
N10 S1000 M03　　主轴正转，转速为 1000 r/min
N20 T0101　　调用 1 号内镗刀，导入 1 号刀补
N30 G00 G40 X20 Z2M08　　到加工起点位置，取消刀补，打开切削液
N40 G71 U1. 2 R1 P50 Q120 X-0. 6 Z0. 1 F180 S1200　　设定复合循环参数
N50 G00 G41 X50 S1500　　到起始点，加左刀补，设定精车转速
N60 G01 Z-9 F120　　精加工 $\phi52$ mm 内孔，设定精车进给量
N70 G02 X42 W-12 R15　　精加工 $R15$ 内圆弧面
N80 G01 X38　　精加工 $\phi38\sim\phi42$ mm 内圆环

N90 W-16	精加工 ϕ38 mm 内孔
N100 G02 X28 W-5 R5	精加工 $R5$ 内圆弧面
N110 G01 Z-60	精加工 ϕ28 mm 内孔
N120 X18 M09	X 向退至循环点
N130 G00 G40 Z150	Z 向退刀，取消刀补
N140 M30	程序结束

十三、端面粗、精车复合切削循环（G72）

端面粗、精车复合切削循环指令格式如下：

G72 W（Δd）R（e）P（ns）Q（nf）X（ΔU）Z（ΔW）F（f）S（s）T（t）

说明：

Δd——Z 轴粗车背吃刀量（每次深度切削量），指定时不加符号，方向由矢量$\overrightarrow{AB}$决定；

e——每次退刀量（模态值，在下次指定之前均有效）；

ns——精加工形状开始程序段的顺序号；

nf——精加工形状结束程序段的顺序号；

ΔU——X 方向精加工留量及方向、直径量；

ΔW——Z 方向精加工留量及方向。

该指令中 F（f），S（s），T（t）在粗加工时有效，而精加工时处于 P（ns）到 Q（nf）程序段之间的 F，S，T 有效。该循环指令与 G71 指令的区别是该指令切削方向与 X 轴平行，而 G71 指令与 X 轴平行垂直。该指令执行如图 1-5-39 所示，其中精加工路径为“B→C”的轨迹。

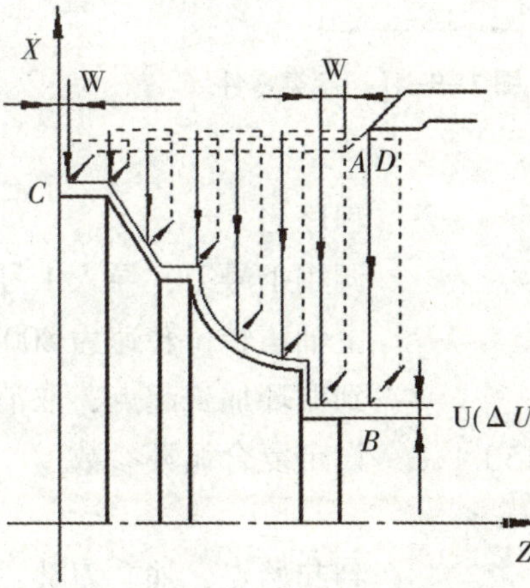

图 1-5-39　G72 指令执行

端面粗、精车复合循环指令（G72）切削进给方向平行于 X 轴。X（ΔU）和 Z（ΔW）的符号判定如图 1-5-40 所示。其中，“+”表示刀具沿轴正方向移动，“-”表示刀具沿轴负方向移动。

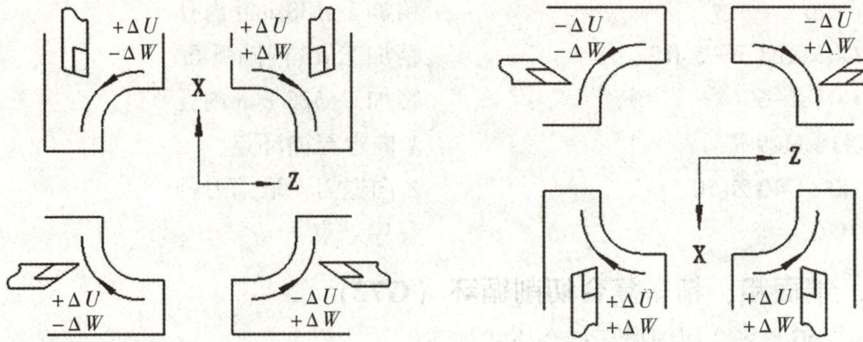

（a）后置刀架　　（b）前置刀架

图 1-5-40　G72 指令中 ΔU 和 ΔW 的符号判定

G72 编程与 G71 编程不同，它不是从零件的右端部向左端部依次正常编写，而是从零件的左端部向右端部编写，但在数控车床上加工或模拟校验仍然是从右端部向左端部依次正常走刀车削。

【实例 10】如图 1-5-41 所示的盘类零件，毛坯尺寸为 ϕ65 mm×52 mm，试用端面复合切削循环指令编制加工程序（单件加工）。

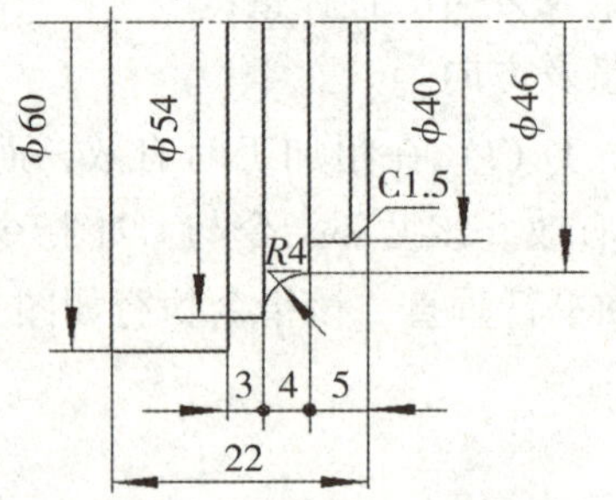

图 1-5-41　盘类零件

参考程序：

%0445	程序名
N10 T0101	调用 1 号刀，导入 1 号刀补
N20 S800 M03	主轴正转，转速为 800 r/min
N30 G00 G40 X68 Z0 M08	到循环加工起点，取消刀补，打开切削液
N50 G72 W1.2 R1P60 Q150 X0.4 Z0.1 F200 S1000	设定复合循环参数
N60 G00 G42 Z-22 S1800	到起始点，加右刀补，设定精车转速
N70 G01 X60 F110	到精加工 ϕ60 mm 外圆点
N80 W10	精加工 ϕ60 mm 外圆
N90 X54	精加工 ϕ54～ϕ60 mm 圆环
N100 W3	精加工 ϕ54 mm 外圆

N110 G03 X46 W4 R4	精加工 *R*4 外圆弧
N120 G01 X40	精加工 ϕ40~ϕ46 mm 圆环
N130 Z-1.5	精加工 ϕ40 mm 外圆
N140 X34 Z1.5	精加工倒角
N150 X68	至 *X* 向循环点
N160 G00 G40 X100	*X* 向退刀，取消刀补偿，关闭切削液
N170 Z100 M09	*Z* 向退刀
N180 M30	程序结束

十四、封闭轮廓粗、精车复合切削循环指令（G73）

封闭轮廓粗、精车复合切削循环指令格式如下：

G73 U（Δi）W（Δk）R（Δd）P（*ns*）Q（*nf*）X（ΔU）Z（ΔW）F（*f*）S（*s*）T（*t*）

说明：

Δi——*X* 轴方向退出距离和方向（用半径指定）；

Δk——*Z* 轴方向退出距离和方向；

Δd——粗车切削次数；

ns ——精加工形状开始程序段的顺序号；

nf ——精加工形状结束程序段的顺序号；

ΔU——*X* 方向精加工留量及方向；

ΔW——*Z* 方向精加工留量及方向；

F（*f*），S（*s*），T（*t*）——粗加工时有效。

如图 1-5-42 所示，图中双点画线为零件毛坯外形。*A* 点为精车起点，在 G73 指令程序段之前指定。在封闭轮廓循环开始时，刀具首先由起刀点 *A* 退回到 *D* 点开始进刀，进行轮廓的切削循环，按照图中的箭头指向循环层层切削，逐渐向零件最终形状靠近。当到达本段终点时，开始沿着精加工路径“*B*→*C*”精车一刀，均匀切除后回到 *A* 点，完成封闭轮廓粗车循环。

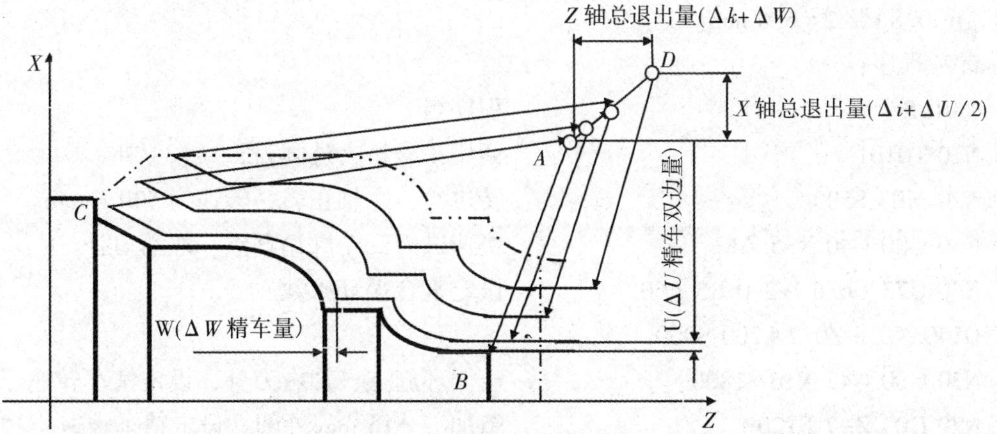

图 1-5-42 封闭轮廓粗、精车复合切削循环

G73 指令中 X 轴方向退出距离“Δi”与 Z 轴方向退出距离“Δk”的计算公式如下：

Δi=（待加工外径尺寸-工件最小尺寸-精加工余量）/ 2

该项值只是大约的计算，其值的大小对零件的加工精度没有影响，但对第一刀的切削深度影响很大，要适当调整 Δi 的大小，否则将会出现撞刀事故。

Δk 的取值一般小于等于 Δi 即可。

【实例 11】如图 1-5-43 所示的凹圆弧面零件，毛坯尺寸为 ϕ30 mm×60 mm，材料为 45 钢（单件加工）。用封闭轮廓粗、精车复合切削循环指令（G73）编制加工程序。

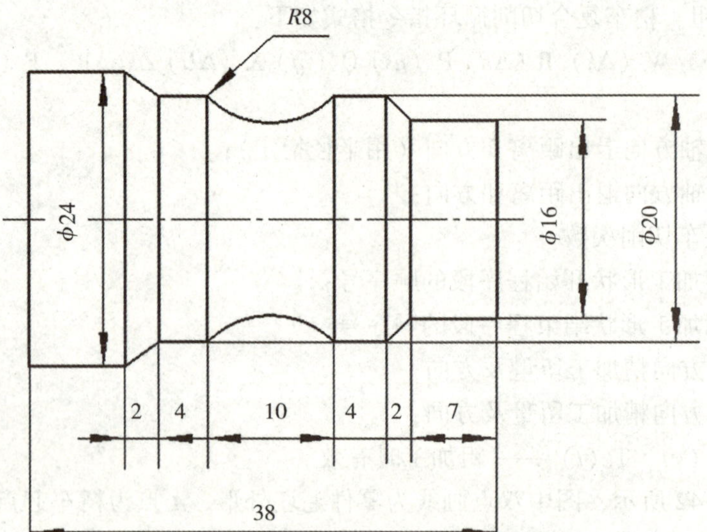

图 1-5-43　凹圆弧面零件

设定循环起点为（35，2），切削循环次数为 5 次。毛坯最大直径为 ϕ30 mm、最小直径为 ϕ16 mm。计算 Δi：Δi=（待加工外径尺寸-工件最小尺寸-精加工余量）/2=（30-16-0.8）/ 2=6.6 mm。

参考程序：

%0125	程序名
N10 T0101	调用 1 号机夹外圆刀，导入刀补
N20 M03 S500	转进给，主轴正转，转速为 500 r/min
N30 G00 G40 X35 Z2	快速进刀到轮廓循环点，取消刀补
N40 G73 U6.6 W2.0 R5 P50	设定复合循环参数
Q140 X0.6 Z0.2 F200 S900	
N50 G00 G42 X16 S1800	至循环起点，加右刀补，设定精车转速
N70 G01 Z-7 F120	精加工 ϕ16 mm 外圆，设定精车转速
N80 X20 W-2	精加工 ϕ16~ϕ20 mm 锥面

N90 W-4	精加工 ϕ20 mm 外圆
N100 G02 W-10 R8	精加工 *R*8 圆弧
N110 G01 W-4	精加工 ϕ20 mm 外圆
N120 X24 W-2	精加工 ϕ20~ϕ24 mm 锥面
N130 G01 Z-38	精加工 ϕ24 mm 外圆
N140 X30	*X* 向退至循环点
N150 G00 X100 Z100	*X*，*Z* 向退刀
N160 M30	程序结束

十五、子程序

在一个加工程序的若干位置上，如有模式相同的程序在加工中重复出现，可将此模式编为一组程序段并加以命名，称为子程序。把这些重复的程序段单独抽出存入存储器，以便进行调用，此时原来的程序称为主程序。主程序可重复调用子程序，被主程序调用的子程序还可以再次调用其他下一级子程序，称为子程序嵌套。上一级子程序与下一级子程序的关系和主程序与第一层子程序的关系相同。

1. 子程序的调用

子程序是储存在存储器中以便程序执行时随时调用的程序，最多可重复调用 999 次。调用子程序时使用 M98，程序结束返回主程序用 M99。

（1）调用子程序的程序格式如图 1-5-44 所示。

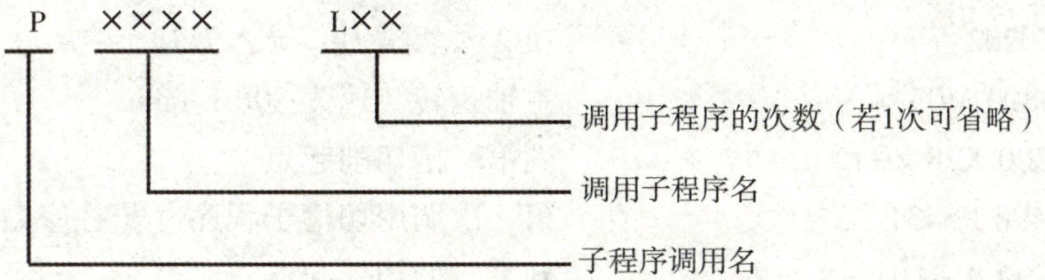

图 1-5-44　调用子程序的程序格式

例如，“M98 P0022L03” 表示调用的子程序名为 0022、调用 3 次。

（2）子程序的格式如下：

%××××

…………

M99

其中，入口地址“××××”为 4 位数字，与“M98 P”后面的子程序名相同。执行完该子程序后返回主程序。

2. 子程序的应用

由于复杂外轮廓编程中一般均复合循环编程，而子程序主要应用在切多槽零件编程中。对于切槽走刀轨迹，先看槽的排列是否均匀，若不均匀则找规律看哪些具有相同的模式；若重复出现，可将此模式编为一组程序段多次调用即可。

在数控车床编程中，子程序应采用增量坐标形式编写。

【实例 12】如图 1-5-45 所示的多槽零件，毛坯尺寸为 ϕ30 mm×80 mm，材料为 45 钢料（单件加工），用子程序来编程。

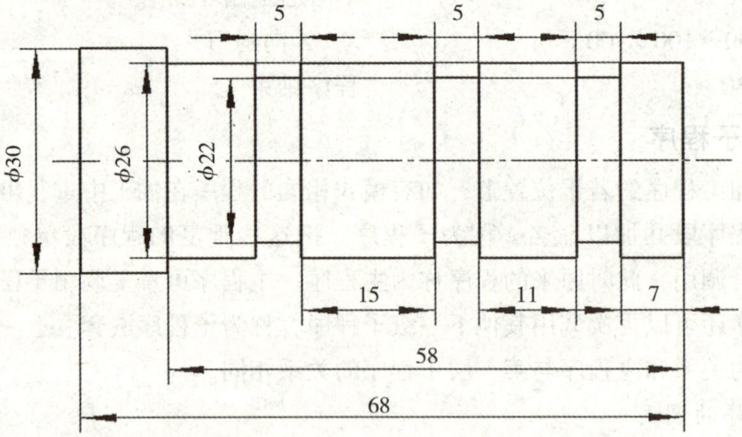

图 1-5-45 子程序切槽编程示例图

T02 号刀为切槽刀（刀宽等于槽宽，为 4 mm）。

参考程序：

…………	…………
N200 T0202	换 2 号切槽刀，导入刀补
N210 S800 M03	主轴正转转速为 800 r/min
N220 G00 X28 Z-12	到第一槽切削起点
N230 M98 P5431	第一次调用切槽子程序（子程序名为 5431）
N240 G00 W-16	到第二槽切削起点
N250 M98 P5431	第二次调用切槽子程序（子程序名为 5431）
N260 G00 W-20	到第三槽切削起点
N270 M98 P5431	第三次调用切槽子程序（子程序名为 5431）
N280 G00 X100	*X* 向快速返回换刀点
N290 Z100	*Z* 向快速返回换刀点
N300 M30	主程序结束
%5431	子程序入口
N400 G01 U-5.5 F30	*X* 向从 X28 进刀 5.5 mm，切槽至 ϕ22.5 mm
N410 G00 U5.5	*X* 向退刀 5.5 mm
N420 W1.0	*Z* 正向进刀 1 mm
N430 G01 U-6.0 F30	*X* 向从 X28 进刀 6.0 mm、切槽至 ϕ22 mm

N440 W-1　　　　　　　　　　　　Z 负向槽底 ϕ22 mm 精加工
N450 G00 U6　　　　　　　　　　X 向退刀 6. 0mm
N460 M99　　　　　　　　　　　　子程序结束

单元总结

一、数控程序的结构

每一个完整的数控加工程序都是由程序号、程序段和程序结束符组成的。程序的内容由若干程序段组成，程序段由若干指令字组成，每个指令字又由地址符和数字组成。

二、数控车床坐标系统

1. 车床坐标系

车床零点是车床坐标系统的设计原点（机械原点），它在制造车床时已经被确定下来，并且原则上是不可改变的。车床坐标系统就是以该点为原点建立的。

2. 工件坐标系

工件坐标系又称编程坐标系，是编程人员为了方便编写数控程序而建立的坐标系，一般建立在工件上或零件图样上，可设在主轴轴线与工件右端面交汇点，工件零点设置在该处有利于对刀操作。

3. 绝对坐标系与增量坐标系

数控车床刀架运动位置的坐标值总是相对于以固定点（即工件坐标系的零点）为基准给出的，称为绝对坐标系；而刀架运动位置的坐标值总是相对于前一个位置的点为基准给出的，并不是相对于固定的坐标原点给出的，称为增量坐标系。

三、常用主要基本编程指令

表 1-5-6　常用主要基本编程指令

常用指令	指令功能含义	格式举例
G00	快速点定位	G00 X（U）__Z（W）__
G01	直线插补	G01 X（U）__Z（W）__F__
G02	顺时针圆弧插补	G02 X（U）__Z（W）__I__K__F__
		G02 X（U）__Z（W）__R__
G03	逆时针圆弧插补	G03 X（U）__Z（W）__I__K__F__
		G03 X（U）__Z（W）__R__
G27	返回参考点检验	G27 X（U）__Z（W）__
G28	自动返回参考点	G28 X（U）__Z（W）__

表 1-5-6（续）

常用指令	指令功能含义	格式举例
G29	自动从参考点返回	G29 X（U）__Z（W）__
G80	内（外）圆柱面切削循环	G80 X（U）__Z（W）__F__
	内（外）圆锥面切削循环	G80 X（U）__Z（W）__I__F__
G81	直端面切削循环	G81 X（U）__Z（W）__F__
	锥端面切削循环	G81 X（U）__Z（W）__K__F__
G32	单段螺纹切削	G32 X（U）__Z（W）__R__E__C__P__F__
G82	直螺纹切削循环	G82 X（U）__Z（W）__R__E__C__P__F__
	锥螺纹切削循环	G82 X（U）__Z（W）__I__R__E__C__P__F__
G76	螺纹切削复合循环	G76 C__R__E__A__X__Z__I__K__U__V__Q__P__F__
G40	取消刀尖半径补偿	G40 G01（G00）X__Z__F__
G41	刀尖半径左补偿	G41 G01（G00）X__Z__F__
G42	刀尖半径右补偿	G42 G01（G00）X__Z__F__

四、刀尖半径补偿（G40/G41/G42）的功能偏置方式比较

表 1-5-7　刀尖半径补偿（G40/G41/G42）的功能偏置方式比较表

G 代码	功能	在轮廓上的方位	刀具轨迹
G40	取消刀尖半径补偿	在轮廓上	在程序轨迹上运动
G41	刀尖半径左补偿	在轮廓的左侧	在程序轨迹前进方向左侧运动
G42	刀尖半径右补偿	在轮廓的右侧	在程序轨迹前进方向右侧运动

五、华中 HNC-818A 系统复合循环指令

表 1-5-8　华中 HNC-818A 系统复合循环指令

种类	指令格式	应用
外（内）径粗、精车复合切削循环	G71 U __ R __ P __ Q __ X __ Z __ F __ S __ T __ 注：与 Z 轴平行车削走刀平稳	一般用于轴类零件的内、外轴向走刀轮廓加工
端面、内腔粗、精车复合切削循环	G72 W __ R __ P __ Q __ X __ Z __ F __ S __ T __ 注：与 Z 轴垂直车削走刀平稳	一般用于盘类外轮廓及内腔零件的径向走刀加工
封闭轮廓粗、精车复合切削循环	G73 U __ W __ R __ P __ Q __ X __ Z __ F __ S __ T __ 注：不能加工内轮廓，轮廓线车削走刀不平稳	零件毛坯的形状可以是锻件、铸件、也可以是圆棒料的仿形轮廓加工

六、子程序编程

若被加工的零件从外形上看并无相同的轮廓，但需要刀具在某一区域分层或分行反复走刀，走刀轨迹总是重复出现某一特定的形状。为了优化加工顺序，把这一形状特定而又独立的工序编写成一个子程序并加以单独命名。当系统执行主程序过程中遇到一条调用子程序的指令时，则转向执行子程序，子程序执行完后返回主程序。

单元六

数控车床操作面板及对刀

学习目标

- 掌握数控系统编辑面板上各键及显示菜单的用途、使用方法与基本操作过程。
- 明确操作面板上各按键的功能、对刀的方法及过程，会加入刀具补偿值及对刀具进行调整等。
- 掌握数控车床的安全操作规程、维护与保养部位及要求。
- 学会数控车床一些常见故障的诊断与排除方法。

知识一　华中 HNC-818A 数控车床编辑面板

一、华中 HNC-818A 系统数控车床编辑面板简介

华中 HNC-818A 数控车床编辑面板如图 1-6-1 所示。其主要包括：数控系统显示器主界面及功能键区、车床控制面板区、MDI 键盘区等。其中，数控系统显示器主界面部分、功能键区及 MDI 键盘区一起构成数控系统编辑面板，用于菜单命令条、系统状态、加工轨迹仿真、辅助机能、故障报警的显示等功能。

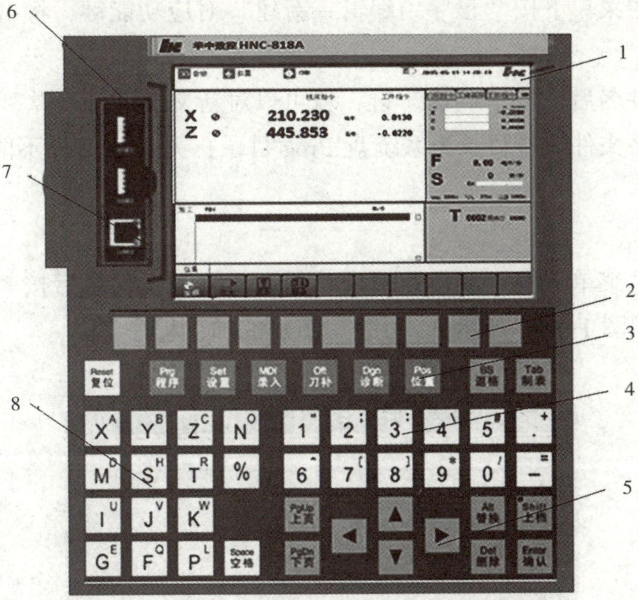

图 1-6-1　华中 HNC-818A 数控车床编辑面板

1—显示屏区；2—软键区；3—功能键区；4—数字键区；5—光标区；

6—USB 接口；7—以太网接口；8—字母区

在显示屏区下方有对应于软件操作界面的十个功能软键，用来完成程序编辑、参数设定、自动加工、故障诊断等系统功能。另外，配有标准化字母数字式 NC 键盘，包括精简型 MDI 键盘、主菜单键和功能键，主要用于零件程序的编辑、参数输入、MDI 及系统管理操作等。MDI 键盘大部分键具有“上档”键功能，同时按下“Shift”键和字母键/数字键，输入的是“上档”键的字母/数字。图形显示窗口菜单命令条可以通过自身菜单命令条中的功能键与屏幕下方软键对应设置所显示的内容，完成系统功能的操作。

二、程序编辑操作

1. 新建文件

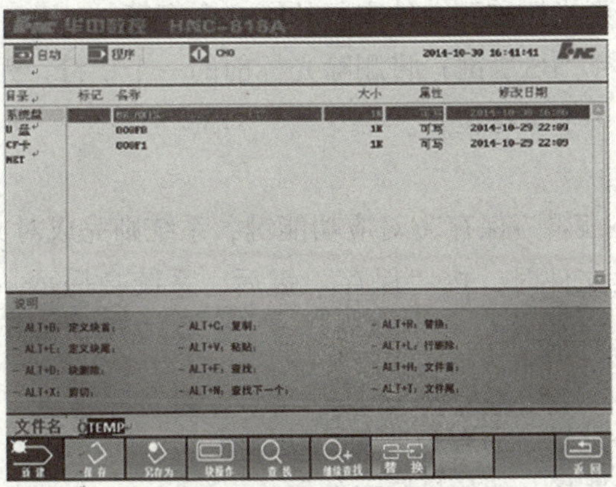

图 1-6-2　新建文件界面

（1）在程序主菜单下按“程序→编辑→新建”对应功能键，将出现如图 1-6-2 所示的界面。

（2）输入文件名后，按“确认”键，就可以对新文件进行编辑。

（3）新建程序文件缺省目录为系统盘 Prog 目录，另新建文件不能与已存在的文件同名。

2. 编辑程序

（1）在程序主菜单下按“新建”对应功能键，输入文件名后按“确认”键即进入编辑程序界面（如图 1-6-3 所示），可编写新建的加工程序。

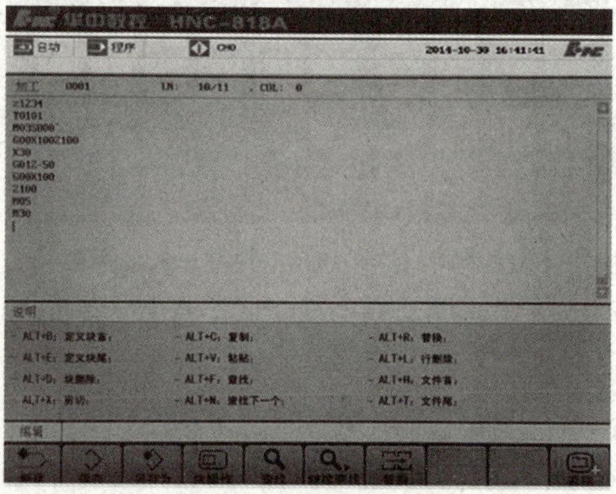

图 1-6-3　编辑程序界面

（2）按下“删除”键（“Del”键）后将删除光标的后一个字符，且光标位置不变，余下的字符左移一个字符位置。

（3）“上页”键（“PgUp”键）能使编辑程序向程序头滚动一屏，且光标位置不变，如果已经到程序头，则光标移到文件首行的第一个字符。

（4）“下页”键（“PgDn”键）使编辑程序向程序尾滚动一屏，且光标位置不变，如果已经到程序尾，则光标移到文件末行的第一个字符。

（5）“退档”键（“BS”键）将删除光标前的一个字符，光标向前移动一个字符位置，余下的字符左移一个字符位置。

3. 保存文件

（1）按“程序→编辑→保存”对应功能键，系统则完成对文件的保存。

（2）程序为只读文件时，按“保存”键后，系统会提示“保存文件失败”，此时只能使用“另存为”功能。

4. 另存文件

（1）按“程序→编辑→另存为”对应功能键。

（2）使用光标键选择存放的目标文件夹。

（3）按“→”键，切换到输入框，输入文件名。

（4）按“确认”键确认后，则可继续进行编辑文件的操作。

5. 选择文件

（1）在程序（ ）主菜单下“选择”对应功能键，出现如图 1-6-4 所示的选择文件界面，然后在界面上用光标“↑”和“↓”键选择存储系统中的文件名。

（2）按“确认”键，则可将选中的程序文件在显示屏上显示出来。

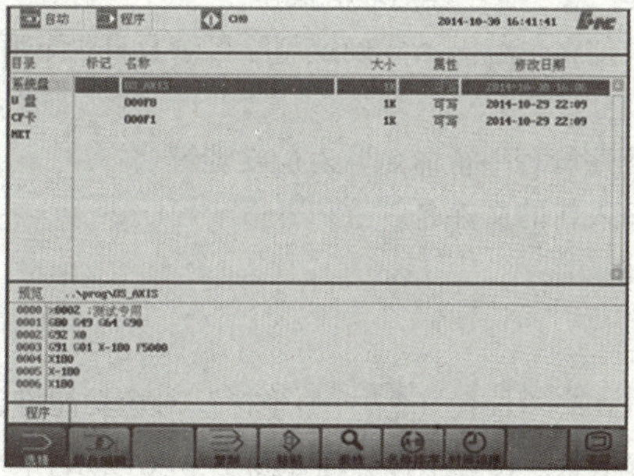

图 1-6-4　选择文件界面

6. 程序模拟效验

程序模拟效验用于对调入加工缓冲区的程序文件进行效验，此时车床不动作，程序效验速度快慢受进给修调倍率控制，以方便观察刀位轨迹路线，并提示可能出现的错误。

（1）按“程序→选择”对应功能键，调入要效验的加工程序。

（2）按车床控制面板上“自动”或“单段”键，进入程序运行方式。

（3）在程序菜单下，按“效验”对应功能键，此时系统操作界面的工作方式显示为“自动效验”。程序模拟效验如图 1-6-5 所示。

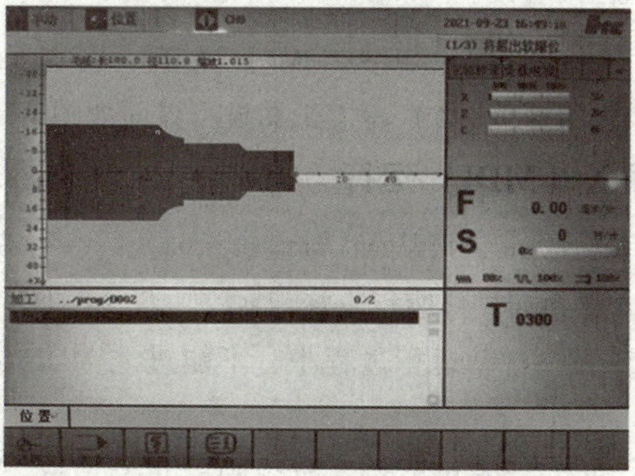

图 1-6-5　程序模拟效验

（4）按车床控制面板上的“循环启动”键，程序效验开始。

（5）若程序有错误，命令行将会提示程序的某一行出现错误。

7. 删除文件/文件夹

（1）按“程序→程序管理”选择文件盘符。

（2）使用光标键选择文件或文件夹。

（3）按“删除”键，系统询问“确定要删除文件吗？（Y/N）”，按“Y”键则删除所选盘符的所有文件，按“N”键则取消操作。

（4）若选取的是文件夹，将提示“确定删除目录及目录下所有文件（Y/N）”。

8. 更改文件名

（1）按“程序→程序管理→重命名”对应功能键。

（2）在编辑框中输入新的文件名。

（3）按“确认”键。

三、坐标显示

在程序运行过程中，按“位置（ ）→坐标”对应功能键，可查看当前加工程序在不同示值类型的位置信息，位置坐标界面如图 1-6-6 所示。

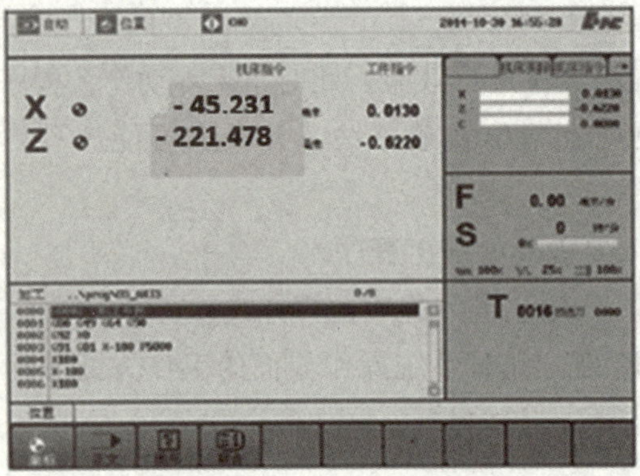

图 1-6-6　位置坐标界面

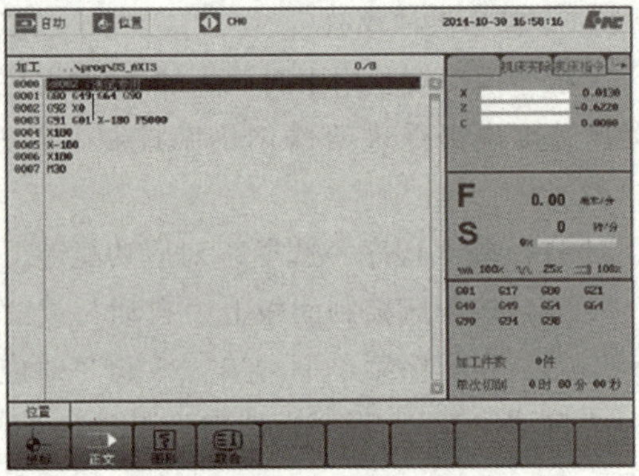

图 1-6-7　正文显示界面

在程序运行过程中，按“位置→正文”对应功能键，可查看程序运行时的 G 代码、坐标系信息、M 指令及进给速度（F）等。正文显示界面如图 1-6-7 所示。

四、手动数据输入（MDI）运行

按“ ”键进入 MDI 功能，可从 NC 键盘输入并执行一行或多行 G 代码指令段。

（1）系统进入 MDI 状态后，标题栏出现“MDI”状态图标，可从 MDI 切换到非程序界面时仍处于 MDI 界面；自动运行过程中，不能进入 MDI 方式，可在进给保持后进入。

（2）MDI 状态下，可按“复位”键，系统则停止并清除 MDI 程序。例如：输入“T01”运行指令程序段后，再按“循环启动”键，刀架可转至 1 号刀位；输入“M03

S1000”运行指令程序段后，再按“循环启动”键，主轴将按 1000 r/min 转速正转。

五、报警显示

如果在系统启动或加工过程中，界面的标题栏上出现了由“运行正常”变为“错误”的情况，可用诊断功能，即按“诊断（诊断）→报警显示”对应功能键，可显示出错的原因；可用上、下光标键“↓”“↑”或“上页”“下页”键查看报警信息。

六、停止运行

在程序运行过程中，需要暂停运行时，可按“程序→停止”对应功能键，系统将会显示“已暂停加工，取消当前运行程序（Y/N）”。

（1）按“N”键则暂停程序运行，并保留当前运行程序的模态信息，暂停运行后，可按“循环启动”键从暂停处重新启动运行。

（2）按“Y”键则停止程序运行，并卸载当前运行程序的模态信息，当停止运行完毕，只有选择程序后重新启动运行。

七、刀补参数的设置

（1）在“刀补”主菜单下按对应软键（刀补），显示屏即出现刀补数据表（如图 1-6-8所示），可进行刀补数据设置（包括刀具半径、刀尖方位等）。

（2）按上、下光标移动、选择编辑的选项。

（3）按“确认”键，系统进入编辑状态。

（4）修改完毕，再次按“确认”键。

八、刀偏参数的设置

（1）按“刀偏”对应软键，图形显示屏出现刀偏数据表（如图 1-6-9 所示），可进行刀偏数据设置，包括 X 偏置、Y 偏置、X 磨损、Z 磨损。按上、下光标移动、选择偏置选项。

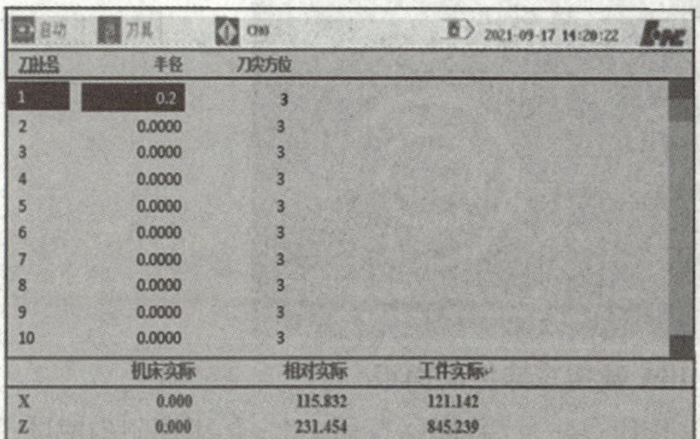

图 1-6-8　刀补参数表的设置与修改

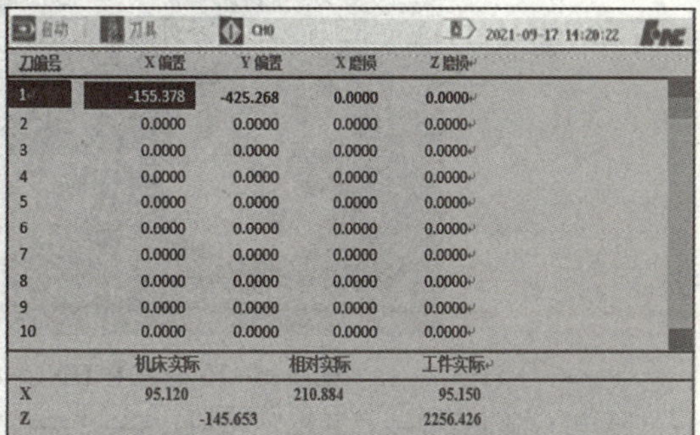

图 1-6-9　刀具偏置数据设置与修改

（2）按“确认”键，系统进入编辑状态。

（3）修改完毕，再次按“确认”键。

知识二　华中 HNC-818A 数控车床控制面板操作

一、华中 HNC-818A 系统数控车床控制面板

华中 HNC-818A 系统数控车床控制面板如图 1-6-10 所示。其主要用于程序的自动运行、单段、增量、回零、车床锁住、超程解除、冷却开停、刀位转换、主轴正反转、主轴停止、主轴修调、快速修调、进给修调、循环启动、进给保持和急停等操作。

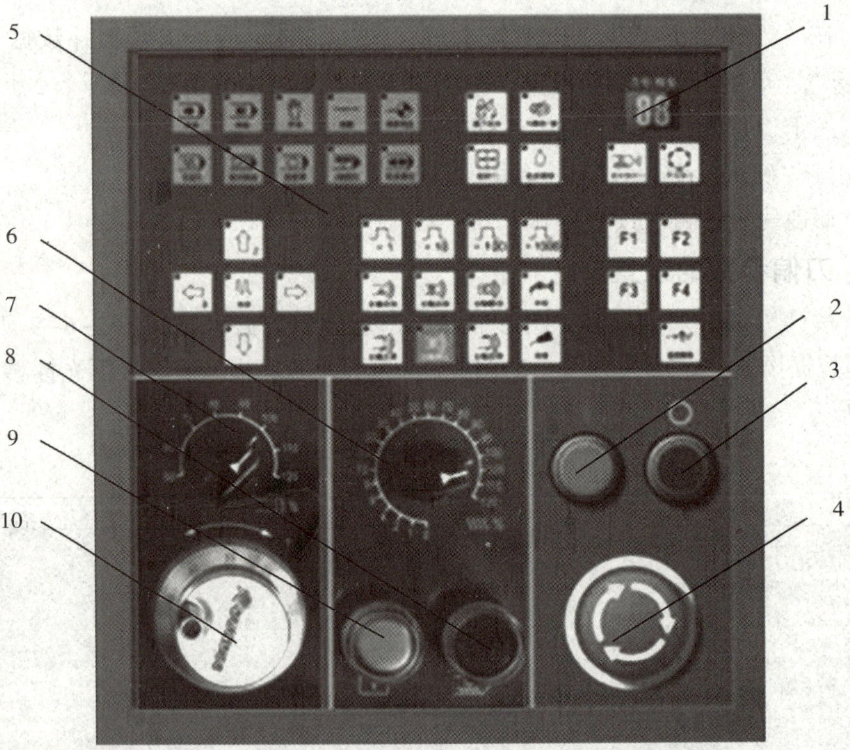

图 1-6-10　华中 HNC-818A 数控车床控制面板

1—刀号转位显示；2—“开机”按钮；3—“关机”按钮；4—“急停”按钮；5—车床控制功能区；6—“进给修调”旋钮；7—“主轴调速”旋钮；8—进给保持；9—循环启动；10—手摇脉冲进给

二、数控车床的开机、关机

1. 开机

接通车床外部电源开关，按下“开机”按钮，将操作面板上的“紧急停止”按钮右旋弹起，若开机成功，显示屏显示正常，无报警信息。

2. 关机

检查操作面板上“循环启动”的显示灯，该灯应在停止状态，检查车床的所有可移动部件是否都处于停止状态，关闭与数控系统相连的外部输入/输出设备，按“急停”按钮，按下“关机”按钮，最后切断车床外部电源。

三、常见旋钮及按键说明

1. 进给修调

“进给修调”旋钮的操作方法是，在自动方式或 MDI 运行方式下，旋转“进给修调”旋钮可修调程序中编制的 F 代码的进给速度，修调范围为 0%~120%。另外，在手动连续进给方式下，此修调可调节手动进给速度。

2. 主轴速度修调

“主轴速度修调”旋钮用来调节主轴正转及反转的速度，倍率范围为 50%~120%。

3. 手摇进给

在非急停状态下，按一下控制面板上的“增量值”键，待指示灯亮后，系统处于手摇进给方式，可通过手摇进给控制车床坐标轴移动，且移动快慢可在不同增量值按键上获得。

4. 增量值选择

“增量值选择”键如图 1-6-11 所示。增量值选择是由图中的 4 个按键控制的，从左到右分别表示“×1”“×10”“×100”“×1000”。4 个按键互锁，即按下其中一个按键（指示灯亮），其余几个会失效。

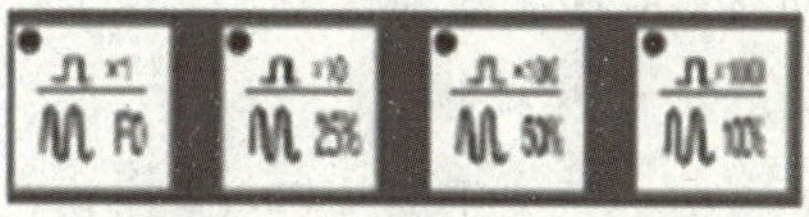

图 1-6-11　“增量值选择”按键

按键控制倍率见表 1-6-1。

表 1-6-1　按键控制倍率

增量倍率	×1	×10	×100	×1000
增量值/mm	0.001	0.01	0.1	1

5. 增量进给

按一下控制面板上的“增量”键（）（指示灯亮），系统处于增量进给方式，可增量移动车床坐标轴。按一下“X”或“Z”键及方向键（指示灯亮），*X* 或 *Z* 轴将正向或负向移动一个增量值；以此类推，继续按压，继续移动。

6. 手动慢速与快速移动

在手动状态下可以移动车床坐标轴，按压 X 轴上、下键（指示灯亮），X 轴将产生向前或向后连续移动；松开 X 轴上、下键（指示灯灭），X 轴将减速停止。用同样的方法可以运行 Z 轴左、右键，Z 轴也将产生向左或向右的连续移动，也可以实行 X 轴和 Z 轴的联动。

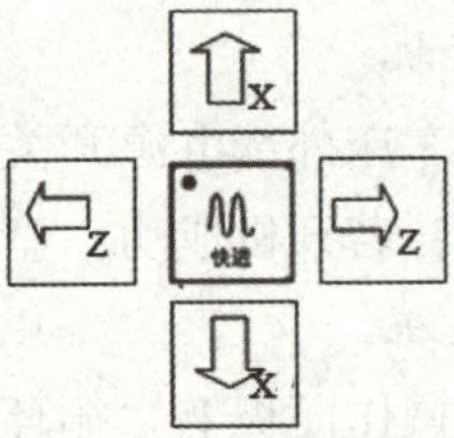

图 1-6-12　手动慢速与快速移动按键

在手动进给时，若同时按压中间的“快进”键，则产生相对应 X 或 Z 轴的正向或负向快速移动。手动慢速与快速移动按键如图 1-6-12 所示。

7. 车床回零

车床只有在回零之后，才能建立正确的车床坐标系。一般车床在开机后需要进行回零操作，另外车床断电后再次接上电源或按下“紧急停止”键后，均需进行回零操作。其操作过程如下：

（1）选择“手动回零”键，调整进给速度倍率开关于适当位置；

（2）按“回参考点”键（）（指示灯亮），系统处于手动回参考点方式，可手动返回参考点，这时再按“+X”或“+Z”键，刀架做返回参考点移动。

8. 车床锁住

车床锁住将禁止车床所有运动。在手动运行方式下，按一下“机床锁住”键（）（指示灯亮），此时再进行手动操作，此键为手动状态下禁止车床坐标轴及主轴动作，应用于效验程序。

9. 手动进给

按一下“手动”键（）（指示灯亮），系统处于手动运行方式，可手动移动车床坐标轴，手动进行车床主轴启动与停止、切削液打开与关闭等操作。

10. 超程解除

当刀架运行超程时，“超程解除”键（）指示灯亮，系统视其状况为紧急停止。要退出紧急停止可进如下操作：

（1）松开“急停”按钮，将工作方式改为“手动”或“手摇”；

（2）一直按压“超程解除”键；

（3）在“手动”或“手摇”方式下使该轴向相反方向退出超程状态，即可解除。

11. 空运行

在自动方式下，按一下“空运行”键（）（指示灯亮），系统处于空运行状态，程序中所编制的进给速度被忽略，坐标轴以最大快移速度移动，并不切削，而是确认切削路径及程序。在加工中应关闭此功能键，否则可能造成危险。此功能键对螺纹无效。

12. 程序跳段

如果在程序中使用了跳段符号（/），当按下“程序跳段”键（）后，程序运行到该符号标定的程序段时，即会跳过该行程序段；解除该键则跳段功能无效。

13. 单段运行

按一下“单段”键（）（指示灯亮），再按一下“循环启动”键，系统处于单段自动运行方式，程序控制将单段完成进给停止。第二次按“循环启动”键，将运行下一行程序段。

14. 选择停

如果程序中出现了 M01 辅助功能指令，按下“选择停”键（）后，程序运行到 M01 指令即停止运行，再按下“循环启动”键后，程序段继续运行；解除该键后则 M01 辅助指令功能无效。

15. 自动

按一下“自动”键（）（指示灯亮），系统处于自动运行方式，车床坐标轴由 CNC 自动完成，同时适用于 MDI 运行和单段运行方式，自动运行暂停、进给保持在自动运行时，按一下“进给保持”键（指示灯亮），程序执行暂停，车床运动轴减速停止，在自动运行暂停时，再按一下“循环启动”键，系统将重新启动，从暂停前的状态继续运行，且 M，S，T 各功能保持不变。

16. 确认

“确认”键（）将输入区内的数据输入参数页面，如将对刀的数据、刀具补偿数据等输入参数页面。

17. 指定行号

（1）按车床控制面板上的“进给保持”键（指示灯亮），系统处于进给保持状态。

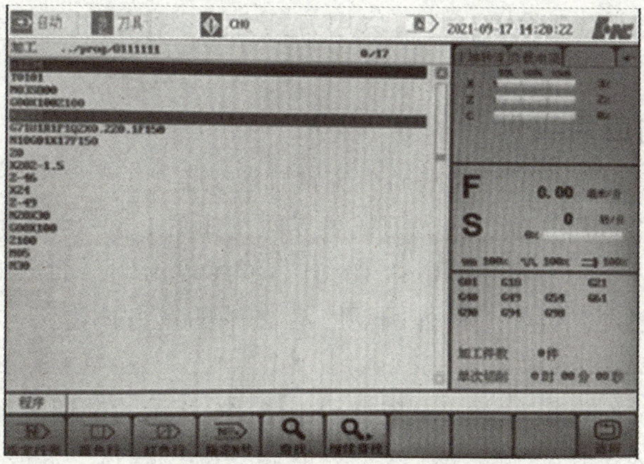

图 1-6-13 指定行号运行界面

（2）按“程序→任意行→指定行号”对应功能软键，系统弹出如图 1-6-13 所示界面，在该程序编辑框里按上、下光标键（“↑”“↓”）会出现红色光标条，可将其移动至要运行的行段上。

（3）按“确认”键。

（4）在车床操作面板上按“循环启动”键，程序从指定红色行开始运行。

18. 冷却启动与停止

在手动方式下，按“冷却开停”键，即可实现在手动方式下的冷却液打开与关闭。

知识三　数控车床的对刀操作

加工一个零件往往需要几把不同的刀具，而每把刀具在车床刀架上都是随机装夹的，因此，在刀架转位调用刀具时，刀尖所处的位置是不相同的。但系统要求在加工一个零件时，调用任何一把刀具的进给走刀路线都应严格按照编程所设定的刀号轨迹运行。因此，必须对每一把刀具进行严格对刀。

一、T 功能对刀方法及过程

数控车床目前普遍采用 T 功能对刀。在操作面板上按“刀补”软键，在显示屏下方工具条按“刀偏”对应软键切换至出现刀偏数据表，即可设置刀偏。按上、下光标键（“↑”“↓”），移动光标来选择“X 偏置”“Z 偏置”“X 磨损”“Z 磨损”选项；再按“确认”键进入编辑状态；将测得的数据通过“试切直径”及“试切长度”操作后，由计算机自动计算完成修正；完毕后再按“确认”键确认即可。

当刀具磨损后再加工零件，将会出现实际测量零件尺寸值大于零件图尺寸的现象。若比原零件直径尺寸大 0.1 mm，可将相应刀具磨损量补偿在刀偏表中，即“X 磨损”输入“-0.1”；若长度出现偏差，也可以用刀具磨损量补偿在刀偏表中，即“Z 磨损”输入相应值。

二、刀偏值的应用实例

工件坐标系原点设定在工件前端面与主轴轴线交点上。

刀具对刀时按“刀补”软键进入刀偏表界面，如图 1-6-14 所示。

（1）测量并输入试切直径值。以“T0101”程序段为例，如图 1-6-15 所示，选用使用的刀具在手动方式下切削工件外圆后，沿 *Z* 轴的正方向退刀，用千分尺测量工件直径，为 28.58 mm，然后按上、下光标键（“↑”“↓”）至 1 号“X 偏置”处，再按下刀偏表界面的“试切直径”键，出现如图 1-6-16 所示的试切直径参数界面，在工具条“刀偏表”处填入试切直径“28.58”数值后，按“确认”键，系统将自动计算 X 偏置值，并改变刀偏表中“X 偏置”原有的参数值。

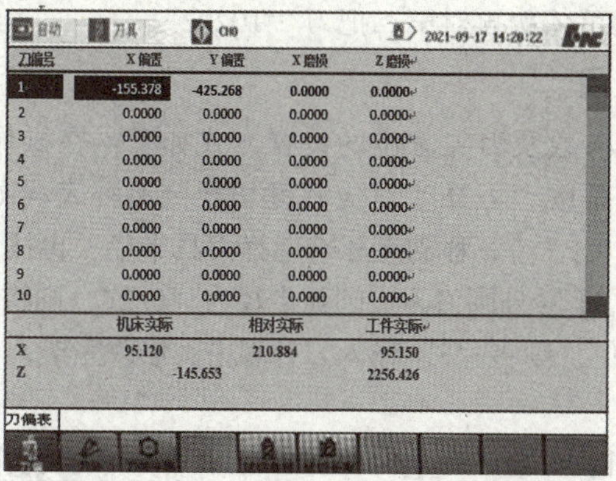

图 1-6-14　刀偏表界面

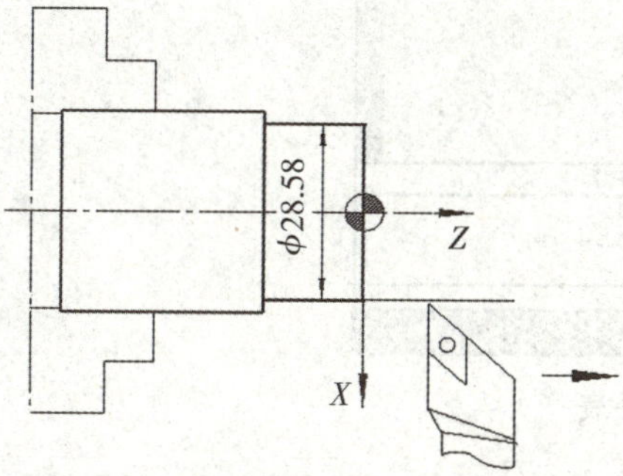

图 1-6-15　试切外径并测量

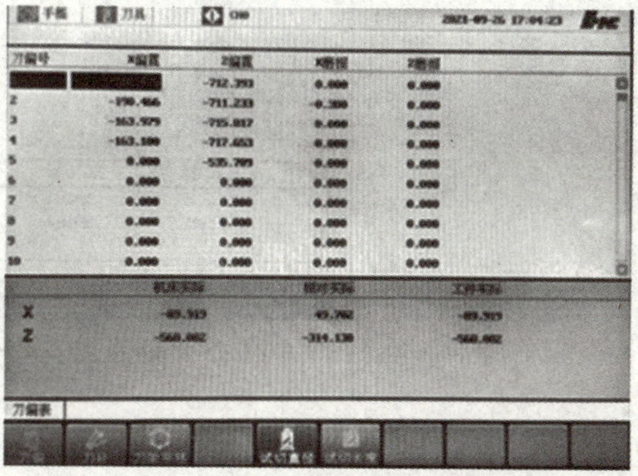

图 1-6-16　试切直径参数界面

（2）输入试切长度零值，将刀尖贴在已平好的工件右端面上（注意不要车削），沿 *X* 轴的正方向退刀（如图 1-6-17 所示），然后按上、下光标键（“↑”“↓”）至 1 号“Z 偏置”处，再按下刀偏表界面的“试切长度”软键，出现如图 1-6-18 所示的“试切长度参数”界面，在工具条“刀偏表”处填入“0”数值后，按“确认”键，系统将自动计算 Z 偏置值，并改变刀偏表中“Z 偏置”原有的参数值。

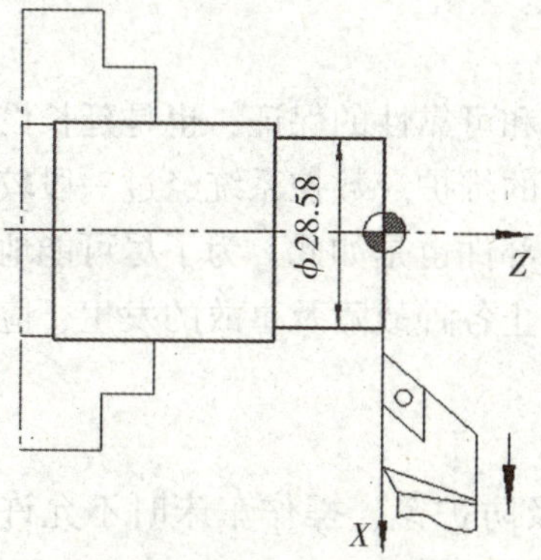

图 1-6-17　试切端面

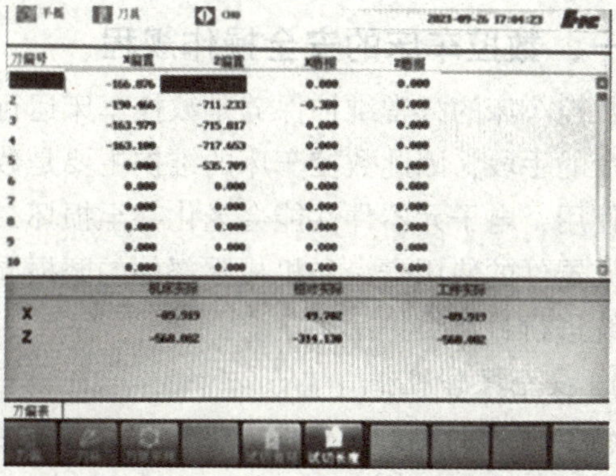

图 1-6-18　试切长度参数界面

（3）用同样的方法可依次再对第二把刀“T0202”。

三、刀补值的应用

刀具圆弧半径补偿参数及刀尖方位的设置方式如下：在操作面板上按“刀补”软键，在显示屏下方工具条按“刀补”对应软键切换至刀补表（如图 1-6-19 所示），按上、下光标键（“↑”“↓”），移动光标来选择刀具半径，再按“确认”键，此时系统将进入编辑状态。例如，1 号外圆刀刀尖圆弧半径为“0. 2”，则将“0. 2”输入刀补表中；外圆刀刀尖方位为 3 号位，则将“3”输入刀补表中；修改完毕，再次按“确认”键。

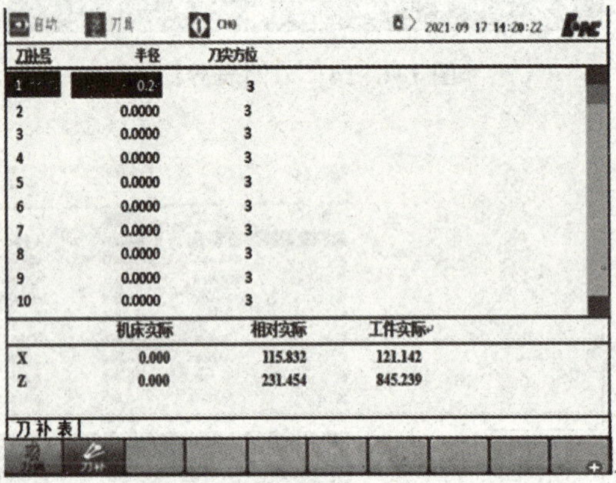

刀补号	半径	刀尖方位
1	0.2	3
2	0.0000	3
3	0.0000	3
4	0.0000	3
5	0.0000	3
6	0.0000	3
7	0.0000	3
8	0.0000	3
9	0.0000	3
10	0.0000	3

	机床实际	相对实际	工件实际
X	0.000	115.832	121.142
Z	0.000	231.454	845.239

图 1-6-19　刀补表

知识四　数控车床的安全操作、日常维护与故障诊断

一、数控车床的安全操作规程

数控车床的日常维护保养是数控车床运行稳定性和可靠性的保证，也是延长设备使用寿命的手段，因此数控车床的维护主要是数控系统的维护。数控系统经过一段较长时间的使用，电子元器件性能会老化甚至损坏，机械零部件也是如此，为了尽可能地延长电子元器件的使用寿命和机械零部件的磨损周期，防止各种故障及事故的发生，应对数控系统进行日常维护。

1. 安全操作规程

（1）工作时穿好工作服、安全鞋，戴好工作帽及防护镜，操作车床时不允许戴手套，不得与他人闲谈。

（2）不得在车床周围放置障碍物，工作空间应足够大。

（3）不得任意修改数控系统内厂商所设定的参数。

（4）若遇设备电动机异常发热、声音不正常等情况，应立即停车查看。

（5）操作完毕后应断开电源，清理车床及周边工作场地。

（6）合理选用刀具、夹具。装夹精密工件时，装夹方式要适当并保证装夹牢固可靠，不得猛力敲打，可用软锤或加垫轻微敲打。

（7）车床工作台快速移动时，应注意四周情况，防止碰撞。

（8）操作时，车床导轨及工作台上不要放置工具、量具和工件等物品。

（9）加工时，不允许两人及以上同时操作车床。

（10）手动控制沿 X，Z 轴方向移动工作台时，必须使刀架始终处于安全高度位置，并观察刀具移动是否正常。

2. 工作前的准备工作

（1）开动车床前应预热，检查车床各部位的润滑、油压、气压及防护装置等。

（2）车床上电顺序为车床先上电、数控系统后上电，关机顺序则正好相反。

（3）开机后首先进行返回车床参考点的操作，若某轴在返回参考点前已处在原点位置，应将该轴移动到距离原点 100 mm 以外位置后再返回参考点。

（4）调整刀具及所用工具不要遗忘在车床内。

（5）开机后首先进行返回车床参考点的操作，以建立车床坐标系。

3. 工作过程中安全注意事项

（1）禁止用手或以其他任何方式接触正在旋转的三爪自定心卡盘。

（2）单段试切时，"快速倍率" 开关必须置于低挡。

（3）车床运行时，严禁离开工作岗位或做与操作无关的事情，车床发生异常现象立即停车。

（4）手摇进给和手动连续进给操作时，必须检查各种开关所选择的位置是否正确。

（5）车床在加工过程中，禁止打开车床防护门。

（6）量具应在固定地点摆放和使用，加工完毕后，应把量具擦拭干净。

（7）自动加工中出现报警等异常时，应立即按下 "复位" 或 "急停" 按钮，查明报警原因并采取相应措施，取消报警后，再进行操作。

4. 工作完成后注意事项

（1）从刀架上卸下刀具。

（2）清除切屑、擦拭车床，使车床与周围环境保持清洁状态。

（3）检查润滑油、冷却液的状态，及时添加或更换。

（4）依次关掉车床操作面板上的电源和总电源。

二、数控车床的日常检查

（1）每次车床接通电源前应检查冷却液、液压油、润滑油量是否充足，以便随时添加或更换，应检查托盘内切屑是否已经清理干净。

（2）车床接通电源后，检查操作台上的各种指示灯是否正常，各按钮、开关是否处于正确位置，液晶显示屏是否有报警信息，控制柜冷却风扇运转是否正常。

（3）操作前，检查主轴、溜板、刀架运转是否正常；运行时，检查是否有异常噪声，以此了解各轴承、滚珠丝杠的润滑及工作情况。

（4）工件试切前应检查 X，Z 轴超程限位开关动作是否正常，可用手按压行程开关的滑动轮。若显示屏上有超程报警出错显示，说明各限位行程开关正常；若行程杆伸缩迟钝不灵敏，应及时维修更换。

（5）随时关注运行过程中是否有与平常不同的异常现象，如温度、气味、声音异常等。

（6）数控车床运行停止，检查控制面板上“循环启动”按钮 LED 指示灯是否已经熄灭，可移动部件是否都处于停止状态。

（7）依次关掉车床操作面板上的电源和总电源后，电气控制柜的冷却风扇随之关闭，如果长期不用车床应将总控制开关切断。

（8）清除切屑，擦拭车床，使车床与周围环境保持清洁状态。

三、数控车床的维护与保养

数控车床种类繁多，功能、结构及系统不同，其维护保养的内容和规则也不同，具体应根据数控车床的种类、型号及实际使用情况，并参照车床使用说明书要求，制订和建立必要的定期、定级保养制度。

1. 数控系统的维护保养

（1）严格遵守操作规程和日常维护制度。数控设备操作人员要严格遵守操作规程和日常维护制度，操作人员的技术业务素质的优劣是影响故障发生频率的重要因素。当车床发生故障时，操作人员要注意保护现场，并向维修人员如实说明出现故障前后的情况，以利于分析、诊断出故障的原因，并及时排除。

（2）防止灰尘污物进入数控装置内部。在机械加工车间的空气中一般都会有油雾、灰尘甚至金属粉末，一旦它们落在数控系统内的电路板或电子器件上，容易引起元器件间绝缘电阻下降，甚至导致元器件及电路板损坏。有的用户在夏天为了使数控系统能超负荷长期工作，采取打开数控柜门的方式来散热，这是一种极不可取的方法，其最终将加速数控系统的损坏，所以应该尽量减少打开数控柜门和强电柜门。

（3）防止系统过热。应该检查数控柜上的各个冷却风扇工作是否正常。每半年或每季度检查一次风道过滤器是否有堵塞现象，若过滤网上灰尘积聚过多，不及时清理，则会引起数控柜内温度过高。

（4）定期检查和更换存储用电池。一般情况下电池应每年更换一次，以确保系统正常工作，电池的更换应在数控系统供电状态下进行，以防更换时 RAM 内信息丢失。

2. 机械部分的维护保养

（1）主轴为带传动系统的车床应定期检查，调整主轴驱动带的松紧程度，防止因带松弛产生丢转现象。主轴刀具夹紧装置长时间使用后，会产生间隙，影响刀具的夹紧，需及时调整液压缸活塞的位移量。另外，注意观察主轴箱温度，检查主轴润滑系统，每年定期补充润滑油量，并防止各种杂质进入主轴箱。使用手动变速的主传动系统，必须在主轴停机后方可变速。

（2）定期检查、调整丝杠螺母副、换刀系统、工作台交换系统的轴向间隙等，保证反向传动精度和轴向刚度，以减少各运动部件之间的形状和位置偏差。

（3）定期调整导轨副压板间隙、镶条间隙，对导轨进行预紧和润滑，检查导轨的防护罩。

（4）经常检查回零位置是否正确，特别是各行程开关和电磁阀能否正常动作。

（5）定期对各润滑、液压、气压系统的过滤器或分滤网进行清洗或更换，定期对机械系统进行油质化验检查、添加和更换机油。

（6）经常检查轴端、冷却液箱体及各处的密封状态，防止润滑油、冷却液泄漏。

3. 电气部分的维护保养

（1）应尽量少开数控柜和强电柜的门，以防止油雾、浮尘甚至金属粉末落入数控装置内的印刷线路板或电子元器件上，因为这样容易引起元器件间绝缘电阻下降，并导致元器件及印刷线路板的损坏。

（2）经常检查数控装置上各个冷却风扇工作是否正常，风道过滤网是否堵塞。如过滤网上灰尘积聚过多，需及时清理，否则将会引起数控装置内温度过高（一般不允许超过 55 ℃），以影响数控系统的正常工作，甚至出现过热报警现象。

（3）长时间闲置的数控车床，应定期对数控装置通电 2~3 h，以避免系统受潮。

（4）存储器电池的更换。系统参数及用户加工程序由存储器储存，并由电池保持供电，当系统发出电池电压报警时，应立即更换电池。

四、数控车床常见故障及排除实例

1. 车床回零及故障

现象：回参考点不到位，屏幕坐标显示零点位置非零状态。

原因：行程开关失灵报警，进行“回零”操作时，工作台与零点位置太近，导致“回零”失败。

排除：检查行程开关，开关内进入切削液造成粘连或开关触头弹性不好造成失灵；移动工作台使其远离参考点，保证“回零”时坐标移动有一个升速的距离。

2. 急停不能取消

现象：“急停”报警不能取消。

原因：急停回路没有闭合。

排除：检查超程限位开关的常闭触头；检查“急停”按钮的常闭触头；检查电池模块故障连锁；检查电池模块是否报警。

3. 行程报警

现象：操作 X 轴或 Z 轴位置超过其设计的行程范围。

原因：操作范围超出数控车床设定的活动范围。

排除：调整数控车床的行程范围，如微小范围可调整挡块的位置或调整车床轴参数。

4. 冷却泵不工作

现象：切削液上不来。

原因：电动机缺相或反相，冷却泵底部被杂质堵塞。

排除：判断电动机是否运转，冷却管有无液体上升，若无液体上升，则检查电动机相序；若有液体上升，则拆除泵体进行检查，清除杂物。

5. 控制面板死机

现象：按面板上所有的按键均无反应。

原因：死机原因一般是主板故障、内存空间不足或系统散热不良。

排除：检查散热风扇是否运转良好，删除过多的程序，开箱检查微机系统散热片是否积累灰尘。

6. 数控系统不启动

现象：系统不能正常启动。

原因：系统文件破坏、电子盘或硬盘物理损坏。

排除：请专业人员重新安装、拷贝系统程序，更换电子盘或硬盘，重新上电启动系统。

7. 车床加工零件精度差

现象：车床加工尺寸精度差。

原因：传动丝杠出现间隙或进给轴缺少润滑油产生爬行现象。

排除：重新调整和改变间隙补偿、加注润滑油等。

8. 溜板运行中断

现象：溜板未达到规定的位置，运行中断，定位精度下降。

原因：各运动副预紧力降低或调整环松动，反向间隙过大。

排除：重新调整各运动副预紧力，调整松动环节，提高运动精度，调整补偿环节，等等。

9. 车床上电后屏幕无画面

现象：监控灯闪烁、黑屏。

原因：电源电压不正确、亮度过低或过高。

排除：检查电源电压，应该为 AC 24 V 或 DC 24 V，调整控制面板上亮度调节旋钮。

10. 过载闷车

现象：车削过程中突然闷车报警。

原因：进给运动的负载频繁正反向运动。

排除：调整数控加工程序，以适应数控车床承受的负载，检查主轴电动机传动装置有无松动现象。

单元总结

一、华中 HNC-818A 系统数控车床编辑面板

华中 HNC-818A 系统数控车床编辑面板主要包括：数控系统显示器主界面及功能键区、车床控制面板区、MDI 键盘区等。显示器主界面部分、功能键区及 MDI 键盘区

一起构成数控系统编辑面板，用于菜单命令条、系统状态、加工轨迹仿真、辅助机能、故障报警的显示等功能。

二、华中 HNC-818A 系统数控车床控制面板

华中 HNC-818A 系统数控车床控制面板主要包括：自动、单段、增量、回零、车床锁住、超程解除、冷却开停、刀位转换、主轴正反转、主轴停止、主轴修调、快速修调、进给修调、循环启动、进给保持及急停等操作按键。

三、T 功能对刀及刀补值修正

数控车床采用 T 功能对刀，在操作面板上按“刀补”软键，在显示屏下方工具条按“刀偏”对应软键切换至出现刀偏数据表，即可设置刀偏，按上、下光标键，移动光标来选择“X 偏置”“Z 偏置”“X 磨损”“Z 磨损”选项，再按“确认”键进入编辑状态，将测得的数据通过“试切直径”及“试切长度”操作后，由计算机自动计算完成修正，完毕后再按“确认”键即完成对参数的修正。

刀具圆弧半径补偿参数及刀尖方位的设置如下：在操作面板上按“刀补”软键，在显示屏下方工具条按“刀补”对应软键切换至出现刀补表，再按上、下光标键，移动光标来选择刀具半径，再按“确认”键，此时系统将进入编辑状态，即可修改参数值，修改完毕再次按“确认”键即完成对参数的修改。

单元七

数控车削综合应用

学习目标

- 会识读复杂轴类、配合类零件图。
- 会选择加工各种表面的刀具。
- 掌握数控加工工艺的制订方法，会编制复杂轴类、配合类零件的程序。
- 会填写数控刀具卡、数控加工工艺卡等文件。

知识一　单体零件综合加工

一、任务工单

如图 1-7-1 所示的销轴零件图，材料为 45 钢，毛坯尺寸为 ϕ30 mm×88 mm，生产批量为单件加工。

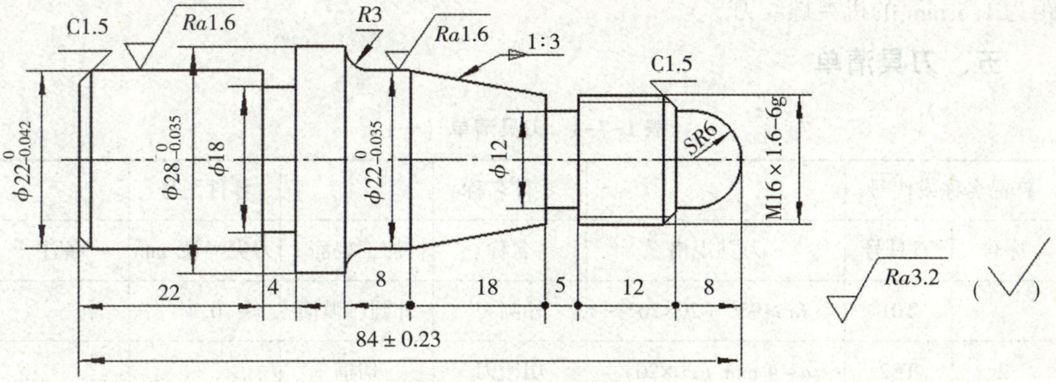

图 1-7-1　销轴零件图

二、图样分析

（1）从图 1-7-1 中可以看出，该零件整体上是实心轴对称结构，外形由球面、锥面、柱面、弧面、退刀槽、倒角及螺纹组成。

（2）两段 φ22 mm 与 φ28 mm 外圆尺寸公差精度要求较高，这些结构表面粗糙度均为 1.6 μm，可采用粗、精车对其表面进行加工，另外总长度要求为（84±0.23）mm。

（3）计算锥体小端直径。根据锥度比，可得 $1:3=(D-d)/L$，$1:3=(22-d)/18$，即 $d=16$ mm。

三、工艺分析

（1）该零件需要调头两端车削加工。先加工左端，为了使接刀无刀痕，应选在 φ28 mm 右侧圆弧 R3 过渡处接刀，调头装夹 φ22 mm 外圆，再加工右端。

（2）工件编程原点选在左、右端面与主轴轴线交汇点。

（3）确定工件左、右端加工路线，用三爪自定心卡盘夹持毛坯外圆，棒料伸出卡爪外 40 mm。

①单件手动用端面刀车左端面。

自动加工：换外圆刀粗、精车，C1.5 倒角，φ22 mm 外圆，φ22~φ28 mm 圆环；换切槽刀，切 4 mm×φ18 mm 退刀槽。

②调头用端面刀手动车平右端面，保证长度为（84±0.23）mm。

自动加工：粗、精车 SR6 球头→C1.5 倒角→φ16 mm 螺纹外圆→1∶3 锥面→φ22 mm 外圆→R3 圆弧；换切槽刀切 5 mm×φ12 mm 退刀槽；换机夹 1.5 mm 螺纹刀切 M16×1.5-6g螺纹。

四、工艺准备

（1）根据加工零件材质选用 45 钢。

（2）设备选用：华中 HNC-818A 系统/ CAK3675V 数控车床。

（3）量具：0~25 mm 及 25~50 mm 外径千分尺、0~120 mm 游标卡尺。

（4）刀具：端面刀、机夹外圆粗与精车刀（共用一把）、刀宽 4 mm 的切槽刀、螺距为 1.5 mm 的机夹螺纹刀。

五、刀具清单

表 1-7-1　刀具清单（一）

产品名称或代号			零件名称		零件图号	
序号	刀具号	刀具规格	名称	加工表面	刀尖半径/mm	备注
1	T01	$Kr \geq 93°$（20×20）	外圆刀	外圆、弧面	0.4	
2	T02	$a=4$ mm（20×20）	切槽刀	切槽		
3	T03	$P=1.5$ mm（20×20）	螺纹刀	螺纹		
4	T04	$Kr \geq 90°$（20×20）	端面刀	端面	0.4	
编制		审核	批准		共　页	第　页

六、工艺制订

表 1-7-2　数控加工工艺卡（二）

单位	车床型号		零件名称			第　页
工序	工序名称		程序编号		备注	
工步号	作业内容	刀具号	刀具名称（机夹）	主轴转速/（$r \cdot min^{-1}$）	进给速度/（$mm \cdot min^{-1}$）	背吃刀量/mm
1	左端加工					
2	手动加工左端面	T04	端面刀	900	手控	手控
3	粗、精车倒角、$\phi 22$ mm 及 $\phi 28$ mm 外圆	T01	外圆刀	900/1800	230/150	1.5/0.5
4	车削 4 mm×$\phi 18$ mm 退刀槽	T02	切槽刀	800	30	4
5	工件精度检验					
6	右端加工（调头垫铜皮装夹 $\phi 22$ mm 外圆，使 $\phi 28$ mm 轴肩靠紧卡盘爪端面）					
7	手动车削右端面，加工保证长度为（84±0.23）mm	T04	端面刀	1200	手控	手控

表 1-7-2（续）

工步号	作业内容	刀具号	刀具名称（机夹）	主轴转速/($r \cdot min^{-1}$)	进给速度/($mm \cdot min^{-1}$)	背吃刀量/mm
8	粗、精车 *SR*6 球头、C1.5 倒角、ϕ16 mm 外圆、ϕ16～ϕ22 mm 锥面、ϕ22 mm 外圆、*R*3 圆弧	T01	外圆刀	900/1800	0.3/0.1	2/0.5
9	车削 4 mm×ϕ18 mm 退刀槽	T02	切槽刀	800	30	4
10	车削 M16×1.5-6g 外螺纹	T03	螺纹刀	900	1.5 $mm \cdot r^{-1}$	自动
11	工件精度检验					
12	卸件					

七、程序编制

左端程序：

%0252	左端程序名
N10 M03 S600 T0101	主轴正转（转速为 600 r/min），调 1 号刀导入刀补
N20 G00 G40 X30 Z2 M08	至外轮廓切削起点，取消刀补，切削液打开
N30 G71 U1.5 R1 P40 Q90 X0.5 Z0 F230 S900	设置外圆复合循环
N40 G00 G42 X15 S1800	至轮廓起点，加入右刀补，设置转速为 1800 r/min
N50 G01 X22 Z-1.5 F150	精车倒角，设置精车进给量为 150 mm/min
N60 Z-26	精车 ϕ22 mm 外圆
N70 X28	精车 ϕ22～ϕ28 mm 圆环
N80 W-10	精车 ϕ28 mm 外圆
N90 X30	*X* 向循环退刀
N100 G00 G40 X100	*X* 向退刀至 100 换刀点，取消刀补
N110 Z100	*Z* 向退刀至 100 换刀点
N120 T0202	换 2 号切槽刀导入刀补
N130 M03 S800	换转速为 800 r/min
N140 G00 X24 Z-26	快进至切槽起点
N150 G01 X18 F30	工进切槽

N160 G04 P2　　暂停 2 s
N170 G00 X100 M09　　X 向返回换刀点，切削液关闭
N180 Z100　　Z 向返回换刀点
N190 M30　　程序结束

右端程序：

%02532　　右端程序名
N10 M03 S600 T0101　　主轴正转（转速为 600 r/min），调 1 号刀导入刀补
N20 G00 G40 X30 Z2 M08　　至外轮廓切削起点，取消刀补，切削液打开
N30 G71 U1.5 R1 P40 Q140 X0.5 Z0 F230 S900　　设置外圆复合循环
N40 G00 G42 X0 S1800　　至轮廓起点，加入右刀补，设置精车转速为 1800 r/min
N50 G01 Z0 F150　　精车倒角，设置精车进给量为 150 mm/min
N60 G03 X12 Z-6 R6　　精车 SR6 圆球
N70 G01 Z-8　　精车 ϕ12 mm 外圆
N80 G01 X13　　精车 ϕ12 ~ ϕ13 mm 圆环
N90 X16 W-1.5　　精车 C1.5 倒角
N100 Z-25　　精车 ϕ16 mm 外圆
N110 X22 W-18　　精车锥面 ϕ16 ~ ϕ22 mm
N120 W-5　　精车 ϕ22 mm
N130 G02 X28 W-3 R3　　精车 R3 圆弧
N140 G01 X30　　X 向循环退刀
N150 G00 G40 X100 M09　　X 向退刀至 100 换刀点，取消刀补，切削液关闭
N160 Z100　　Z 向退刀至 100 换刀点
N170 T0202　　换 2 号切槽刀，导入 2 号刀补
N180 S800　　换转速为 800 r/min
N190 G00 X18 Z-25 M08　　快进至切槽起点，切削液打开
N200 G01 X12.5 F30　　工进切槽至 12.5 mm，留精车量 0.5 mm
N210 G00 X18　　X 向退刀至 18 mm
N220 W1　　Z 正向平移 1 mm
N230 G01 X18 F30　　工进切槽至 12 mm
N240 W-1　　精车槽底
N250 G00 X100 M09　　X 向返回换刀点，切削液关闭
N260 Z100　　Z 向返回换刀点
N270 T0303　　调 3 号刀导入刀补
N280 S900　　主轴正转，转速为 900 r/min
N290 G00 X18 Z-6　　至螺纹切削起点

N300 G76 C2 A60 X14. 38
Z-22 K0. 974 U0. 6 V0. 1 Q0. 5 F1. 5
N310 G00 X100 M09　　X向返回换刀点，切削液关闭
N320 Z100　　Z向返回换刀点
N330 M30　　程序结束

八、车床加工

该零件的左、右端加工步骤相同，具体步骤如下。

（1）打开总电源、车床电源，开启数控系统。

（2）车床回参考点。

（3）手动低速运行主轴，检查车床状态。

（4）装夹工件伸出卡盘外相应位置。

（5）输入零件加工程序，检查程序并模拟校验走刀路线。

（6）对外圆刀输入对刀值、刀具半径补偿参数值、刀尖方位及磨损值。

（7）工件试切加工。

（8）检验零件尺寸。

加工要点提示：由于螺纹的结构和刀具移动控制要求的特殊性，其加工难度较大、工艺复杂、精度不稳定，背吃刀量需多次径向进给加工完成，每次按照螺纹深度依次递减分配，因此，一般采用G76指令斜向进刀自动完成。螺纹两侧面粗糙度小，中径尺寸应符合精度要求。

知识二　配合零件综合加工

一、任务工单

如图1-7-2所示为内、外圆柱面及螺纹配合零件图。其毛坯尺寸：图1-7-2（a）的件一为ϕ45 mm×70 mm；图1-7-2（b）的件二为ϕ40 mm×54 mm。材料为45钢，生产批量为单件加工。

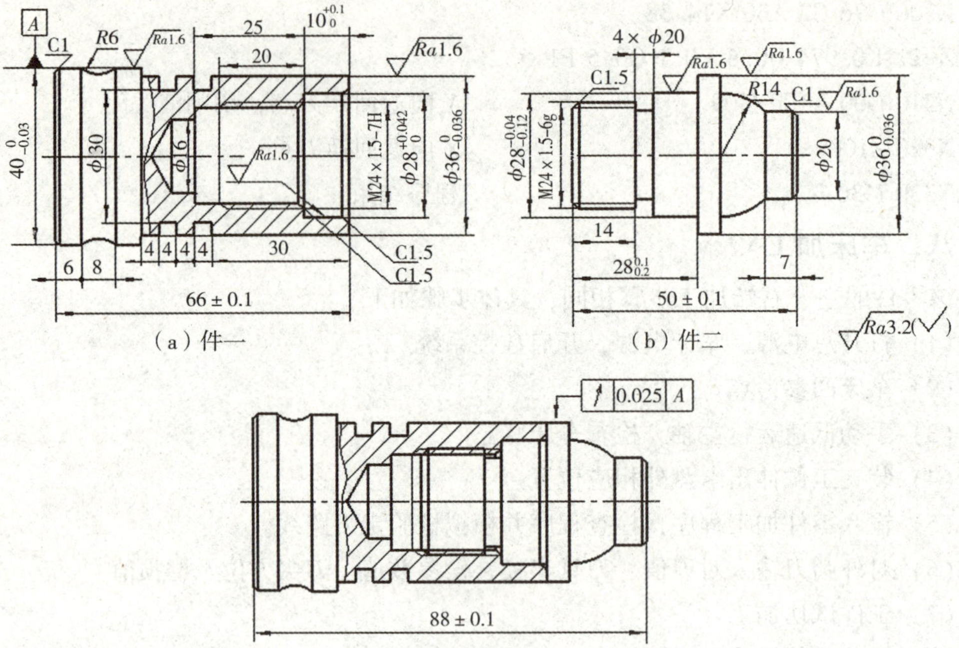

（a）件一　（b）件二

（c）合件

图 1-7-2　内、外圆柱面及螺纹配合零件图

技术要求：螺纹配合旋紧后，配合松紧适中，柱面配合后接触面积不小于 60%，锐边去毛刺倒棱，未注倒角为 C0.5。

二、图样分析

（1）该零件图为内、外圆柱面及螺纹配合零件。

件一：该件有两个内倒角 C1.5 和一个外倒角 C1，内螺纹（M24×1.5-7H）公差精度等级为 7 级，两个外槽宽度为 4 mm、深度为 3 mm，外圆弧为 $R6$ mm，内圆柱面有尺寸精度为 $\phi28^{+0.042}_{0}$ mm 和 $10^{+0.1}_{0}$ mm 的要求，外圆柱面有尺寸精度为 $\phi36^{0}_{-0.036}$ mm 和 $\phi40^{0}_{-0.03}$ mm 的要求；总长度有尺寸精度为（60±0.1）mm 的要求。

件二：该工件有两个外倒角 C1.5 和 C1，一个退刀槽 4 mm×ϕ20 mm 及 $R14$ 外圆弧面；三段外圆柱面，要求尺寸精度分别为 $\phi36^{0}_{-0.036}$，$\phi28^{-0.04}_{-0.12}$，ϕ20 mm；长度有配合柱面 $28^{-0.1}_{-0.2}$ mm 及总长度（50±0.1）mm 的要求；另外，两个外倒角有 C1 与 C1.5 的要求、外螺纹为 M24×1.5-6 g，即螺纹公差精度等级为 6 级。

（2）从图 1-7-2 中可以看出，零件的径向尺寸均以轴线为标注基准，内、外圆柱表面粗糙度均为 1.6 μm，其余表面粗糙度为 3.2 μm。

（3）两个工件内、外螺纹及圆柱为配合后，以件一轴心线为基准，检测件二外圆柱 ϕ36 mm 的跳动度不小于 0.025 mm；另外，件一与件二配合后要求总长度为(88±0.1) mm。

三、工艺分析

配合件的各项配合精度要求主要受工件尺寸精度的影响，因此应选择合适的定位装夹方式，以保证形位公差跳动度为 0.025 mm 的要求。

应使两个件配合后加顶尖装夹，并一起加工 $\phi36_{-0.036}^{0}$ mm 的外圆。加工在一次装夹中完成，每个零件的编程原点均选在主轴轴线与前端面的交汇点上。工件的表面粗糙度采用其粗车、精车即可达到零件图所规定的要求。其工艺分析如下。

1. 相关计算

（1）计算内螺纹孔底径需加工尺寸。根据塑形材料螺纹孔底推荐公式计算得

$$d_1=D-P=24-1.5=22.5\ (\text{mm})$$

（2）计算外螺纹底径尺寸。根据螺纹底径公式计算得

$$d=D-1.08P=24-1.08\times1.5=22.38\ (\text{mm})$$

2. 加工件二

左、右分界点选在 $\phi36_{-0.036}^{0}$ mm 与圆弧 $R14$ 结合的位置。由于是单件生产，因此需手动平左端面、自动加工 C1.5 外倒角→螺纹外径→$\phi28$ mm 配合外圆柱面退刀槽→外螺纹。

调头垫铜皮装夹已经加工好的 $\phi28$ mm 外圆，轴肩靠紧三爪卡盘端面夹紧，手动平端面，并保证件一总长度为（50±0.1）mm 的要求，荒车毛坯外圆至 $\phi42$ mm 左右后钻中心孔，卸件待用。

3. 加工件一

左、右分界点选在 $\phi36_{-0.036}^{0}$ mm 与 $\phi40_{-0.03}^{0}$ mm 结合的位置，手动加工左端面、自动加工 C1 倒角→$\phi40$ mm 外圆→$R6$ 外凹圆弧面→$\phi40$ mm 外圆。

调头垫铜皮装夹左端长度 18 mm 左右，车右端面保证工件总长度为（66±0.1）mm 要求，荒车毛坯外圆至 $\phi42$ mm 左右，钻中心孔后钻孔 $\phi16$ mm 深度至 42 mm 左右。

自动加工 C1.5 内倒角→$\phi28$ mm 配合内圆柱面→内环面→螺纹内倒角 C1.5→内螺纹底孔 $\phi22.5$ mm→M24×1.5-7H 内螺纹。

车削加工 $\phi16$ mm 孔至螺纹内径尺寸为 $\phi22.5$ mm，车配合部分内圆柱面。

4. 件二与件一旋合

将件二螺纹旋合在由三爪自定心卡盘加工完内轮廓的件一上，并用顶尖装夹，合件自动加工。件二右端外轮廓及件一外轮廓应加工至件一左、右分界点位置，加工外径尺寸精度至要求，加工两个外槽至尺寸要求。

四、工艺准备

（1）根据加工零件材质选用 45 钢。

（2）设备选用：华中 HNC-818A 系统/ CAK3675V 数控车床。

（3）量具：25~50 mm 及 50~75 mm 外径千分尺、18~35 mm 内径百分表、外径螺纹千分尺、0~120 mm 游标卡尺。

（4）刀具：端面刀、机夹外圆粗与精车刀（共用一把）、刀宽 4 mm 的外切槽刀、螺距 1.5 mm 的机夹外螺纹刀、螺距 1.5 mm 的机夹内螺纹刀、内镗刀、B3.15/10 中心钻及 $\phi18$ mm 的钻头。

五、刀具清单

表 1-7-3　内、外柱面及螺纹配合零件刀具清单

产品名称或代号			零件名称		零件图号	
序号	刀具号	刀具规格	名称	加工表面	刀尖半径/mm	备注
1	T01	$Kr \geqslant 93°$（20×20）	外圆刀	外圆、弧面	0.4	
2	T02	$a=4$ mm（20×20）	外切槽刀	切槽		
3	T03	$P=1.5$ mm（20×20）	外螺纹刀	外螺纹		
4	T02（换）	$Kr \geqslant 90°$（相配刀夹）	内镗刀	内轮廓	0.2	
5	T03（换）	$P=1.5$ mm（相配刀夹）	内螺纹刀	内螺纹		
6	T04	$Kr \geqslant 90°$（20×20）	端面刀	端面	0.4	
7		B3.15/10	中心钻	中心孔		
8		$\phi16$ mm 钻头	钻头	$\phi16$ mm 盲孔		
编制	审核		批准		共　页	第　页

六、工艺制订

表 1-7-4　数控加工工艺卡（件二）

单位		车床型号		零件名称		第　页
工序	工序名称		程序编号		备注	
工步号	作业内容	刀具号	刀具规格	主轴转速/$(r \cdot min^{-1})$	进给速度/$(mm \cdot min^{-1})$	背吃刀量/mm
1	左端加工					
2	手动车削左端面	T04	端面刀	900	手控	手控
3	粗、精车倒角、$\phi24$ mm 及 $\phi28$ mm 外圆	T01	外圆刀	900/1800	230/150	1.5/0.5
4	车削 4 mm×$\phi20$ mm 退刀槽	T02	切槽刀	800	30	4
5	车削 M24×1.5-6g 外螺纹	T03	外螺纹刀	900	1.5	分层

表 1-7-4（续）

工步号	作业内容	刀具号	刀具规格	主轴转速/ (r·min^{-1})	进给速度/ (mm·min^{-1})	背吃刀量/ mm
6	工件精度检验					
7	卸件					
8	右端加工（调头垫铜皮装夹 ϕ28 mm 外圆，使 ϕ28 mm 轴肩与卡盘爪端面距离 2 mm 左右）					
9	手动车削右端面，加工保证长度为（50 ± 0.1）mm	T04	端面刀	900	手控	手控
10	荒车毛坯右端外圆至 ϕ42 mm 左右后卸件					

表 1-7-5　数控加工工艺卡（件一）

单位		车床型号		零件名称		第　页
工序	工序名称			程序编号	备注	

工步号	作业内容	刀具号	刀具名称（机夹）	主轴转速/ (r·min^{-1})	进给速度/ (mm·min^{-1})	背吃刀量/ mm
1	左端加工					
2	手动车削左端面	T04	端面刀	900	手控	手控
3	粗、精车 C1 倒角、ϕ36 mm 外圆、R6 圆弧	T01	外圆刀	900/1800	240/120	1.5/0.5
4	工件精度检验					
5	卸件					
6	右端加工（调头垫铜皮装夹 ϕ40 mm 外圆，装夹长度 18 mm 左右）					
7	手动车削右端面，加工保证长度为（66 ± 0.1）mm	T04	端面刀	900	手控	手控

表 1-7-5（续）

工步号	作业内容	刀具号	刀具名称（机夹）	主轴转速/($r\cdot min^{-1}$)	进给速度/($mm\cdot min^{-1}$)	背吃刀量/mm
8	钻 B3.15/10 中心孔		中心钻	500	20	
9	钻 ϕ18 mm 盲孔深度为 42 mm 左右		ϕ18 mm 钻头	500	30	9
10	粗、精车 C1.5 内倒角、ϕ28 mm 内圆至长度 10 mm、C1.5 螺纹内倒角、ϕ22.5 mm 内圆至长度 25 mm	T02	内镗刀	900/1800	220/120	1.0/0.4
11	车削 M24×1.5-7H 内螺纹	T03	内螺纹刀	800	1.5	自动分层
12	工件精度检验					
13	合件（将件二旋合在件一上，加顶尖顶紧）					
14	粗、精车 C1 倒角、ϕ20 mm 外圆、R6 圆弧、ϕ28~ϕ36 mm 圆环、ϕ36 mm 外圆至件一左、右分界点	T01	外圆刀	900/1800	240/120	1.5/0.5
15	车削两个 4×ϕ30 mm 外槽	T02	切槽刀	800	30	4
16	工件精度检验					
17	卸件					

七、程序编制

件二左端程序：

%2233　　程序名

N10 G97 S900 M03 T0101　　主轴正转（转速为 900 r/min），调 1 号刀导入刀补

N20 G00 G40 X40 Z2 M08　　至外轮廓切削起点，取消刀补，切削液打开

N30 G71 U1.5 R1.0 P40 Q90 X0.5 Z0.2 F230　　设置外圆复合循环

N40 G00 G42 X17 S1800　　至轮廓起点，加右刀补，设精车转速为 1800 r/min

N50 G01 X24 Z-1.5 F150　　精车倒角，设置精车进给量为 150 mm/min

N60 Z-18　　　　精车 ϕ24 mm 外圆
N70 X28　　　　精车 ϕ24~ϕ28 mm 圆环
N80 Z-28　　　　精车 ϕ28 mm 外圆
N90 X40　　　　X 向循环退刀
N100 G00 G40 X100　　　　X 向退刀至 100 换刀点，取消刀补
N110 Z100　　　　Z 向退刀至 100 换刀点
N120 S800 T0202　　　　换 2 号切槽刀导入刀补，换转速为 800 r/min
N130 G00 X28 Z-18　　　　快进至切槽起点
N140 G01 X20 F30　　　　工进切槽
N150 G04 P3　　　　暂停 3 s
N160 G00 X100　　　　X 向返回换刀点
N170 Z100　　　　Z 向返回换刀点
N180 S900 T0303　　　　换 3 号外螺纹刀导入刀补，换转速为 900 r/min
N190 G00 X26 Z2　　　　至螺纹切削起点
N200 G76 C3 A60 X22.38 Z-16 K0.974 U0.2 V0.1 Q0.5 F1.5
N210 G00 X100　　　　X 向返回换刀点
N220 Z100 M09　　　　Z 向返回换刀点，切削液停止
N230 M30　　　　程序结束

件一左端程序：

%2163　　　　程序名
N10 G97 S900 M03 T0101　　　　主轴正转（转速为 900 r/min），调 1 号刀导入刀补
N20 G00 X45 Z2 M08　　　　至外轮廓切削起点，取消刀补，切削液打开
N30 G71 U1.5 R1.0 P40 Q90 X0.5 Z0.2 F240　　　　设置外圆复合循环
N40 G00 G42 X34 S1800　　　　至轮廓起点，加右刀补，设精车转速为 1800 r/min
N50 G01 X40 Z-1 F120　　　　精车倒角，设置精车进给量为 120 mm/min
N60 Z-6　　　　精车 ϕ40 mm 外圆
N70 G02 W-8 R6　　　　精车 R6 圆弧
N80 G01 Z-22　　　　精车 ϕ40 mm 外圆
N90 X45 M09　　　　X 向循环退刀，取消刀补
N100 G00 G40 X100　　　　X 向退至换刀点
N110 Z100　　　　Z 向退至换刀点
N120 M30　　　　程序结束

件一右端内腔程序：

```
%2245                                  程序名
N10 G97 S900 M03 T0202                 主轴正转（转速为900 r/min），调2号内镗刀导入刀补
N20 G00 G40 X16 Z2 M08                 至外轮廓切削起点，取消刀补，切削液打开
N30 G71 U1.0 R1.0 P40 Q100             设置外圆复合循环
X-0.4 Z0 F220
N40 G00 G41 X35 S1800                  至内轮廓起点，加入左刀补，设精车转速为1800 r/min
N50 G01 X28 Z-1.5 F120                 精车倒角，设置精车进给量为120 mm/min
N60 Z-10                               精车φ28 mm内圆
N70 X25.5                              精车φ28~φ25.5 mm内圆环
N80 X22.5 W-1.5                        精车内螺纹C1.5倒角
N90 Z-35                               精车内螺纹孔底直径为φ22.5 mm
N100 X18 M09                           X向循环退刀，切削液关闭
N110 G00 G40 Z180                      Z向退至换刀点，取消刀补
N120 M03 S800 T0303                    换转速为800 r/min，调3号内螺纹刀导入刀补
N130 G00 X22                           X向快进至螺纹循环起点
N140 Z-8                               Z向快进至螺纹循环起点
N150 G76 C2 R-2 E-0.974
A60 X24.1 Z-32 K0.974 U0.2
V0.1 Q0.5 F1.5
N160 G00 X18 M09                       X向返回循环起点，切削液停止
N170 Z200                              Z向返回换刀点
N180 M30                               程序结束
```

合件加工程序：

```
%2298                                  程序名
N10 G97 S900 M03 T0101                 主轴正转（转速为900 r/min），调1号刀导入刀补
N20 G00 G40 X45 Z2 M08                 至外轮廓切削起点，取消刀补，切削液打开
N30 G71 U1.5 R1.0 P40 Q100             设置外圆复合循环
X0.5 Z0 F240
N40 G00 G42 X14 S1800                  至轮廓起点，加右刀补，设精车转速为1800 r/min
N50 G01 X20 Z-1 F120                   精车倒角，设置精车进给量为120 mm/min
N60 Z-7                                精车φ20 mm外圆
N70 G03 X28 W-9.8 R14                  精车R14圆弧
```

N80 G01 X36	精车 $\phi28 \sim \phi36$ mm 圆环
N90 Z-68	精车 $\phi36$ mm 外圆
N100 X45	X 向循环退刀
N110 G00 G40 X100	X 向退至换刀点、取消刀补
N120 Z100	Z 向退至换刀点
N130 S800 T0202	换 2 号切槽刀导入刀补，换转速为 800 r/min
N140 G00 X40 Z-56	快进至切槽起点
N150 G01 X30 F30	工进切槽
N160 G04 P3	暂停 3 s
N170 G00 X40	X 向快速退刀
N180 W-8	Z 向快速进刀至第二个槽起点
N190 G01 X30 F30	工进切槽
N200 G04 P3	暂停 3 s
N210 G00 X100 M09	X 向返回换刀点，切削液关闭
N220 Z100	Z 向返回换刀点
N230 M30	程序结束

八、车床加工

1. 起始加工步骤

（1）打开总电源、车床电源，开启数控系统。

（2）车床回参考点。

（3）手动低速运行主轴，检查车床状态。

2. 件二左端加工步骤

（1）装夹件二毛坯伸出卡盘外 32 mm。

（2）输入零件外轮廓加工程序，检查程序并模拟校验走刀路线。

（3）对外圆刀、切槽刀、外螺纹刀输入对刀值、刀具半径补偿参数值、刀尖方位及磨损值。

（4）工件外轮廓切削加工及检验零件尺寸。

（5）零件精度检验尺寸。

（6）卸下工件完成加工。

3. 件二右端加工步骤

（1）垫铜皮装夹，加工好的左端 $\phi28$ mm 外圆轴肩紧靠三爪卡盘端面。

（2）手动平端面，保证件一长度为（50 ± 0.1）mm，并荒车右端毛坯外圆至 $\phi42$ mm左右。

（3）钻中心孔。

（4）卸下工件待用。

4. 件一左端加工步骤

（1）装夹工件，伸出卡盘外 25 mm。

（2）输入零件外轮廓加工程序，检查程序并模拟校验走刀路线。

（3）对外圆刀输入对刀值、刀具半径补偿参数值、刀尖方位及磨损值。

（4）工件外轮廓切削加工及检验零件尺寸。

（5）零件精度检验尺寸。

（6）卸下工件完成加工。

5. 件一内腔加工步骤

（1）垫铜皮装夹工件，左端伸出卡盘外 48 mm。

（2）钻中心孔，用 ϕ18 mm 钻头钻孔深度约为 42 mm。

（3）输入零件外轮廓加工程序，检查程序并模拟校验走刀路线。

（4）对外圆刀、内镗刀、内螺纹刀输入对刀值、刀具半径补偿值、刀尖方位及磨损值。

（5）工件外轮廓切削加工及检验零件尺寸。

（6）零件精度检验尺寸。

6. 合件外轮廓加工步骤

（1）将件二旋入件一，保证孔与轴，内、外螺纹之间配合达到要求，保证两件之间接缝严密。

（2）输入合件外轮廓加工程序，检查程序并模拟校验走刀路线。

（3）对外圆刀、槽刀输入对刀值、刀具半径补偿值、刀尖方位及磨损值。

（4）工件外轮廓切削加工及检验零件尺寸。

（5）零件精度检验尺寸。

（6）卸下工件，完成整个件一与件二的加工。

加工要点提示：由于外螺纹的尺寸精度比内螺纹容易保证，因此一般应先车削加工外螺纹，再配合制作内螺纹；同样，对曲面配合也应先加工外曲面，再配合制作内曲面。为保证配合精度，该配合件在加工时，将两个件进行穿插加工，在加工前要明确件一与件二的加工次序，各项配合精度要求主要受工件的几何公差和尺寸精度的影响。因此，既要考虑单件的加工精度、位置公差，又要考虑配合精度及工件的装夹与校正等几方面因素。

单元总结

本单元选取两个零件，一个是单体零件，另一个是配合零件。

（1）单体零件加工时，左、右分界点应按照加工工艺合理选择。

在切削外圆时，对于批量加工时由于外圆刀尖的磨损或因换刀引起的刀具半径变化，不必重新修改程序，只需修改相应的刀具偏置参数即可。

在外槽切削时，刀具的主切削刃应安装于与车床主轴轴线平行并等高的位置上，过高或过低的位置都不利于切断；在加工过程中，应十分留意切削参数的选择，防止由于参数选择不当或刀具、工件的装夹原因造成刀体折断。

在螺纹加工时，从粗加工到精加工，进给速度倍率无效，主轴的转速被限制在100%及以上，在没有停止主轴的情况下，停止螺纹加工将很危险。因此，螺纹加工时进给保持无效，若按下“进给保持”键，刀具在加工完螺纹后停止运动，螺纹加工中不使用恒定线速度控制。

（2）配合零件加工时，当两个零件的加工是在一块毛坯上，要注意先进行工艺分析，不要轻易按照两个零件尺寸将毛坯切断分离，以免造成两个零件均无法完成加工。

左、右加工零件时，刀具接刀应在不同外圆过渡处接刀，否则会出现接刀痕；中空零件的刚性一般较差，装夹时应选好定位基准，控制夹紧力大小，以防止工件产生变形。

为了保证曲面之间的配合要求，内、外曲面在加工过程中应采用刀尖圆弧半径补偿进行编程与加工，如G42右补偿功能和G41左补偿功能；在数控加工前，必须在数控车床上的相应刀具补偿号中输入刀具圆弧半径值，从而完成对零件的加工，否则圆弧将会出现过切或少切的现象。

第二部分
技 术 活 页

项目一

单端阶梯轴零件加工

一、项目描述

该项目采用数控车床完成单端阶梯轴零件的端面、外圆及倒角的加工，加工出的零件要符合图样各项技术要求，进行数控车床加工操作时要符合操作规程；要求学生能够选择合理的切削加工工艺参数，正确编写加工程序、填写相关数控加工工艺文件，能熟练操作数控车床来对零件进行调整加工和尺寸精度检测，以及掌握对数控车床的日常维护与保养。

1. 任务工单

单端阶梯轴零件图如图 2-1-1 所示。该零件材料为 45 钢，毛坯尺寸为 ϕ30 mm× 110 mm，生产批量为单件加工。

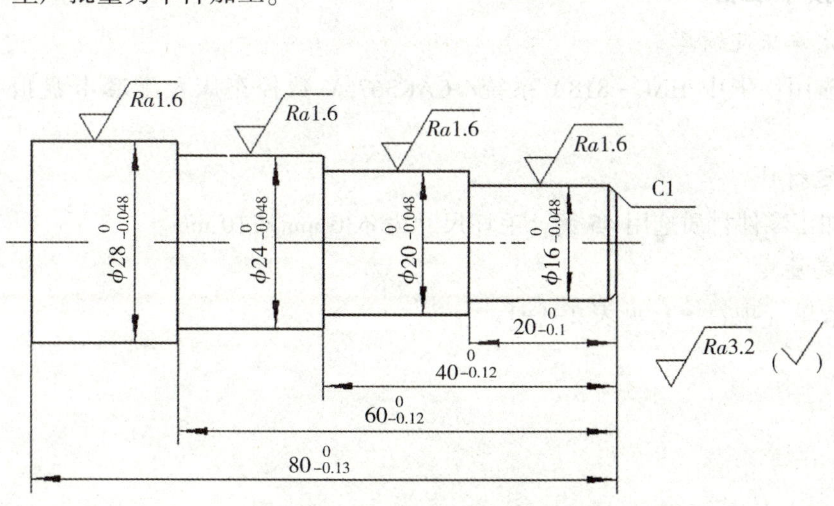

图 2-1-1　单端阶梯轴零件图

2. 图样分析

（1）该零件为阶梯轴类工件，从图 2-1-1 中可以看出，整体上是实心轴对称结构，外形由四段圆柱面与圆环面等组成。

（2）基本尺寸及结构包括：外圆柱面 $\phi28$，$\phi24$，$\phi20$，$\phi16$ mm 及倒角 C1。

（3）尺寸精度要求较高的直径的公差值均为-0.048；总长度为 $80_{-0.13}^{\ 0}$ mm，各段阶梯长度分别为 $20_{-0.1}^{\ 0}$，$40_{-0.12}^{\ 0}$，$60_{-0.12}^{\ 0}$ mm。

（4）该零件外圆柱面的表面粗糙度（*Ra*）均为 1.6 μm，其余 *Ra* 为 3.2 μm。

二、教学目标与工作任务

1. 教学目标

（1）通过识读零件图，明确该零件结构的外形组成及加工尺寸要求。

（2）加工出的零件应符合图样各项技术要求，进行加工操作时要符合操作规程。

（3）能够选择合理的切削工艺参数，正确编写程序，正确填写相关数控加工工艺文件。

（4）能熟练操作数控车床来对零件进行调整加工，遵守相关操作规程，做到文明生产，学会尺寸精度的检测及对数控车床的日常维护与保养。

2. 工作任务

（1）图样分析及进行数控加工工艺分析。主要包括：加工内容，技术要求，确定加工方案及拟订工艺路线，参看数控车削加工工作手册，正确选择工艺参数及切削用量，等等。

（2）合理选择右端编程零点及编制零件数控加工程序。

（3）零件在加工后能自动切断，并使零件总长度控制在公差范围内。

（4）操作数控车床完成零件加工，同时完成零件精度的检验。

三、教学准备

1. 确定车床及辅具

设备选用：华中 HNC-818A 系统/ CAK3675V 数控车床及配套卡盘扳手、刀架扳手。

2. 确定材料

根据加工零件材质选用 45 钢，毛坯尺寸为 $\phi30$ mm×110 mm。

3. 确定量具

量具清单（项目一）见表 2-1-1。

表 2-1-1　量具清单（项目一）

序号	名称	规格	精度	数量

4. 确定刀具

刀具清单（项目一）见表 2-1-2。

表 2-1-2　刀具清单（项目一）

产品名称或代号			零件名称		零件图号	
序号	刀具号	刀具规格	名称	加工表面	刀尖半径/mm	备注

5. 工艺制订

数控加工工艺卡（项目一）见表 2-1-3。

表 2-1-3 数控加工工艺卡（项目一）

单位		车床型号		零件名称		第 页
工序	工序名称		程序编号		备注	
工步号	作业内容	刀具号	刀具名称（机夹）	主轴转速/$(r\cdot min^{-1})$	进给速度/$(mm\cdot min^{-1})$	背吃刀量/mm

四、问题探究

（1）由于零件毛坯轴向尺寸较长，可采用单端车削后切断的方式加工，那么采用自动切断时的进给速度如何选取？

（2）加工该零件需要哪些刀具？如何实现对刀操作？

（3）对零件进行验收与质量分析，找出误差产生的原因，得出纠正误差的方法。

（4）分析该零件有无必要进行刀具半径补偿加工。

五、制订计划

填写制订计划工作单：学生个人思考项目分析与讨论的内容，建议从不同的角度出发，思考采取何种方法对刀才能保证外圆尺寸精度、总长度尺寸及表面粗糙度符合要求，并用适当的方式以文字形式表述。

项目解决方案：

六、任务实施

填写计划决策工作单：小组根据学生个人思考出的项目解决方案，分析结果并讨论最佳实施方案，从而确定计划，并以适当文字予以表达。

1. 计划决策工作单（小组决策使用）

负责人：　　　　　　　讨论发言人：

2. 程序编制

按照加工工艺过程，编写该项目的数控加工程序。

七、零件加工流程

（1）打开总电源、车床电源，开启数控系统。

（2）车床回参考点。

（3）手动低速运行主轴，检查车床状态。

（4）装夹零件，加工左端，伸出长度约为 90 mm。

（5）输入零件加工程序，检查程序并模拟校验走刀路线。

（6）对外圆刀输入对刀值、刀具半径补偿参数值、刀尖方位及磨损值。

（7）零件试切加工。

（8）检验零件尺寸。

八、项目检查与记录

将零件检测结果填入零件评分表（表 2-1-4）中。

表 2-1-4　零件评分表（项目一）

姓名			定额时间	总分		
序号	评价项目	评分内容	配分	评分标准	实测	得分
1	外圆（40 分）	$\phi28_{-0.048}^{0}$	10	超差 0.01 扣 5 分		
		$\phi24_{-0.048}^{0}$	10	超差 0.01 扣 5 分		
		$\phi20_{-0.048}^{0}$	10	超差 0.01 扣 5 分		
		$\phi16_{-0.048}^{0}$	10	超差 0.01 扣 5 分		
2	长度（32 分）	$20_{-0.1}^{0}$	8	超差 0.1 扣 4 分		
		$40_{-0.12}^{0}$	8	超差 0.1 扣 4 分		
		$60_{-0.12}^{0}$	8	超差 0.1 扣 4 分		
		$80_{-0.13}^{0}$	8	超差 0.1 扣 3 分		
3	粗糙度（16 分）	*Ra*1.6（四处）	4（每处）	总体与量块比对相应扣分		
4	倒角（2 分）	C1（一处）	2	超差酌情扣分		
5	文明生产（10 分）	按企业相关标准执行	10			

九、项目评价

根据零件的加工过程及零件的检测结果，检查存在的问题，填写并提交项目评价单（表 2-1-5）。

表 2-1-5　项目评价单（项目一）

项目名称		姓名			班级	
评价项目	考核要求	分值	自评	小组评价	教师评价	得分
应知应会	1. 零件图分析	5				
	2. 制订加工工艺	5				
	3. 工件定位与装夹	5				
	4. 刀具及切削用量的选择	5				
	5. 程序编制	5				
技能能力	1. 切削参数在加工中是否改动，效果如何	5				
	2. 刀具在对刀及加工使用时有无损坏现象	5				
	3. 设备使用情况，有无调整，效果如何	5				
项目成果	1. 程序的输入及图形仿真	5				
	2. 刀具装夹及对刀	5				
	3. 工件加工及尺寸检验	5				
	4. 设备正常维护	5				
文明生产	1. 正确开关及使用车床	5				
	2. 工具、量具的正确使用及放置	5				
学习态度	1. 出勤情况及课堂纪律	5				
	2. 团队协作	5				
	3. 实操前的准备	5				
通用能力	1. 组织沟通能力	5				
	2. 解决问题能力	5				
	3. 自我创新能力	5				

十、拓展训练

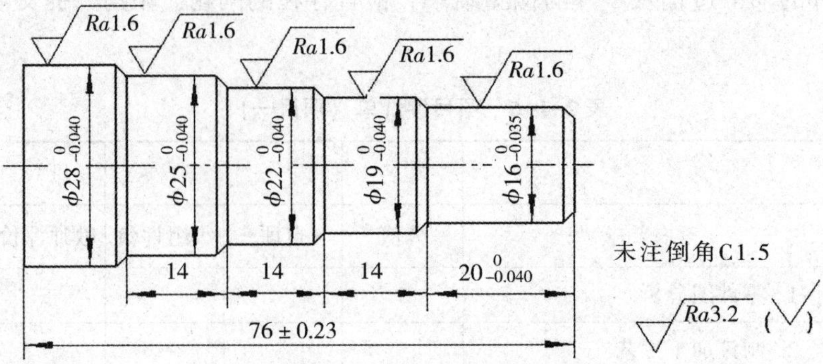

图 2-1-2　单端阶梯轴拓展零件图

（1）识读单端阶梯轴拓展零件图（如图 2-1-2 所示），并进行图样分析。

（2）对零件进行数控加工工艺分析后，填写数控加工工艺卡（见表 2-1-6）。

（3）编写零件加工程序并对程序进行输入与校验。

（4）完成零件的装夹、对刀及加工。

（5）对所加工的单端阶梯轴拓展零件进行评分（见表 2-1-7）。

表 2-1-6　单端阶梯轴拓展零件数控加工工艺卡

数控加工工艺卡		车床型号		零件图号			共　页
单位		产品名称		零件名称			第　页
工序		工序名称		程序编号		备注	

工步号	作业内容	刀具号	刀具名称（机夹）	主轴转速/（r·min^{-1}）	进给速度/（mm·min^{-1}）	背吃刀量/mm

表 2-1-7　单端阶梯轴拓展零件评分表

姓名			定额时间		总分	
序号	评价项目	评分内容	配分	评分标准	实测	得分
1	外圆（40分）	$\phi 28_{-0.040}^{0}$	8	超差 0.01 扣 4 分		
		$\phi 25_{-0.040}^{0}$	8	超差 0.01 扣 4 分		
		$\phi 22_{-0.040}^{0}$	8	超差 0.01 扣 4 分		
		$\phi 19_{-0.040}^{0}$	8	超差 0.01 扣 4 分		
		$\phi 16_{-0.035}^{0}$	8	超差 0.01 扣 4 分		
2	长度（20分）	$20_{-0.040}^{0}$	8	超差 0.01 扣 5 分		
		14（三处）	2（每处）	超差 0.1 扣 2 分		
		总长度 76±0.23	6	超差 0.1 扣 4 分		
3	粗糙度（20分）	*Ra*1.6（五处）	4（每处）	总体与量块比对相应扣分		
4	倒角（10分）	C1.5（五处）	2（每处）	无倒角无分，超差酌情扣分		
5	文明生产（10分）	按企业相关标准执行	10			

项目二

双端阶梯轴零件加工

一、项目描述

该项目采用数控车床完成双端阶梯轴零件的端面、外圆及倒角的加工，加工出的零件要符合图样各项技术要求，进行数控车床加工操作时要符合操作规程；要求学生能够选择合理的切削加工工艺参数，正确编写加工程序、填写相关数控加工工艺文件，能熟练操作数控车床来对零件进行调整加工和尺寸精度检测，以及掌握对数控车床的日常维护与保养。

1. 任务工单

双端阶梯轴零件图如图 2-2-1 所示。该零件材料为 45 钢，毛坯尺寸为 $\phi30$ mm×90 mm，生产批量为单件加工。

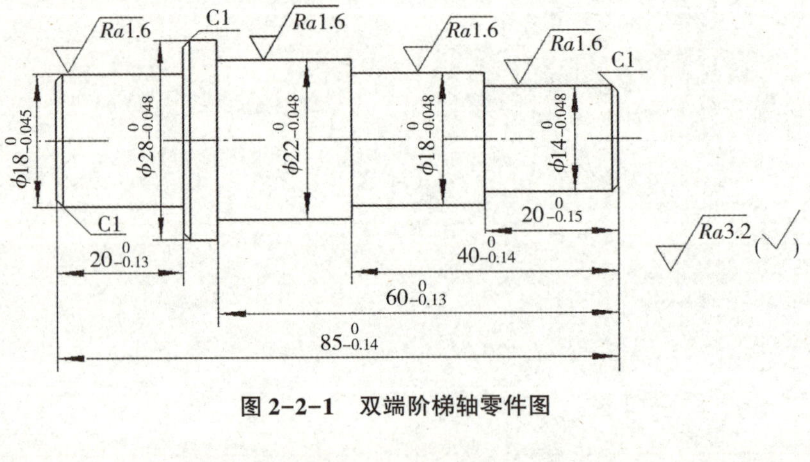

双端阶梯轴
零件加工

图 2-2-1　双端阶梯轴零件图

2. 图样分析

（1）该零件为阶梯轴类工件，从图 2-2-1 中可以看出，整体上是实心轴对称结构，外形由五段圆柱面与圆环面等组成。

（2）基本尺寸及结构包括：外圆柱面 ϕ18，ϕ28，ϕ22，ϕ18，ϕ14 mm 及倒角 C1 等。

（3）尺寸精度要求较高的直径的公差值分别为 -0.045，-0.048，-0.048，-0.048，-0.048 mm；总长度为 $85_{-0.14}^{0}$ mm，左端阶梯长度为 $20_{-0.13}^{0}$ mm，右端阶梯长度分别为 $20_{-0.15}^{0}$，$40_{-0.14}^{0}$，$60_{-0.13}^{0}$ mm。

（4）该零件外圆阶梯柱面的表面粗糙度（*Ra*）均为 1.6 μm，其余 *Ra* 为 3.2 μm。

二、教学目标与工作任务

1. 教学目标

（1）通过识读零件图，明确该零件结构的外形组成及加工尺寸要求。

（2）加工出的零件应符合图样各项技术要求，进行加工操作时要符合操作规程。

（3）能够选择合理的切削工艺参数，正确编写程序，正确填写相关数控加工工艺文件。

（4）能熟练操作数控车床来对零件进行调整加工，遵守相关操作规程，做到文明生产，学会尺寸精度的检测及对数控车床的日常维护与保养。

2. 工作任务

（1）图样分析及进行数控加工工艺分析。主要包括：加工内容，技术要求，确定加工方案及拟订工艺路线，参看数控车削加工工作手册，正确选择工艺参数及切削用量，等等。

（2）合理选择左、右端编程零点及编制零件数控加工程序。

（3）零件在调头加工时能手动切削端面，控制零件的总长度在公差范围内。

（4）操作数控车床完成零件加工，同时完成零件精度的检验。

三、教学准备

1. 确定车床及辅具

设备选用：华中 HNC-818A 系统/ CAK3675V 数控车床及配套卡盘扳手、刀架扳手。

2. 确定材料

根据加工零件材质选用 45 钢，毛坯尺寸为 ϕ30 mm×90 mm。

3. 确定量具

量具清单（项目二）见表 2-2-1。

表 2-2-1 量具清单（项目二）

序号	名称	规格	精度	数量

4. 确定刀具

刀具清单（项目二）见表 2-2-2。

表 2-2-2 刀具清单（项目二）

产品名称或代号			零件名称		零件图号	
序号	刀具号	刀具规格	名称	加工表面	刀尖半径/mm	备注

5. 工艺制订

数控加工工艺卡（项目二）见表 2-2-3。

表 2-2-3 数控加工工艺卡（项目二）

单位		车床型号		零件名称		第 页
工序		工序名称		程序编号		备注
工步号	作业内容	刀具号	刀具名称（机夹）	主轴转速/（$r \cdot min^{-1}$）	进给速度/（$mm \cdot min^{-1}$）	背吃刀量/mm

表 2-2-3（续）

工步号	作业内容	刀具号	刀具名称（机夹）	主轴转速/($r\cdot min^{-1}$)	进给速度/($mm\cdot min^{-1}$)	背吃刀量/mm

四、问题探究

（1）由于零件毛坯轴向尺寸限制及左端有倒角，该零件需两端加工，那么左、右端的结合点在什么位置合理？

（2）加工该零件需要哪些刀具？如何实现对刀操作？

（3）对零件进行验收与质量分析，找出误差产生的原因，得出纠正误差的方法。

（4）分析该零件有无必要进行刀具半径补偿加工。

五、制订计划

填写制订计划工作单：学生个人思考项目分析与讨论的内容，建议从不同的角度出发，思考采取何种方法对刀才能保证外圆尺寸精度、总长度尺寸及表面粗糙度符合要求，并用适当的方式以文字形式表述。

项目解决方案：

六、任务实施

填写计划决策工作单：小组根据学生个人思考出的项目解决方案，分析结果并讨论最佳实施方案，从而确定计划，并以适当文字予以表达。

1. 计划决策工作单（小组决策使用）

负责人：　　　　　　　讨论发言人：

2. 程序编制

按照加工工艺过程，编写该项目的数控加工程序。

七、零件加工流程

（1）打开总电源、车床电源，开启数控系统。

（2）车床回参考点。

（3）手动低速运行主轴，检查车床状态。

（4）装夹零件加工左端，伸出长度为 30 mm 左右。

（5）输入零件加工程序，检查程序并模拟校验走刀路线。

（6）对外圆刀输入对刀值、刀具半径补偿参数值、刀尖方位及磨损值。

（7）零件试切加工。

（8）检验零件尺寸。

（9）调头加工右端，顺序同上（略）。

八、项目检查与记录

将零件检测结果填入零件评分表（表 2-2-4）中。

表 2-2-4　零件评分表（项目二）

姓名			定额时间		总分	
序号	评价项目	评分内容	配分	评分标准	实测	得分
1	外圆（40 分）	$\phi18_{-0.045}^{0}$	8	超差 0.01 扣 4 分		
		$\phi28_{-0.048}^{0}$	8	超差 0.01 扣 4 分		
		$\phi22_{-0.048}^{0}$	8	超差 0.01 扣 4 分		
		$\phi18_{-0.048}^{0}$	8	超差 0.01 扣 4 分		
		$\phi14_{-0.048}^{0}$	8	超差 0.01 扣 4 分		
2	长度（26 分）	（左）$20_{-0.13}^{0}$	6	超差 0.1 扣 3 分		
		（右）$20_{-0.15}^{0}$	6	超差 0.1 扣 3 分		
		$40_{-0.14}^{0}$	4	超差 0.1 扣 2 分		
		$60_{-0.13}^{0}$	4	超差 0.1 扣 2 分		
		$85_{-0.14}^{0}$	6	超差 0.1 扣 3 分		
3	粗糙度（12 分）	$Ra1.6$（四处）	3（每处）	总体与量块比对相应扣分		
4	倒角（12 分）	C1（三处）	4（每处）	超差酌情扣分		
5	文明生产（10 分）	按企业相关标准执行	10			

九、项目评价

根据零件的加工过程及零件的检测结果，检查存在的问题，填写并提交项目评价单（表2-2-5）。

表2-2-5 项目评价单（项目二）

项目名称		姓名			班级	
评价项目	考核要求	分值	自评	小组评价	教师评价	得分
应知应会	1. 零件图分析	5				
	2. 制订加工工艺	5				
	3. 工件定位与装夹	5				
	4. 刀具及切削用量的选择	5				
	5. 程序编制	5				
技能能力	1. 切削参数在加工中是否改动，效果如何	5				
	2. 刀具在对刀及加工使用时有无损坏现象	5				
	3. 设备使用情况，有无调整，效果如何	5				
项目成果	1. 程序的输入及图形仿真	5				
	2. 刀具装夹及对刀	5				
	3. 工件加工及尺寸检验	5				
	4. 设备正常维护	5				
文明生产	1. 正确开关及使用车床	5				
	2. 工具、量具的正确使用及放置	5				
学习态度	1. 出勤情况及课堂纪律	5				
	2. 团队协作	5				
	3. 实操前的准备	5				
通用能力	1. 组织沟通能力	5				
	2. 解决问题能力	5				
	3. 自我创新能力	5				

十、拓展训练

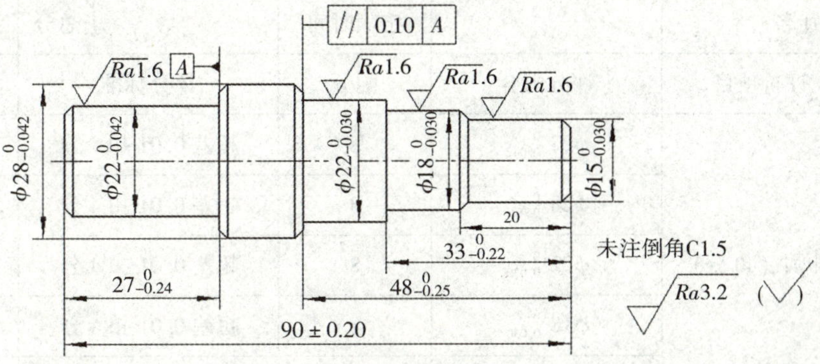

图 2-2-2　双端阶梯轴拓展零件图

（1）识读双端阶梯轴拓展零件图（如图 2-2-2 所示），并进行图样分析。

（2）明确平行度的含义及简单检测方法。

（3）对零件进行数控加工工艺分析后，填写数控加工工艺卡（见表 2-2-6）。

（4）编写零件加工程序并对程序进行输入与校验。

（5）完成零件的装夹、对刀及加工。

（6）对所加工的双端阶梯轴拓展零件进行评分（见表 2-2-7）。

表 2-2-6　双端阶梯轴拓展零件数控加工工艺卡

数控加工工艺卡		车床型号		零件图号			共　页
单位		产品名称		零件名称			第　页
工序		工序名称		程序编号		备注	
工步号	作业内容		刀具号	刀具名称（机夹）	主轴转速/（$r \cdot min^{-1}$）	进给速度/（$mm \cdot min^{-1}$）	背吃刀量/mm

表 2-2-7　双端阶梯轴拓展零件评分表

姓名			定额时间		总分	
序号	评价项目	评分内容	配分	评分标准	实测	得分
1	外圆（40 分）	$\phi22_{-0.042}^{\ 0}$	8	超差 0.01 扣 4 分		
		$\phi28_{-0.042}^{\ 0}$	8	超差 0.01 扣 4 分		
		$\phi22_{-0.030}^{\ 0}$	8	超差 0.01 扣 4 分		
		$\phi18_{-0.030}^{\ 0}$	8	超差 0.01 扣 4 分		
		$\phi15_{-0.030}^{\ 0}$	8	超差 0.01 扣 4 分		
2	长度（20 分）	$33_{-0.22}^{\ 0}$	4	超差 0.1 扣 2 分		
		$48_{-0.25}^{\ 0}$	4	超差 0.1 扣 2 分		
		$27_{-0.24}^{\ 0}$	4	超差 0.1 扣 2 分		
		总长度 90±0.20	8	超差 0.1 扣 4 分		
3	粗糙度（12 分）	*Ra*1.6（四处）	3（每处）	总体与量块比对相应扣分		
4	倒角（10 分）	C1.5（五处）	2（每处）	无倒角无分，超差酌情扣分		
5	平行度（8 分）	0.10	8	超差 0.1 扣 4 分		
6	文明生产（10 分）	按企业相关标准执行	10			

项目三

圆锥零件加工

一、项目描述

该项目采用数控车床完成对圆锥零件的端面、外圆、圆锥面及倒角的加工，加工出的零件要符合图样各项技术要求，进行数控车床加工操作时要符合操作规程；要求学生能够选择合理的切削加工工艺参数，正确编写加工程序、填写相关数控加工工艺文件，能熟练操作数控车床来对零件进行调整加工和尺寸精度检测，以及掌握对数控车床的日常维护与保养。

1. 任务工单

圆锥零件图如图 2-3-1 所示。该零件材料为 45 钢，毛坯尺寸为 $\phi30$ mm×88 mm，生产批量为单件加工。

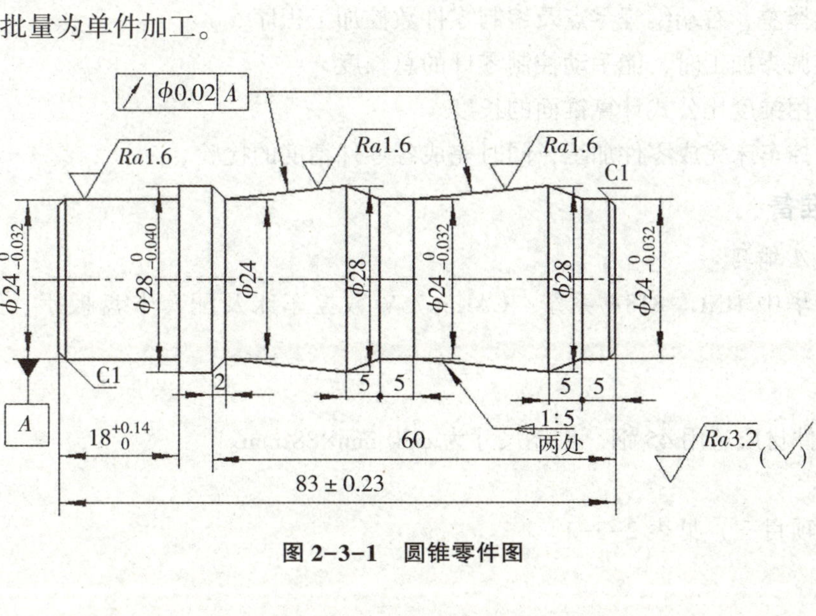

图 2-3-1　圆锥零件图

圆锥零件加工

2. 图样分析

（1）该零件为圆锥类工件，从图 2-3-1 中可以看出，整体上是实心轴对称结构，外形由四段圆柱面、四段圆锥面及倒角等组成。

（2）基本尺寸及结构包括：圆柱面 $\phi28$ mm、三段 $\phi24$ mm、1∶5 圆锥面及倒角 C1 等。

（3）尺寸精度要求较高的 $\phi28$ mm、三段 $\phi24$ mm 的公差值分别为-0.040 mm 及-0.032 mm；总长度为（83±0.23）mm，左端长度为 $18^{+0.14}_{0}$ mm。

（4）该件外圆柱面及锥面表面粗糙度（Ra）均为 1.6 μm，其余 Ra 为 3.2 μm。

（5）该件两段 1∶5 锥面与左端轴心线的跳动度为 $\phi0.02$ mm。

二、教学目标与工作任务

1. 教学目标

（1）通过识读零件图，了解锥面的锥度尺寸计算及锥角的标注方法。

（2）掌握子程序的编制方法和应用。

（3）掌握刀尖圆弧半径补偿指令的应用及锥面的加工方法。

（4）能够选择合理的切削工艺参数，正确编写程序，正确填写相关数控加工工艺文件。

（5）能熟练操作数控车床来对零件进行调整加工，遵守相关操作规程，做到文明生产，学会尺寸精度的检测及对数控车床的日常维护与保养。

2. 工作任务

（1）图样分析及进行数控加工工艺分析。主要包括：加工内容，技术要求，确定加工方案及拟订工艺路线，参看数控车削加工工作手册，正确选择工艺参数及切削用量，等等。

（2）合理选择左、右端编程零点及编制零件数控加工程序。

（3）零件在调头加工时，能手动控制零件的总长度。

（4）能够利用锥度比公式计算锥面的长度。

（5）操作数控车床完成零件加工，同时完成各零件精度的检验。

三、教学准备

1. 确定车床及辅具

设备选用：华中 HNC-818A 系统/ CAK3675V 数控车床及配套卡盘扳手、刀架扳手。

2. 确定材料

根据加工零件材质选用 45 钢，毛坯尺寸为 $\phi30$ mm×88 mm。

3. 确定量具

量具清单（项目三）见表 2-3-1。

表 2-3-1　量具清单（项目三）

序号	名称	规格	精度	数量

4. 确定刀具

刀具清单（项目三）见表 2-3-2。

表 2-3-2　刀具清单（项目三）

产品名称或代号			零件名称		零件图号	
序号	刀具号	刀具规格	名称	加工表面	刀尖半径/mm	备注

5. 工艺制订

数控加工工艺卡（项目三）见表 2-3-3。

表 2-3-3 数控加工工艺卡（项目三）

单位		车床型号		零件名称		第 页
工序		工序名称		程序编号		备注
工步号	作业内容	刀具号	刀具名称（机夹）	主轴转速/（$r \cdot min^{-1}$）	进给速度/（$mm \cdot min^{-1}$）	背吃刀量/mm

四、问题探究

（1）圆锥的加工应合理选择外圆刀以保证刀具的副偏角足够大，否则加工时会出现刀具干涉现象。一般应选择什么刀尖角度合适？

（2）该零件须两端加工，左、右端的结合点在什么位置合理？

（3）该零件能否利用万能游标角度尺进行检测？

（4）加工该零件需要哪些刀具？如何实现对刀操作？

（5）对零件进行验收与质量分析，找出误差产生的原因，得出纠正误差的方法。

（6）分析该零件有无必要进行刀具半径补偿加工。

五、制订计划

填写制订计划工作单：学生个人思考项目分析与讨论的内容，建议从不同的角度出发，思考采取何种方法对刀才能保证外圆尺寸精度、总长度尺寸及表面粗糙度符合要求，并用适当的方式以文字形式表述。

项目解决方案：

六、任务实施

填写计划决策工作单：小组根据学生个人思考出的项目解决方案，分析结果并讨论最佳实施方案，从而确定计划，并以适当文字予以表达。

1. 计划决策工作单（小组决策使用）

负责人：　　　　　　讨论发言人：

2. 程序编制

按照加工工艺过程，编写该项目的数控加工程序。

七、零件加工流程

（1）打开总电源、车床电源，开启数控系统。

（2）车床回参考点。

（3）手动低速运行主轴，检查车床状态。

（4）装夹零件加工左端，伸出长度为 30 mm 左右。

（5）输入零件加工程序，检查程序并模拟校验走刀路线。

（6）对外圆刀输入对刀值、刀具半径补偿参数值、刀尖方位及磨损值。

（7）零件试切加工。

（8）检验零件尺寸。

（9）调头装夹左端 ϕ24 mm 以加工右端，外圆且卡盘靠紧 ϕ28 mm 端面夹紧，步骤顺序同上。

八、项目检查与记录

将零件检测结果填入零件评分表（表 2-3-4）中。

表 2-3-4　零件评分表（项目三）

姓名			定额时间		总分	
序号	评价项目	评分内容	配分	评分标准	实测	得分
1	外圆（32分）	$\phi28_{-0.040}^{0}$	8	超差 0.01 扣 4 分		
		$\phi24_{-0.032}^{0}$（三处）	8（每处）	超差 0.01 扣 4 分		
2	圆锥面（20分）	锥度 1∶5（两处）	8（每处）	超差 0.1 扣 4 分		
		$\phi28\sim\phi24$ 锥度（两处）	2（每处）	超差酌情扣分		
3	长度（20分）	总长度 83±0.23	8	超差 0.1 扣 5 分		
		$18_{0}^{+0.14}$	6	超差 0.1 扣 3 分		
		5（四处）	1（每处）	超差 0.1 扣 2.5 分		
		2（一处）	2	超差 0.1 扣 1 分		
4	粗糙度（9分）	$Ra1.6$（三处）	3（每处）	总体与量块比对相应扣分		
5	倒角（4分）	C1（两处）	2（每处）	超差酌情扣分		
6	跳动度（5分）	$\phi0.02$	5	超差 0.01 扣 2.5 分		
7	文明生产（10分）	按企业相关标准执行	10			

九、项目评价

根据零件的加工过程及零件的检测结果，检查存在的问题，填写并提交项目评价单（表 2-3-5）。

表 2-3-5　项目评价单（项目三）

项目名称		姓名			班级	
评价项目	考核要求	分值	自评	小组评价	教师评价	得分
应知应会	1. 零件图分析	5				
	2. 制订加工工艺	5				
	3. 工件定位与装夹	5				
	4. 刀具及切削用量的选择	5				
	5. 程序编制	5				
技能能力	1. 切削参数在加工中是否改动，效果如何	5				
	2. 刀具在对刀及加工使用时有无损坏现象	5				
	3. 设备使用情况，有无调整，效果如何	5				
项目成果	1. 程序的输入及图形仿真	5				
	2. 刀具装夹及对刀	5				
	3. 工件加工及尺寸检验	5				
	4. 设备正常维护	5				
文明生产	1. 正确开关及使用车床	5				
	2. 工具、量具的正确使用及放置	5				
学习态度	1. 出勤情况及课堂纪律	5				
	2. 团队协作	5				
	3. 实操前的准备	5				
通用能力	1. 组织沟通能力	5				
	2. 解决问题能力	5				
	3. 自我创新能力	5				

十、拓展训练

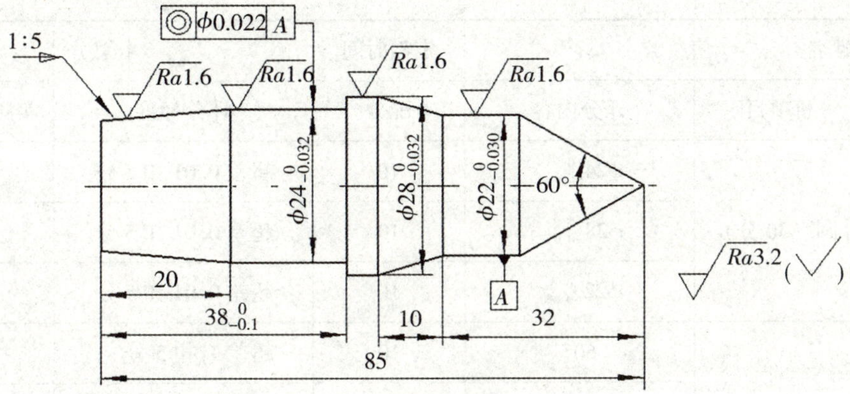

图 2-3-2 圆锥拓展零件图

(1) 识读圆锥拓展零件图（如图 2-3-2 所示），并进行图样分析。

(2) 明确同轴度的含义及简单检测方法。

(3) 对零件进行数控加工工艺分析后，填写数控加工工艺卡（见表 2-3-6）。

(4) 编写零件加工程序并对程序进行输入与校验。

(5) 工件需左、右端加工并完成零件的装夹、对刀及加工。

(6) 能够用万能游标角度尺检测零件角度。

(7) 对所加工的圆锥拓展零件进行评分（见表 2-3-7）。

表 2-3-6 圆锥拓展零件数控加工工艺卡

数控加工工艺卡		车床型号		零件图号		共 页
单位		产品名称		零件名称		第 页
工序		工序名称		程序编号	备注	
工步号	作业内容	刀具号	刀具名称（机夹）	主轴转速/ $(r \cdot min^{-1})$	进给速度/ $(mm \cdot min^{-1})$	背吃刀量/ mm

表 2-3-7　圆锥拓展零件评分表

姓名			定额时间		总分		
序号	评价项目	评分内容	配分	评分标准		实测	得分
1	外圆（30 分）	$\phi24_{-0.032}^{0}$	10	超差 0.01 扣 5 分			
		$\phi28_{-0.032}^{0}$	10	超差 0.01 扣 5 分			
		$\phi22_{-0.030}^{0}$	10	超差 0.01 扣 5 分			
2	圆锥（25 分）	60°	10	超差 1°扣 5 分			
		$\phi22$~$\phi28$ 锥面	5	超差酌情扣分			
		锥度比 1：5 锥面	10	超差酌情扣分			
3	长度（15 分）	总长度 85	5	超差 0.1 扣 2.5 分			
		$38_{-0.1}^{0}$	10	超差 0.1 扣 5 分			
4	粗糙度（12 分）	Ra1.6（四处）	3（每处）	总体与量块比对相应扣分			
5	同轴度（8 分）	ϕ0.022	8	超差 0.01 扣 4 分			
6	文明生产（10 分）	按企业相关标准执行	10				

项目四

圆弧零件加工

一、项目描述

该项目采用数控车床完成对圆弧零件的端面、外圆、圆弧面及倒圆的加工，加工出的零件要符合图样各项技术要求，进行数控车床加工操作时要符合操作规程；要求学生能够选择合理的切削加工工艺参数，正确编写加工程序、填写相关数控加工工艺文件，能熟练操作数控车床来对零件进行调整加工和尺寸精度检测，以及掌握对数控车床的日常维护与保养。

1. 任务工单

圆弧零件图如图 2-4-1 所示。该零件材料为 45 钢，毛坯尺寸为 $\phi30$ mm×85 mm，生产批量为单件加工。

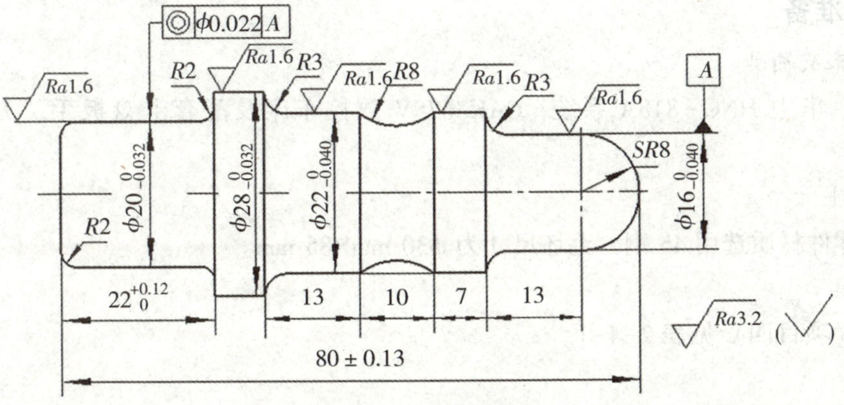

图 2-4-1　圆弧零件图

圆弧零件加工

2. 图样分析

（1）该零件为圆弧类工件，从图纸上可以看出，整体上是实心轴对称结构，外形由球面与不同直径的外圆柱面及圆弧面等组成。

（2）圆柱面 $\phi20$，$\phi28$，$\phi22$，$\phi16$ mm 的尺寸精度要求较高，其公差值分别为 -0.032，-0.032，-0.040，-0.040 mm；总长度为（80±0.13）mm，左端长度为 $22^{+0.12}_{0}$ mm；其他部分均为基本尺寸要求。

（3）外圆表面粗糙度（Ra）为 1.6 μm，其余 Ra 为 3.2 μm。

（4）该件有左端 $\phi20$ mm 轴心线对右端 $\phi16$ mm 轴心线 $\phi0.022$ mm 的同轴度的要求。

二、教学目标与工作任务

1. 教学目标

（1）通过识读零件图，明确该零件结构的外形组成及加工尺寸要求。

（2）了解加工凹圆弧面车刀的种类及选用，会判断圆弧的查补方向及凹圆弧面的零件加工工艺。

（3）能够选择合理的切削工艺参数，正确编写程序，正确填写相关数控加工工艺文件。

（4）能熟练操作数控车床来对零件进行调整加工，遵守相关操作规程，做到文明生产，学会尺寸精度的检测及对数控车床的日常维护与保养。

2. 工作任务

（1）图样分析及进行数控加工工艺分析。主要包括：加工内容，技术要求，确定加工方案及拟订工艺路线，正确选择圆弧的工艺参数及切削用量，等等。

（2）合理选择左、右端编程零点及编制零件数控加工程序。

（3）零件在调头加工时，能手动控制零件的总长度。

（4）操作数控车床完成零件加工，同时完成各零件精度的检验。

三、教学准备

1. 确定车床及辅具

设备选用：华中 HNC-818A 系统/ CAK3675V 数控车床及配套卡盘扳手、刀架扳手。

2. 确定材料

根据加工零件材质选用 45 钢，毛坯尺寸为 $\phi30$ mm×85 mm。

3. 确定量具

量具清单（项目四）见表 2-4-1。

表 2-4-1　量具清单（项目四）

序号	名称	规格	精度	数量

4. 确定刀具

刀具清单（项目四）见表 2-4-2。

表 2-4-2　刀具清单（项目四）

产品名称或代号			零件名称		零件图号	
序号	刀具号	刀具规格	名称	加工表面	刀尖半径/mm	备注

5. 工艺制订

数控加工工艺卡（项目四）见表2-4-3。

表2-4-3　数控加工工艺卡（项目四）

单位		车床型号		零件名称		第　页
工序		工序名称		程序编号		备注
工步号	作业内容	刀具号	刀具名称（机夹）	主轴转速/$(r \cdot min^{-1})$	进给速度/$(mm \cdot min^{-1})$	背吃刀量/mm

四、问题探究

（1）圆弧的加工应合理选择外圆刀的刀尖角度，否则加工时会出现刀具干涉现象。一般应选择什么刀尖角度合适？

（2）由于零件毛坯尺寸限制及左端有倒圆，该零件须两端加工，那么左、右端的结合点在什么位置合理？

（3）圆弧检测一般使用R规，如何用R规检测工件的圆弧？

（4）为防止凹圆弧加工时出现欠切削或过切削现象，编程时如何加入补偿？

（5）对零件进行验收与质量分析，找出误差产生的原因，得出纠正误差的方法。

（6）分析该零件有无必要进行刀具半径补偿加工。

五、制订计划

填写制订计划工作单：学生个人思考项目分析与讨论的内容，建议从不同的角度出

发，思考采取何种方法对刀才能保证外圆尺寸精度、总长度尺寸及表面粗糙度符合要求，并用适当的方式以文字形式表述。

项目解决方案：

六、任务实施

填写计划决策工作单：小组根据学生个人思考出的项目解决方案，分析结果并讨论最佳实施方案，从而确定计划，并以适当文字予以表达。

1. 计划决策工作单（小组决策使用）

负责人：　　　　　　　讨论发言人：

2. 程序编制

按照加工工艺过程，编写该项目的数控加工程序。

七、零件加工流程

（1）打开总电源、车床电源，开启数控系统。

（2）车床回参考点。

（3）手动低速运行主轴，检查车床状态。

（4）装夹零件加工左端。

（5）输入零件加工程序，检查程序并模拟校验走刀路线。

（6）对外圆刀输入对刀值、刀具半径补偿参数值、刀尖方位及磨损值。

（7）零件试切加工。

（8）检验零件尺寸。

（9）调头垫铜皮装夹零件左端，由于左端 $\phi28$ mm 与 $\phi20$ mm 两个外圆之间有倒圆，因此装夹时要躲开倒圆夹紧，加工顺序略。

八、项目检查与记录

将零件检测结果填入零件评分表（表 2-4-4）中。

表 2-4-4　零件评分表（项目四）

姓名			定额时间		总分	
序号	评价项目	评分内容	配分	评分标准	实测	得分
1	外圆（32 分）	$\phi 20_{-0.032}^{0}$	8	超差 0.01 扣 4 分		
		$\phi 28_{-0.032}^{0}$	8	超差 0.01 扣 4 分		
		$\phi 22_{-0.04}^{0}$	8	超差 0.01 扣 4 分		
		$\phi 16_{-0.040}^{0}$	8	超差 0.01 扣 4 分		
2	圆弧（18 分）	*SR*8	3	R 规检测，超差无分		
		*R*3（两处）	3（每处）	R 规检测，超差无分		
		*R*8	3	R 规检测，超差无分		
		*R*2（两处）	3（每处）	R 规检测，超差无分		
3	长度（24 分）	总长度 80±0.13	10	超差 0.1 扣 5 分		
		$22_{0}^{+0.12}$	8	超差 0.1 扣 4 分		
		7	3	超差 0.1 扣 3 分		
		10	3	超差 0.1 扣 3 分		
4	粗糙度（10 分）	*Ra*1.6（五处）	2（每处）	总体与量块比对相应扣分		
5	同轴度（6 分）	ϕ0.022	6	超差 0.01 扣 3 分		
6	文明生产（10 分）	按企业相关标准执行	10			

九、项目评价

根据零件的加工过程及零件的检测结果，检查存在的问题，填写并提交项目评价单（表 2-4-5）。

表 2-4-5　项目评价单（项目四）

项目名称		姓名			班级	
评价项目	考核要求	分值	自评	小组评价	教师评价	得分
应知应会	1. 零件图分析	5				
	2. 制订加工工艺	5				
	3. 工件定位与装夹	5				
	4. 刀具及切削用量的选择	5				
	5. 程序编制	5				
技能能力	1. 切削参数在加工中是否改动，效果如何	5				
	2. 刀具在对刀及加工使用时有无损坏现象	5				
	3. 设备使用情况，有无调整，效果如何	5				
项目成果	1. 程序的输入及图形仿真	5				
	2. 刀具装夹及对刀	5				
	3. 工件加工及尺寸检验	5				
	4. 设备正常维护	5				
文明生产	1. 正确开关及使用车床	5				
	2. 工具、量具的正确使用及放置	5				
学习态度	1. 出勤情况及课堂纪律	5				
	2. 团队协作	5				
	3. 实操前的准备	5				
通用能力	1. 组织沟通能力	5				
	2. 解决问题能力	5				
	3. 自我创新能力	5				

十、拓展训练

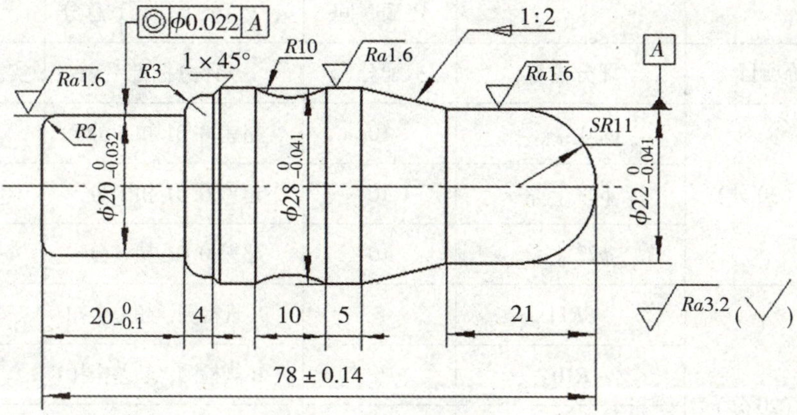

图 2-4-2　圆弧拓展零件图

（1）识读圆弧拓展零件图（如图 2-4-2 所示），并进行图样分析。

（2）明确同轴度的含义及简单检测方法。

（3）对零件进行数控加工工艺分析后，填写数控加工工艺卡（见表 2-4-6）。

（4）编写零件加工程序并对程序进行输入与校验。

（5）完成零件的装夹、对刀及加工。

（6）对所加工的零件进行质量检测评价，对圆弧拓展零件进行评分（见表 2-4-7）。

表 2-4-6　圆弧拓展零件数控加工工艺卡

数控加工工艺卡		车床型号		零件图号			共　页
单位		产品名称		零件名称			第　页
工序		工序名称		程序编号		备注	
工步号	作业内容		刀具号	刀具名称（机夹）	主轴转速/($r\cdot min^{-1}$)	进给速度/($mm\cdot min^{-1}$)	背吃刀量/mm

表 2-4-7　圆弧拓展零件评分表

姓名			定额时间		总分	
序号	评价项目	评分内容	配分	评分标准	实测	得分
1	外圆（30 分）	$\phi20^{0}_{-0.032}$	10	超差 0.01 扣 5 分		
		$\phi28^{0}_{-0.041}$	10	超差 0.01 扣 5 分		
		$\phi22^{0}_{-0.041}$	10	超差 0.01 扣 5 分		
2	圆弧（20 分）	*SR*11	5	R 规检测，超差全扣		
		*R*10	5	R 规检测，超差全扣		
		*R*3	5	R 规检测，超差全扣		
		*R*2	5	R 规检测，超差全扣		
3	长度（18 分）	总长度 78±0.14	8	超差 0.1 扣 5 分		
		21	2	超差 0.1 不得分		
		$20^{0}_{-0.1}$	4	超差 0.1 不得分		
		4	2	超差 0.1 不得分		
		10	2	超差 0.1 不得分		
4	粗糙度（12 分）	*Ra*1.6（三处）	4（每处）	总体与量块比对相应扣分		
5	同轴度（8 分）	$\phi0.022$	8	超差 0.01 扣 4 分		
6	倒角（2 分）	C1	2	无倒角相应扣分		
7	文明生产（10 分）	按企业相关标准执行	10			

项目五

窄槽零件加工

一、项目描述

该项目采用数控车床完成对窄槽零件的端面、外圆、窄槽及倒角的加工，加工出的零件要符合图样各项技术要求，进行数控车床加工操作时要符合操作规程；要求学生能够选择合理的切削加工工艺参数，正确编写加工程序、填写相关数控加工工艺文件，能熟练操作数控车床来对零件进行调整加工和尺寸精度检测，以及掌握对数控车床的日常维护与保养。

1. 任务工单

窄槽零件图如图 2-5-1 所示。该零件材料为 45 钢，毛坯尺寸为 $\phi30$ mm×65 mm，生产批量为单件加工。

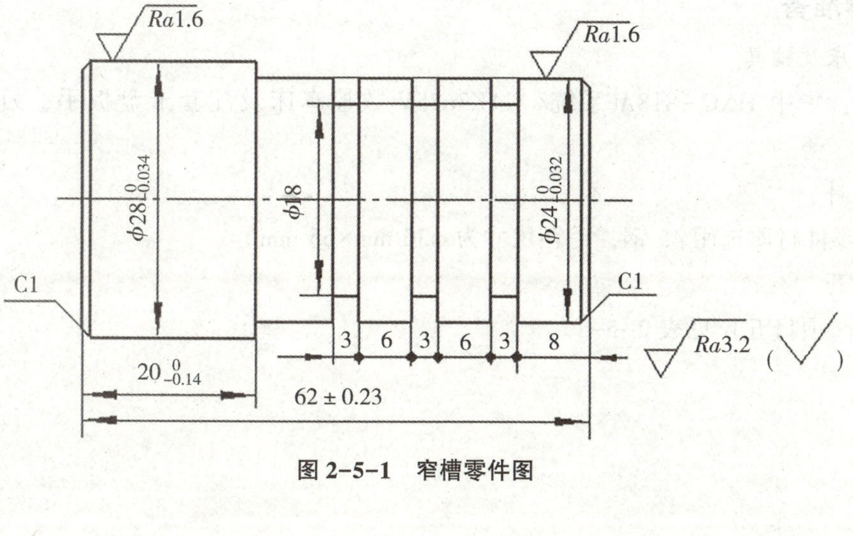

窄槽零件加工

图 2-5-1　窄槽零件图

2. 图样分析

（1）该零件为窄槽类工件，从图 2-5-1 中可以看出，整体上是实心轴对称结构，外形由两端面及两个不同直径的外圆柱面、倒角及窄槽等组成。

（2）外圆柱面 ϕ28 mm 和 ϕ24 mm 尺寸精度要求较高，其公差值分别为-0. 034 mm 和-0. 032 mm，且总长度为（62±0. 23）mm，左端圆柱长度为 $20_{-0.14}^{\ 0}$，其他部分均为基本尺寸要求。

（3）左端外圆及窄槽外圆表面粗糙度（*Ra*）为 1. 6 μm，其余 *Ra* 为 3. 2 μm。

二、教学目标与工作任务

1. 教学目标

（1）通过识读零件图，明确该零件结构的外形组成及加工尺寸要求。

（2）掌握暂停指令及其应用，学会编制外槽加工工艺。

（3）要求能够选择合理的螺纹切削工艺参数，正确编写加工程序，正确填写相关数控加工工艺文件。

（4）能熟练操作数控车床来对零件进行调整加工，遵守相关操作规程，做到文明生产，学会尺寸精度的检测及对数控车床的日常维护与保养。

2. 工作任务

（1）图样分析及进行数控加工工艺分析。主要包括：加工内容，技术要求，确定加工方案及拟订工艺路线，参看数控车削加工工作手册，正确选择工艺参数及切削用量，等等。

（2）掌握切槽刀装夹方法、对刀及验证方法。

（3）合理选择左、右端编程零点，灵活采用子程序编制零件数控加工程序。

（4）零件在调头加工时，能手动控制零件的总长度。

（5）操作数控车床完成零件加工，同时完成各零件精度的检验。

三、教学准备

1. 确定车床及辅具

设备选用：华中 HNC-818A 系统/ CAK3675V 数控车床及配套卡盘扳手、刀架扳手。

2. 确定材料

根据加工零件材质选用 45 钢，毛坯尺寸为 ϕ30 mm×65 mm。

3. 确定量具

量具清单（项目五）见表 2-5-1。

表 2-5-1 量具清单（项目五）

序号	名称	规格	精度	数量

4. 确定刀具

刀具清单（项目五）见表 2-5-2。

表 2-5-2 刀具清单（项目五）

产品名称或代号			零件名称		零件图号	
序号	刀具号	刀具规格	名称	加工表面	刀尖半径/mm	备注

5. 工艺制订

数控加工工艺卡（项目五）见表2-5-3。

表2-5-3 数控加工工艺卡（项目五）

单位		车床型号		零件名称		第 页
工序		工序名称		程序编号		备注
工步号	作业内容	刀具号	刀具名称（机夹）	主轴转速/$(r \cdot min^{-1})$	进给速度/$(mm \cdot min^{-1})$	背吃刀量/mm

四、问题探究

（1）窄槽加工应合理选择切槽刀刀头宽度，若窄槽宽度与刀宽相等，应在切削进刀到达深度后暂停数秒，切削速度为30~50 mm/min，这样操作的目的是什么？

（2）切槽刀有左、右两个刀尖即有两个刀位点，而在整个加工程序中应采用同一个刀位点，那么一般采用哪个刀位点对刀对编程最为方便？

（3）该零件需两端加工，左、右端的结合点选择在什么位置较为合理？

（4）对于多槽零件采用子程序编程最为简单明了，应如何编写？

（5）对零件进行验收与质量分析，找出误差产生的原因，得出纠正误差的方法。

（6）分析该零件有无必要进行刀具半径补偿加工。

五、制订计划

填写制订计划工作单：学生个人思考项目分析与讨论的内容，建议从不同的角度出发，思考采取何种方法对刀才能保证外圆尺寸精度、总长度尺寸及表面粗糙度符合要求，并用适当的方式以文字形式表述。

项目解决方案：

六、任务实施

填写计划决策工作单：小组根据学生个人思考出的项目解决方案，分析结果并讨论最佳实施方案，从而确定计划，并以适当文字予以表达。

1. 计划决策工作单（小组决策使用）

负责人：　　　　　　　　讨论发言人：

2. 程序编制

按照加工工艺过程，编写该项目的数控加工程序。

七、零件加工流程

（1）打开总电源、车床电源，开启数控系统。

（2）车床回参考点。

（3）手动低速运行主轴，检查车床状态。

（4）装夹零件毛坯外圆，加工左端。

（5）输入零件加工程序，检查程序并模拟校验走刀路线。

（6）对外圆刀输入对刀值、刀具半径补偿参数值、刀尖方位及磨损值。

（7）零件试切加工。

（8）检验零件尺寸。

（9）调头垫铜皮装夹零件左端 ϕ28 mm 外圆，加工顺序略。

八、项目检查与记录

将零件检测结果填入零件评分表（表 2-5-4）中。

表 2-5-4　零件评价表（项目五）

姓名			定额时间		总分	
序号	评价项目	评分内容	配分	评分标准	实测	得分
1	外圆（20分）	$\phi28_{-0.034}^{0}$	10	超差 0.01 扣 5 分		
		$\phi24_{-0.032}^{0}$	10	超差 0.01 扣 5 分		
2	窄槽（30分）	3×ϕ18（三处）	10（每处）	每处超差酌情扣分		
3	长度（20分）	总长度 62±0.23	10	超差 0.1 扣 5 分		
		$20_{-0.14}^{0}$	10	超差 0.1 扣 5 分		
4	粗糙度（10分）	*Ra*1.6（两处）	5（每处）	总体与量块比对相应扣分		
5	倒角（10分）	C1（两处）	5（每处）	无倒角或超差相应扣分		
6	文明生产（10分）	按企业相关标准执行	10			

九、项目评价

根据零件的加工过程及零件的检测结果，检查存在的问题，填写并提交项目评价单（表 2-5-5）。

表 2-5-5　项目评价单（项目五）

项目名称		姓名			班级	
评价项目	考核要求	分值	自评	小组评价	教师评价	得分
应知应会	1. 零件图分析	5				
	2. 制订加工工艺	5				
	3. 工件定位与装夹	5				
	4. 刀具及切削用量的选择	5				
	5. 程序编制	5				

表 2-5-5（续）

评价项目	考核要求	分值	自评	小组评价	教师评价	得分
技能能力	1. 切削参数在加工中是否改动，效果如何	5				
	2. 刀具在对刀及加工使用时有无损坏现象	5				
	3. 设备使用情况，有无调整，效果如何	5				
项目成果	1. 程序的输入及图形仿真	5				
	2. 刀具装夹及对刀	5				
	3. 工件加工及尺寸检验	5				
	4. 设备正常维护	5				
文明生产	1. 正确开关及使用车床	5				
	2. 工具、量具的正确使用及放置	5				
学习态度	1. 出勤情况及课堂纪律	5				
	2. 团队协作	5				
	3. 实操前的准备	5				
通用能力	1. 组织沟通能力	5				
	2. 解决问题能力	5				
	3. 自我创新能力	5				

十、拓展训练

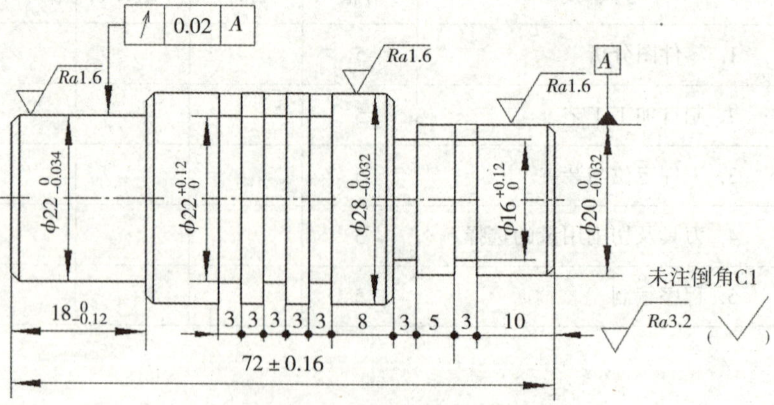

图 2-5-2 窄槽拓展零件图

（1）识读窄槽拓展零件图（如图 2-5-2 所示），并进行图样分析。

（2）明确跳动度的含义及跳动度的简单检测方法。

（3）对零件进行数控加工工艺分析后，填写数控加工工艺卡（见表 2-5-6）。

（4）编写零件加工程序并对程序进行输入与校验。

（5）完成零件的装夹、对刀及加工。

（6）对所加工的窄槽拓展零件进行评分（见表 2-5-7）。

表 2-5-6　窄槽拓展零件数控加工工艺卡

数控加工工艺卡	车床型号		零件图号			共　页
单位		产品名称		零件名称		第　页
工序		工序名称		程序编号		备注
工步号	作业内容	刀具号	刀具名称（机夹）	主轴转速/（$r \cdot min^{-1}$）	进给速度/（$mm \cdot min^{-1}$）	背吃刀量/mm

表 2-5-7　窄槽拓展零件评分表

姓名			定额时间	总分		
序号	评价项目	评分内容	配分	评分标准	实测	得分
1	外圆（30 分）	$\phi22_{-0.034}^{0}$	10	超差 0.01 扣 5 分		
		$\phi28_{-0.032}^{0}$	10	超差 0.01 扣 5 分		
		$\phi20_{-0.032}^{0}$	10	超差 0.01 扣 5 分		
2	窄槽（25 分）	$3\times\phi22_{0}^{+0.12}$（三处）	5（每处）	超差 0.1 扣 5 分		
		$3\times\phi16_{0}^{+0.12}$（两处）	5（每处）	超差 0.1 扣 5 分		
3	长度（18 分）	总长度 72±0.16	8	超差 0.1 扣 5 分		
		$18_{-0.12}^{0}$	4	超差 0.1 扣 2 分		
		10	2	超差 0.1 扣 1 分		
		8	2	超差 0.1 扣 1 分		
		5	2	超差 0.1 扣 1 分		
4	粗糙度（9 分）	*Ra*1.6（三处）	3（每处）	总体与量块比对相应扣分		
5	倒角（8 分）	C1（四处）	2（每处）	无倒角或超差相应扣分		
6	文明生产（10 分）	按企业相关标准执行	10			

项目六

宽槽零件加工

一、项目描述

该项目采用数控车床完成对宽槽零件的端面、外圆及倒角的加工，加工出的零件要符合图样各项技术要求，进行数控车床加工操作时要符合操作规程；要求学生能够选择合理的切削加工工艺参数，正确编写加工程序、填写相关数控加工工艺文件，能熟练操作数控车床来对零件进行调整加工和尺寸精度检测，以及掌握对数控车床的日常维护与保养。

1. 任务工单

宽槽零件图如图 2-6-1 所示。该零件材料为 45 钢，毛坯尺寸为 $\phi30$ mm×76 mm，生产批量为单件加工。

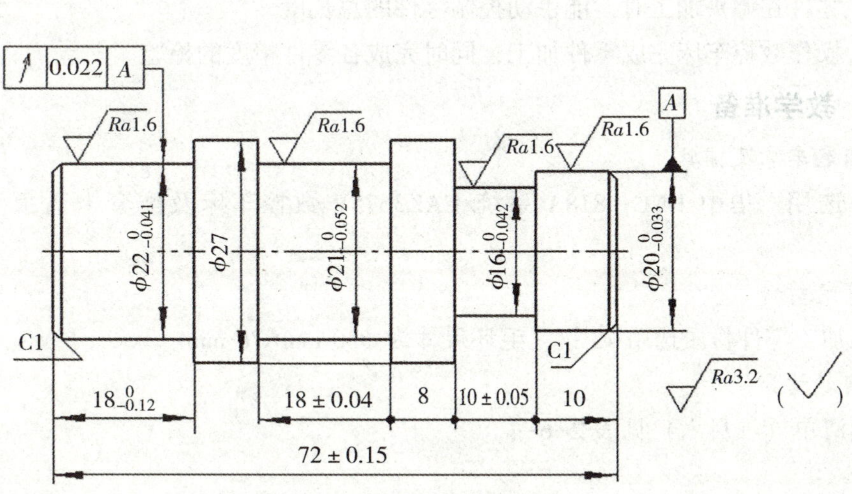

图 2-6-1　宽槽零件图

2. 图样分析

（1）该零件为圆柱类工件，从图 2-6-1 中可以看出，整体上是实心轴对称结构，外形由两端及中部不同直径的外圆柱面、两个倒角、两个宽槽及两个端面等组成。

（2）零件左、右两端外圆柱面 $\phi22$ mm 和 $\phi20$ mm 尺寸精度要求较高，且均有不同程度的公差要求，公差值分别为 -0.041 mm 和 -0.033 mm，且左端还有长度精度为 $18_{-0.12}^{0}$ mm 的要求。

（3）零件中部两个宽槽不仅外圆有精度要求，公差值分别为 $\phi21_{-0.052}^{0}$ mm 和 $\phi16_{-0.042}^{0}$ mm 要求，而且还有长度精度要求，公差值分别为（18±0.04）mm 和（10±0.05）mm 要求。另外，总长度尺寸精度的要求公差为（72±0.15）mm。

（4）四段表面粗糙度（*Ra*）为 1.6 μm，其余 *Ra* 为 3.2 μm。

（5）以右端轴心线为基准检测，左端轴心线跳动度不大于 0.022 mm。

二、教学目标与工作任务

1. 教学目标

（1）会识读零件图，明确该零件结构的外形组成及加工尺寸要求。

（2）掌握宽槽切削时粗车的排刀方式，精车时沿宽槽的一侧车到槽底再车到另一侧的走刀方式。

（3）明确切槽刀的安装方式，应保证刀杆的轴心线与主轴的轴心线垂直。

（4）要求能够选择合理的切槽工艺参数，正确正确编写加工程序，填写相关数控加工工艺文件。

2. 工作任务

（1）图样分析及进行数控加工工艺分析。主要包括：加工内容，技术要求，确定加工方案及拟订工艺路线，在切槽时正确选择切削用量及工艺参数，等等。

（2）能完成该零件数控加工程序的编写。

（3）零件在调头加工时，能手动控制零件的总长度。

（4）操作数控车床完成零件加工，同时完成各零件精度的检验。

三、教学准备

1. 确定车床及辅具

设备选用：华中 HNC-818A 系统/CAK3675V 数控车床及配套卡盘扳手、刀架扳手。

2. 确定材料

根据加工零件材质选用 45 钢，毛坯尺寸为 $\phi30$ mm×76 mm。

3. 确定量具

量具清单（项目六）见表 2-6-1。

表 2-6-1　量具清单（项目六）

序号	名称	规格	精度	数量

4. 确定刀具

刀具清单（项目六）见表 2-6-2。

表 2-6-2　刀具清单（项目六）

产品名称或代号		零件名称			零件图号	
序号	刀具号	刀具规格	名称	加工表面	刀尖半径/mm	备注

5. 工艺制订

数控加工工艺卡（项目六）见表2-6-3。

表2-6-3 数控加工工艺卡（项目六）

单位		车床型号		零件名称		第 页
工序		工序名称		程序编号		备注
工步号	作业内容	刀具号	刀具名称（机夹）	主轴转速/($r\cdot min^{-1}$)	进给速度/($mm\cdot min^{-1}$)	背吃刀量/mm

四、问题探究

（1）该零件须加工两个宽槽，加工时采用4 mm宽的切槽刀多次叠加切削，那么如何进行程序编写使程序最简洁？

（2）零件切槽时采用多次进给方式，故应在槽底及槽壁两侧留有一定的精加工余量，那么精加工余量留多少合适？

（3）若槽刀底平面没清理干净，且有翘点，那么安装后车削会出现什么现象？

（4）加工该零件需要哪些刀具？如何实现对刀操作？

（5）若车槽过程中产生了振动，那么问题出在哪里？

（6）零件槽在检测时发现槽底出现振纹，找出产生的原因，考虑纠正误差的方法。

五、制订计划

填写制订计划工作单：学生个人思考项目分析与讨论的内容，建议从不同的角度出发，思考采取何种方法对刀才能保证外圆尺寸精度、总长度尺寸及表面粗糙度符合要求，并用适当的方式以文字形式表述。

项目解决方案：

六、任务实施

填写计划决策工作单：小组根据学生个人思考出的项目解决方案，分析结果并讨论最佳实施方案，从而确定计划，并以适当文字予以表达。

1. 计划决策工作单（小组决策使用）

负责人：　　　　　　　讨论发言人：

2. 程序编制

按照加工工艺过程，编写该项目的数控加工程序。

七、零件加工流程

（1）打开总电源、车床电源，开启数控系统。

（2）车床回参考点。

（3）手动低速运行主轴，检查车床状态。

（4）第一次加工装夹零件左端，伸出长度为 30 mm 左右。

（5）输入零件加工程序，检查程序并模拟校验走刀路线。

（6）对外圆刀、切槽刀输入对刀值、刀具半径补偿参数值、刀尖方位及磨损值。

（7）零件试切加工。

（8）检验零件尺寸。

（9）调头装夹左端 ϕ22 mm 以加工右端，外圆且卡盘靠紧 ϕ27 mm 端面夹紧，步骤顺序同上。

八、项目检查与记录

将零件检测结果填入零件评分表（表 2-6-4）中。

表 2-6-4　零件评分表（项目六）

姓名			定额时间		总分	
序号	评价项目	评分内容	配分	评分标准	实测	得分
1	外圆（16 分）	$\phi 22_{-0.041}^{0}$	8	超差 0.01 扣 4 分		
		$\phi 20_{-0.033}^{0}$	8	超差 0.01 扣 4 分		
2	宽槽外圆（16 分）	$\phi 21_{-0.052}^{0}$	8	超差 0.01 扣 4 分		
		$\phi 16_{-0.042}^{0}$	8	超差 0.01 扣 4 分		
3	跳动度（10 分）	0.022	10	超差 0.01 扣 5 分		
4	长度（32 分）	总长度 72±0.15	8	超差 0.1 扣 4 分		
		$18_{-0.12}^{0}$	8	超差 0.1 扣 4 分		
		18±0.04	8	超差 0.01 扣 2 分		
		10±0.05	8	超差 0.01 扣 2 分		
5	粗糙度（12 分）	*Ra*1.6（四处）	3（每处）	总体与量块比对相应扣分		
6	倒角（4 分）	C1（两处）	2（每处）	无倒角或超差相应扣分		
7	文明生产（10 分）	按企业相关标准执行	10			

九、项目评价

根据零件的加工过程及对零件的检测结果，检查存在的问题，填写并提交项目评价单（表 2-6-5）。

表 2-6-5　项目评价单（项目六）

项目名称		姓名			班级	
评价项目	考核要求	分值	自评	小组评价	教师评价	得分
应知应会	1. 零件图分析	5				
	2. 制订加工工艺	5				
	3. 工件定位与装夹	5				
	4. 刀具及切削用量的选择	5				
	5. 程序编制	5				

表 2-6-5（续）

评价项目	考核要求	分值	自评	小组评价	教师评价	得分
技能能力	1. 切削参数在加工中是否改动，效果如何	5				
	2. 刀具在对刀及加工使用时有无损坏现象	5				
	3. 设备使用情况，有无调整，效果如何	5				
项目成果	1. 程序的输入及图形仿真	5				
	2. 刀具装夹及对刀	5				
	3. 工件加工及尺寸检验	5				
	4. 设备正常维护	5				
文明生产	1. 正确开关及使用车床	5				
	2. 工具、量具的正确使用及放置	5				
学习态度	1. 出勤情况及课堂纪律	5				
	2. 团队协作	5				
	3. 实操前的准备	5				
通用能力	1. 组织沟通能力	5				
	2. 解决问题能力	5				
	3. 自我创新能力	5				

十、拓展训练

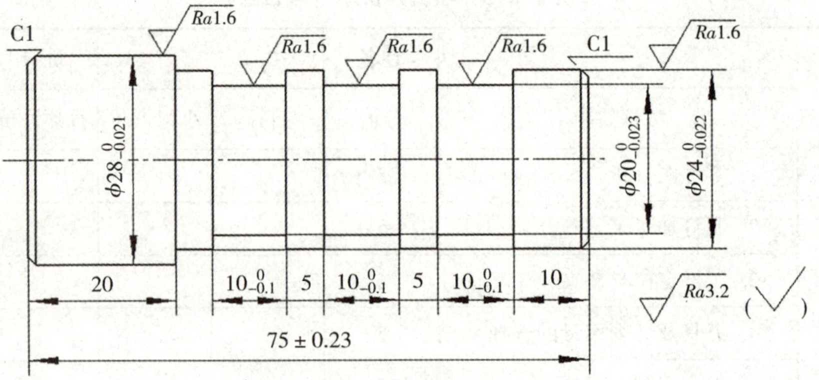

图 2-6-2　宽槽拓展零件图

（1）识读宽槽拓展零件图（如图 2-6-2 所示），并进行图样分析。

（2）对零件进行数控加工工艺分析后，填写数控加工工艺卡（见表 2-6-6）。

（3）编写零件加工程序并对程序进行输入与校验。

（4）完成零件的装夹、对刀及加工。

（5）对所加工的宽槽拓展零件进行评分（见表 2-6-7）。

表 2-6-6　宽槽拓展零件数控加工工艺卡

数控加工工艺卡		车床型号		零件图号			共　页
单位		产品名称		零件名称			第　页
工序		工序名称		程序编号		备注	

工步号	作业内容	刀具号	刀具名称（机夹）	主轴转速/$(r \cdot min^{-1})$	进给速度/$(mm \cdot min^{-1})$	背吃刀量/mm

表 2-6-7　宽槽拓展零件评分表

姓名			定额时间		总分	
序号	评价项目	评分内容	配分	评分标准	实测	得分
1	外圆（16 分）	$\phi 28^{0}_{-0.021}$	4	超差 0.01 扣 4 分		
		$\phi 24^{0}_{-0.022}$（四处）	3（每处）	超差 0.01 扣 4 分		
2	槽外圆（24 分）	$\phi 20^{0}_{-0.023}$（三处）	8（每处）	超差 0.01 扣 4 分		
3	长度（36 分）	75±0. 23	9	超差 0. 1 扣 3 分		
		$10^{0}_{-0.1}$（三处）	9（每处）	超差 0. 1 扣 3 分		
4	粗糙度（10 分）	*Ra*1. 6（五处）	2（每处）	总体与量块比对相应扣分		
5	倒角（4 分）	C1（两处）	2（每处）	无倒角或超差相应扣分		
6	文明生产（10 分）	按企业相关标准执行	10			

项目七

外三角螺纹零件加工

一、项目描述

该项目采用数控车床完成对外三角螺纹零件的端面、外圆、锥面、倒角、退刀槽及外螺纹的加工，加工出的零件要符合图样各项技术要求，进行数控车床加工操作时要符合操作规程；要求学生能够选择合理的切削加工工艺参数，编写加工程序、填写相关数控加工工艺文件，能熟练操作数控车床来对零件进行调整加工和尺寸精度检测，以及掌握对数控车床的日常维护与保养。

1. 任务工单

外三角螺纹零件图如图 2-7-1 所示。该零件材料为 45 钢，毛坯尺寸为 ϕ30 mm× 74 mm，生产批量为单件加工。

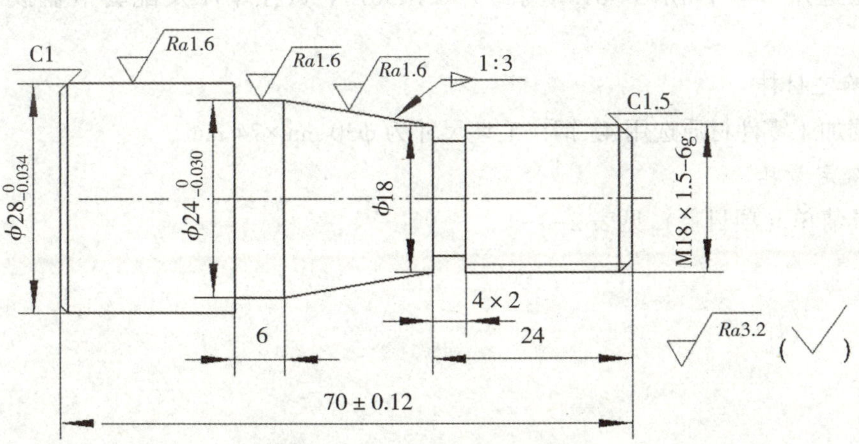

图 2-7-1　外三角螺纹零件图

2. 图样分析

（1）该零件为外螺纹类工件，从图 2-7-1 中可以看出，整体上是实心轴对称结构，外形由两端面及两个不同直径的外圆柱面、锥面、倒角、退刀槽及外螺纹等组成。

（2）外圆柱面 $\phi28$ mm 和 $\phi24$ mm 尺寸精度要求较高，公差值分别为-0. 034 mm 和-0. 030 mm，且总长度为（70±0. 12）mm，右端外螺纹螺距 1. 5 mm 及公差等级为 6 级，其他部分均为基本尺寸要求。

（3）外圆及锥面有三处表面粗糙度（*Ra*）为 1. 6 μm，其余 *Ra* 为 3. 2 μm。

二、教学目标与工作任务

1. 教学目标

（1）通过识读零件图，明确外螺纹零件结构的外形组成及加工尺寸要求。

（2）了解三角形螺纹尺寸的计算方法，进行加工操作时要符合操作规程。

（3）会制订三角形螺纹切削工艺参数，正确填写相关数控加工工艺文件。

（4）掌握三角形螺纹的加工方法及尺寸控制，遵守相关操作规程，做到文明生产，学会尺寸精度的检测及对数控车床的日常维护与保养。

2. 工作任务

（1）图样分析及进行数控加工工艺分析。主要包括：加工内容，技术要求，确定加工方案及拟订工艺路线，参看数控车削加工工作手册，正确选择工艺参数及切削用量，等等。

（2）编制零件数控加工程序。

（3）零件在调头加工时，能手动控制零件的总长度。

（4）操作数控车床完成零件加工，同时完成各零件精度的检验。

三、教学准备

1. 确定车床及辅具

设备选用：华中 HNC-818A 系统/ CAK3675V 数控车床及配套卡盘扳手、刀架扳手。

2. 确定材料

根据加工零件材质选用 45 钢，毛坯尺寸为 $\phi30$ mm×74 mm。

3. 确定量具

量具清单（项目七）见表 2-7-1。

表 2-7-1　量具清单（项目七）

序号	名称	规格	精度	数量

4. 确定刀具

刀具清单（项目七）见表 2-7-2。

表 2-7-2　刀具清单（项目七）

产品名称或代号			零件名称		零件图号	
序号	刀具号	刀具规格	名称	加工表面	刀尖半径/mm	备注

5. 工艺制订

数控加工工艺卡（项目七）见表 2-7-3。

表 2-7-3　数控加工工艺卡（项目七）

单位		车床型号		零件名称		第　页
工序	工序名称		程序编号		备注	
工步号	作业内容	刀具号	刀具名称（机夹）	主轴转速/$(r \cdot min^{-1})$	进给速度/$(mm \cdot min^{-1})$	背吃刀量/mm

四、问题探究

（1）普通螺纹车削方法分为与主轴线垂直进刀法、左右切削进刀法及斜进刀法三种形式。数控车削加工螺纹通常是高速切削，切削速度为 50～100 mm/min。一般情况下，在数控车床上加工钢件时，当螺距小于 2 mm 时可采用垂直进法进刀加工，而当螺距大于 2 mm 时需采用哪种进刀方式加工？为什么？

（2）该零件需锥度比计算圆锥面部分的长度，如何用螺纹规检测牙型是否正确？

（3）若螺纹刀安装时刀杆轴线与主轴轴线没有相互垂直，零件加工后会出现什么现象？零件需两端加工，左、右端的结合点在什么位置合理？

（4）螺纹在加工过程中，若改变了主轴的转速会有什么现象发生？

（5）螺纹刀安装时，刀尖若没有与工件旋转轴线实现等高会有什么现象发生？

（6）对零件进行验收与质量分析，找出误差产生的原因，得出纠正误差的方法。

五、制订计划

填写制订计划工作单：学生个人思考项目分析与讨论的内容，建议从不同的角度出发，思考采取何种方法对刀才能保证外圆尺寸精度、总长度尺寸及表面粗糙度符合要求，并用适当的方式以文字形式表述。

项目解决方案：

六、任务实施

填写计划决策工作单：小组根据学生个人思考出的项目解决方案，分析结果并讨论最佳实施方案，从而确定计划，并以适当文字予以表达。

1. 计划决策工作单（小组决策使用）

负责人：　　　　　　讨论发言人：

2. 程序编制

按照加工工艺过程，编写该项目的数控加工程序。

七、零件加工流程

（1）打开总电源、车床电源，开启数控系统。

（2）车床回参考点。

（3）手动低速运行主轴，检查车床状态。

（4）第一次加工装夹零件左端，伸出长度为 40 mm 左右。

（5）输入零件加工程序，检查程序并模拟校验走刀路线。

（6）对外圆刀、切槽刀输入对刀值、刀具半径补偿参数值、刀尖方位及磨损值。

（7）零件试切加工。

(8) 检验零件尺寸。

(9) 调头垫铜皮装夹零件左端 $\phi28$ mm 以加工右端，步骤顺序同上。

八、项目检查与记录

将零件检测结果填入零件评分表（表 2-7-4）中。

表 2-7-4　零件评分表（项目七）

姓名			定额时间		总分	
序号	评价项目	评分内容	配分	评分标准	实测	得分
1	外圆（20 分）	$\phi28_{-0.034}^{0}$	10	超差 0.01 扣 5 分		
		$\phi24_{-0.030}^{0}$	10	超差 0.01 扣 5 分		
2	外螺纹（20 分）	M18×1.5-6g	10	中径超差 0.01 扣 4 分		
			10	大径超差 0.01 扣 4 分		
3	圆锥（10 分）	1∶3	10	超差 0.1 扣 5 分		
4	长度（15 分）	总长度 70±0.12	10	超差 0.1 扣 5 分		
		24	5	超差 0.1 扣 2.5 分		
5	退刀槽（4 分）	4×2	4	超差相应扣分		
6	粗糙度（15 分）	*Ra*1.6（三处）	5（每处）	总体与量块比对相应扣分		
7	倒角（6 分）	C1.5，C1	3（每处）	无倒角或超差相应扣分		
8	文明生产（10 分）	按企业相关标准执行	10			

九、项目评价

根据零件的加工过程及零件的检测结果，检查存在的问题，填写并提交项目评价单（表 2-7-5）。

表 2-7-5　项目评价单（项目七）

项目名称		姓名			班级	
评价项目	考核要求	分值	自评	小组评价	教师评价	得分
应知应会	1. 零件图分析	5				
	2. 制订加工工艺	5				
	3. 工件定位与装夹	5				
	4. 刀具及切削用量的选择	5				
	5. 程序编制	5				
技能能力	1. 切削参数在加工中是否改动，效果如何	5				
	2. 刀具在对刀及加工使用时有无损坏现象	5				
	3. 设备使用情况，有无调整，效果如何	5				
项目成果	1. 程序的输入及图形仿真	5				
	2. 刀具装夹及对刀	5				
	3. 工件加工及尺寸检验	5				
	4. 设备正常维护	5				
文明生产	1. 正确开关及使用车床	5				
	2. 工具、量具的正确使用及放置	5				
学习态度	1. 出勤情况及课堂纪律	5				
	2. 团队协作	5				
	3. 实操前的准备	5				
通用能力	1. 组织沟通能力	5				
	2. 解决问题能力	5				
	3. 自我创新能力	5				

十、拓展训练

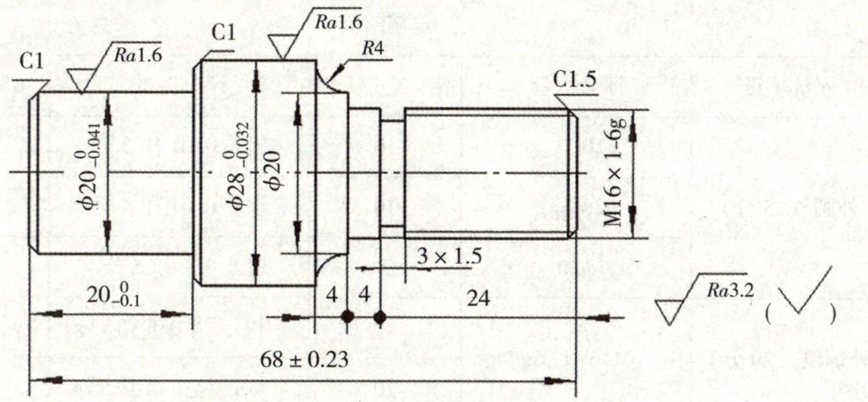

图 2-7-2　外三角螺纹拓展零件图

（1）识读外三角螺纹拓展零件图（如图 2-7-2 所示），并进行图样分析。

（2）对零件进行数控加工工艺分析后，填写数控加工工艺卡（见表 2-7-6）。

（3）编写零件加工程序并对程序进行输入与校验。

（4）完成零件的装夹、对刀及加工。

（5）对所加工的外三角螺纹拓展零件进行评分（见表 2-7-7）。

表 2-7-6　外三角螺纹拓展零件数控加工工艺卡

数控加工工艺卡	车床型号		零件图号			共　页
单位		产品名称		零件名称		第　页
工序		工序名称		程序编号		备注
工步号	作业内容	刀具号	刀具名称（机夹）	主轴转速/（$r \cdot min^{-1}$）	进给速度/（$mm \cdot min^{-1}$）	背吃刀量/mm

表 2-7-7　外三角螺纹拓展零件评分表

<table>
<tr><td colspan="2">姓名</td><td></td><td>定额时间</td><td></td><td>总分</td><td colspan="2"></td></tr>
<tr><td>序号</td><td>评价项目</td><td>评分内容</td><td>配分</td><td colspan="2">评分标准</td><td>实测</td><td>得分</td></tr>
<tr><td rowspan="3">1</td><td rowspan="3">外圆（25分）</td><td>$\phi20_{-0.041}^{0}$</td><td>10</td><td colspan="2">超差 0.01 扣 5 分</td><td></td><td></td></tr>
<tr><td>$\phi28_{-0.032}^{0}$</td><td>10</td><td colspan="2">超差 0.01 扣 5 分</td><td></td><td></td></tr>
<tr><td>$\phi20$</td><td>5</td><td colspan="2">超差 0.1 扣 5 分</td><td></td><td></td></tr>
<tr><td rowspan="2">2</td><td rowspan="2">外螺纹（20分）</td><td rowspan="2">M16×1-6g</td><td>10</td><td colspan="2">中径超差 0.01 扣 5 分</td><td></td><td></td></tr>
<tr><td>10</td><td colspan="2">大径超差 0.01 扣 5 分</td><td></td><td></td></tr>
<tr><td rowspan="2">3</td><td rowspan="2">长度（20分）</td><td>总长度 68±0.23</td><td>10</td><td colspan="2">超差 0.1 扣 5 分</td><td></td><td></td></tr>
<tr><td>$20_{-0.1}^{0}$</td><td>10</td><td colspan="2">超差 0.1 扣 5 分</td><td></td><td></td></tr>
<tr><td>4</td><td>圆弧（5分）</td><td>$R4$</td><td>5</td><td colspan="2">圆弧超差相应扣分</td><td></td><td></td></tr>
<tr><td>5</td><td>退刀槽（4分）</td><td>3×1.5</td><td>4</td><td colspan="2">超差相应扣分</td><td></td><td></td></tr>
<tr><td>6</td><td>粗糙度（10分）</td><td>$Ra1.6$（两处）</td><td>5（每处）</td><td colspan="2">总体与量块比对相应扣分</td><td></td><td></td></tr>
<tr><td>7</td><td>倒角（6分）</td><td>C1，C1，C1.5（三处）</td><td>2（每处）</td><td colspan="2">无倒角相应扣分</td><td></td><td></td></tr>
<tr><td>8</td><td>文明生产（10分）</td><td>按企业相关标准执行</td><td>10</td><td colspan="2"></td><td></td><td></td></tr>
</table>

项目八

零件外轮廓综合加工训练一

一、项目描述

该项目采用数控车床完成对零件的端面、外圆、锥面、螺纹、倒角、退刀槽及圆弧面的加工，加工出的零件要符合图样各项技术要求，进行数控车床加工操作时要符合操作规程；要求学生能够选择合理的切削加工工艺参数，正确编写加工程序、填写相关数控加工工艺文件，能熟练操作数控车床来对零件进行调整加工和尺寸精度的检测，以及掌握对数控车床的日常维护与保养。

1. 任务工单

零件外轮廓综合加工训练一零件图如图 2-8-1 所示。该零件材料为 45 钢，毛坯尺寸为ϕ30 mm×92 mm，生产批量为单件加工。

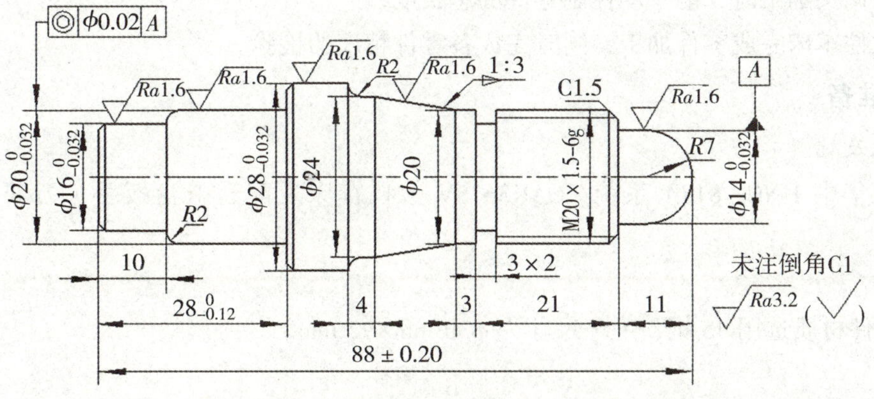

图 2-8-1　零件外轮廓综合加工训练一零件图

零件外轮廓综合加工训练一

2. 图样分析

(1) 该零件为综合轴类工件，从图纸上可以看出，整体上是实心轴对称结构，外形由圆柱面、锥面、圆弧面、槽、倒角及螺纹等组成。

(2) 基本尺寸及结构包括：螺纹 M20×1.5-6g，外圆 $\phi16$，$\phi20$，$\phi28$，$\phi24$，$\phi20$，$\phi14$ mm；还有 1∶3 锥面、$R7$ mm 和 $R2$ mm 圆弧面及 C1.5 和 C1 倒角等结构。

(3) 尺寸精度方面，$\phi16$，$\phi20$，$\phi28$，$\phi14$ mm 等外圆要求精度较高，公差值均为 -0.032 mm；还有长度 28 mm 和总长度 88 mm，公差值分别为-0.12 mm 和±0.20 mm；这些结构表面粗糙度（Ra）均为 1.6 μm，其余 Ra 为 3.2 μm。

二、教学目标与工作任务

1. 教学目标

(1) 通过识读零件图，会选择加工各种表面的刀具。

(2) 掌握综合成型面类零件加工工艺的制订方法，进行加工操作时要符合操作规程。

(3) 能够选择合理的切削工艺参数，正确编写零件程序，正确填写相关数控加工工艺文件。

(4) 能熟练操作数控车床来对零件进行调整加工，遵守相关操作规程，做到文明生产，学会尺寸精度的检测及对数控车床的日常维护与保养。

2. 工作任务

(1) 图样分析及进行数控加工工艺分析。主要包括：加工内容，技术要求，确定加工方案及拟订工艺路线，参看数控车削加工工作手册，正确选择工艺参数及切削用量，等等。

(2) 合理选择左、右端编程零点及编制零件数控加工程序。

(3) 掌握控制尺寸及螺纹精度的方法。

(4) 零件在调头加工时，能手动控制零件的总长度。

(5) 操作数控车床完成零件加工，同时完成各零件精度的检验。

三、教学准备

1. 确定车床及辅具

设备选用：华中 HNC-818A 系统/ CAK3675V 数控车床及配套卡盘扳手、刀架扳手。

2. 确定材料

根据加工零件材质选用 45 钢，毛坯尺寸为 $\phi30$ mm×92 mm。

3. 确定量具

量具清单（项目八）见表 2-8-1。

表 2-8-1　量具清单（项目八）

序号	名称	规格	精度	数量

4. 确定刀具

刀具清单（项目八）见表 2-8-2。

表 2-8-2　刀具清单（项目八）

产品名称或代号			零件名称		零件图号	
序号	刀具号	刀具规格	名称	加工表面	刀尖半径/mm	备注

5. 工艺制订

数控加工工艺卡（项目八）见表 2-8-3。

表 2-8-3　数控加工工艺卡（项目八）

单位		车床型号		零件名称		第　页	
工序		工序名称		程序编号		备注	
工步号	作业内容	刀具号	刀具名称（机夹）	主轴转速/（$r \cdot min^{-1}$）	进给速度/（$mm \cdot min^{-1}$）	背吃刀量/mm	

四、问题探究

（1）对刀不正确会造成精加工余量不足，因此加工前可在刀偏表的“刀具磨损”中 X 轴预设一定的数值作为尺寸控制余量，这个控制量一般选择多少合适？另外，还要考虑数值的正负，又该如何选取？

（2）该零件可采用环规进行检测螺纹，具体如何检测？

（3）左、右端分界点选择在什么位置较为合适？在刀具的选择上都需要哪些刀具？如何实现对刀操作？

（4）零件表面多处加工要求的尺寸精度和表面粗糙度较高，加工时应选取切削刃较锋利的刀具，粗、精车过程应尽量分开，那么如何编写程序最合适？

（5）对零件进行验收与质量分析，找出误差产生的原因，得出纠正误差的方法。

（6）分析该零件有无必要进行刀具半径补偿加工。

五、制订计划

填写制订计划工作单：学生个人思考项目分析与讨论的内容，建议从不同的角度出发，思考采取何种方法对刀才能保证外圆尺寸精度、螺纹精度、总长度尺寸及表面粗糙度符合要求，并用适当的方式以文字形式表述。

项目解决方案：

六、任务实施

填写计划决策工作单：小组根据学生个人思考出的项目解决方案，分析结果并讨论最佳实施方案，从而确定计划，并以适当文字予以表达。

1. 计划决策工作单（小组决策使用）

负责人：　　　　　　　讨论发言人：

2. 程序编制

按照加工工艺过程，编写该项目的数控加工程序。

七、零件加工流程

（1）打开总电源、车床电源，开启数控系统。

（2）车床回参考点。

（3）手动低速运行主轴，检查车床状态。

（4）装夹刀具，将需要的刀具依次装入刀架中，其中切槽刀与螺纹刀刀头应严格垂直于工件的轴线。

（5）装夹零件加工左端，三爪自定心卡盘外伸出长度约为 50 mm。

（6）输入零件加工程序，检查程序并模拟校验走刀路线，观察程序运行情况及加工轨迹。

（7）对外圆刀输入对刀值、刀具半径补偿参数值、刀尖方位及磨损值。

（8）零件试切加工。

（9）检验零件尺寸，卸件。

（10）调头垫铜皮装夹已加工的左端 ϕ20 mm 外圆，卡盘靠紧 ϕ28 端面夹紧，进行右端加工，加工顺序略。

八、项目检查与记录

将零件检测结果填入零件评分表（表 2-8-4）中。

表 2-8-4　零件评分表（项目八）

姓名			定额时间		总分		
序号	评价项目	评分内容	配分	评分标准		实测	得分
1	外圆（32 分）	$\phi16_{-0.032}^{\ 0}$	7	超差 0.01 扣 3.5 分			
		$\phi20_{-0.032}^{\ 0}$	7	超差 0.01 扣 3.5 分			
		$\phi28_{-0.032}^{\ 0}$	7	超差 0.01 扣 3.5 分			
		$\phi14_{-0.032}^{\ 0}$	7	超差 0.01 扣 3.5 分			
		$\phi20$	2	超差 0.1 全扣			
		$\phi24$	2	超差 0.1 全扣			
2	长度（18 分）	28±0.20	6	超差 0.1 扣 3 分			
		88±0.20	6	超差 0.1 扣 3 分			
		11	2	超差 0.1 全扣			
		21	2	超差 0.1 全扣			
		10	2	超差 0.1 全扣			
3	圆　弧（6 分）	*R*7	2	R 规检测超差 0.1 全扣			
		*R*2（两处）	2（每处）	R 规检测超差 0.1 全扣			
4	螺纹（10 分）	M20×1.5-6g	10	用环规检测超差无分			
5	退刀槽（4 分）	3×2	4	槽不正确酌情扣分			
6	锥面（4 分）	1：3	4	锥面有误差酌情扣分			
7	粗糙度（10 分）	*Ra*1.6（五处）	2（每处）	总体与量块比对相应扣分			
8	倒角（6 分）	C1，C1，C1.5	2（每处）	超差酌情扣分			
9	文明生产（10 分）	按企业相关标准执行	10				

九、项目评价

根据零件的加工过程及零件的检测结果，检查存在的问题，填写并提交项目评价单（表2-8-5）。

表2-8-5　项目评价单（项目八）

项目名称		姓名			班级	
评价项目	考核要求	分值	自评	小组评价	教师评价	得分
应知应会	1. 零件图分析	5				
	2. 制订加工工艺	5				
	3. 工件定位与装夹	5				
	4. 刀具及切削用量的选择	5				
	5. 程序编制	5				
技能能力	1. 切削参数在加工中是否改动，效果如何	5				
	2. 刀具在对刀及加工使用时有无损坏现象	5				
	3. 设备使用情况，有无调整，效果如何	5				
项目成果	1. 程序的输入及图形仿真	5				
	2. 刀具装夹及对刀	5				
	3. 工件加工及尺寸检验	5				
	4. 设备正常维护	5				
文明生产	1. 正确开关及使用车床	5				
	2. 工具、量具的正确使用及放置	5				
学习态度	1. 出勤情况及课堂纪律	5				
	2. 团队协作	5				
	3. 实操前的准备	5				
通用能力	1. 组织沟通能力	5				
	2. 解决问题能力	5				
	3. 自我创新能力	5				

十、拓展训练

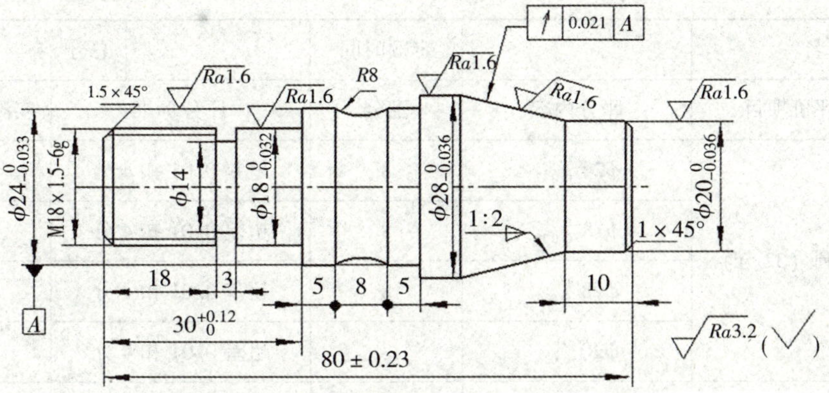

图 2-8-2　零件外轮廓综合加工训练一拓展零件图

（1）识读零件外轮廓综合加工训练一拓展零件图（如图 2-8-2 所示），并进行图样分析。

（2）明确跳动度的含义及简单检测方法。

（3）对零件进行数控加工工艺分析后，填写数控加工工艺卡（见表 2-8-6）。

（4）编写零件加工程序并对程序进行输入与校验。

（5）装夹刀具，完成对刀具的依次装夹。

（6）完成零件的装夹、对刀及加工。

（7）对所加工的零件外轮廓综合加工训练一拓展零件进行评分（见表 2-8-7）。

表 2-8-6　零件外轮廓综合加工训练一拓展零件数控加工工艺卡

<table>
<tr><td colspan="2">数控加工工艺卡</td><td>车床型号</td><td></td><td>零件图号</td><td colspan="2"></td><td>共　页</td></tr>
<tr><td>单位</td><td></td><td>产品名称</td><td></td><td>零件名称</td><td colspan="2"></td><td>第　页</td></tr>
<tr><td>工序</td><td></td><td>工序名称</td><td></td><td>程序编号</td><td></td><td>备注</td><td></td></tr>
</table>

工步号	作业内容	刀具号	刀具名称（机夹）	主轴转速/(r·min⁻¹)	进给速度/(mm·min⁻¹)	背吃刀量/mm

表 2-8-7 零件外轮廓综合加工训练—拓展零件评分表

姓名			定额时间		总分	
序号	评价项目	评分内容	配分	评分标准	实测	得分
1	外圆（32分）	$\phi24_{-0.033}^{0}$	8	超差 0.01 扣 4 分		
		$\phi18_{-0.032}^{0}$	8	超差 0.01 扣 4 分		
		$\phi28_{-0.036}^{0}$	8	超差 0.01 扣 4 分		
		$\phi20_{-0.036}^{0}$	8	超差 0.01 扣 4 分		
2	长度（20分）	总长度 80±0.23	10	超差 0.01 扣 4 分		
		$30_{0}^{+0.12}$	8	超差 0.1 扣 4 分		
		10	2	超差 0.1 扣 4 分		
3	圆弧（4分）	*R*8	4	用 R 规检测不正确酌情扣分		
4	螺纹（12分）	M18×1.5-6g	6	中径超差 0.1 扣 6 分		
			6	大径超差 0.1 扣 6 分		
5	圆锥（3分）	1∶2	3	不正确酌情扣分		
6	粗糙度（15分）	*Ra*1.6（五处）	3（每处）	总体与量块比对相应扣分		
7	倒角（4分）	C1.5，C1	2（每处）	无倒角或超差酌情扣分		
8	文明生产（10分）	按企业相关标准执行	10			

项目九

零件外轮廓综合加工训练二

一、项目描述

该项目采用数控车床完成对零件的端面、外圆、锥面、螺纹、倒角、退刀槽及圆弧面的加工，加工出的零件要符合图样各项技术要求，进行数控车床加工操作时要符合操作规程；要求学生能够选择合理的切削加工工艺参数，正确编写加工程序、填写相关数控加工工艺文件，能熟练操作数控车床来对零件进行调整加工和尺寸精度检测，以及掌握对数控车床的日常维护与保养。

1. 任务工单

零件外轮廓综合加工训练二零件图如图 2-9-1 所示。该零件材料为 45 钢，毛坯尺寸为ϕ30 mm×98 mm，生产批量为单件加工。

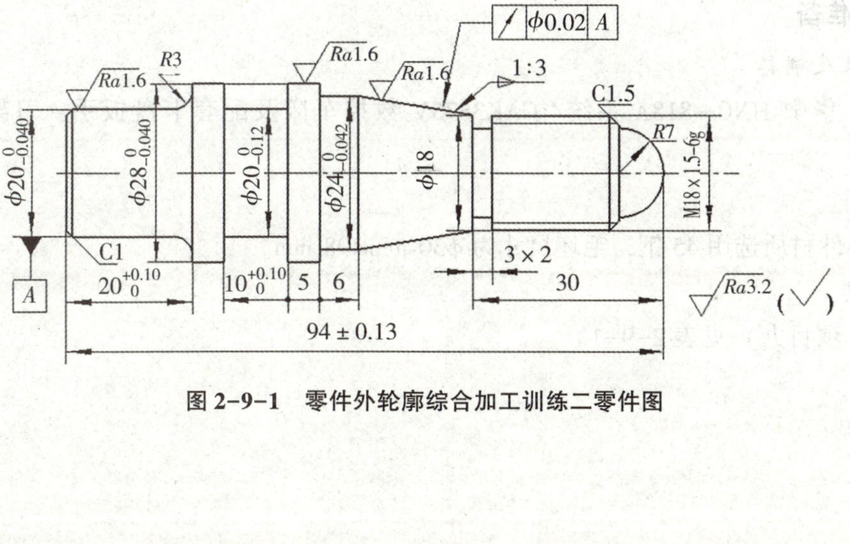

图 2-9-1　零件外轮廓综合加工训练二零件图

零件外轮廓综合
加工训练二

2. 图样分析

（1）该零件为综合轴类工件，从图 2-9-1 中可以看出，整体上是实心轴对称结构，外形由圆柱面、锥面、圆弧面、宽槽、窄槽、倒角及螺纹等组成。

（2）基本尺寸及结构包括：外圆 $\phi20$，$\phi28$，$\phi24$ mm，圆弧面 $R7$，$R3$ mm；倒角 C1.5，C1；锥面 1∶3；宽槽 10 mm×$\phi20$ mm；螺纹 M18×1.5-6g 等结构。

（3）尺寸精度方面，$\phi20$，$\phi28$，$\phi24$ mm 外圆的精度要求较高，公差值分别为 -0.040，-0.040，-0.042 mm；宽槽为 $10^{+0.10}_{0}$ mm×$\phi20^{0}_{-0.12}$ mm；总长度为（94±0.13）mm，左端长度为 $20^{+0.10}_{0}$ mm。这些结构的外表面粗糙度（Ra）均为 1.6 μm，其余 Ra 为 3.2 μm。

二、教学目标与工作任务

1. 教学目标

（1）识读零件图，明确该零件结构的外形组成及加工尺寸要求。

（2）会设计综合轴类零件的加工工艺过程，正确填写相关数控加工工艺文件。

（3）能够选择合理的切削工艺参数，加工出的零件应符合图样各项技术要求，能正确编写加工程序，进行加工操作时要符合操作规程。

（4）能熟练操作数控车床来对零件进行调整加工，遵守相关操作规程，做到文明生产，学会尺寸精度的检测及对数控车床的日常维护与保养。

2. 工作任务

（1）图样分析及进行数控加工工艺分析。主要包括：加工内容，技术要求，确定加工方案及拟订工艺路线，正确选择工艺参数及切削用量，等等。

（2）能够采用子程序编写宽槽的加工程序，合理选择左、右端编程零点。

（3）会控制尺寸及螺纹精度控制方法。

（4）操作数控车床完成零件加工，同时完成各零件精度的检验。

三、教学准备

1. 确定车床及辅具

设备选用：华中 HNC-818A 系统/ CAK3675V 数控车床及配套卡盘扳手、刀架扳手。

2. 确定材料

根据加工零件材质选用 45 钢，毛坯尺寸为 $\phi30$ mm×98 mm。

3. 确定量具

量具清单（项目九）见表 2-9-1。

表 2-9-1　量具清单（项目九）

序号	名称	规格	精度	数量

4. 确定刀具

刀具清单（项目九）见表 2-9-2。

表 2-9-2　刀具清单（项目九）

产品名称或代号			零件名称		零件图号	
序号	刀具号	刀具规格	名称	加工表面	刀尖半径/mm	备注

5. 工艺制订

数控加工工艺卡（项目九）见表 2-9-3。

表 2-9-3　数控加工工艺卡（项目九）

单位		车床型号		零件名称		第　页
工序		工序名称		程序编号		备注
工步号	作业内容	刀具号	刀具名称（机夹）	主轴转速/$(r\cdot min^{-1})$	进给速度/$(mm\cdot min^{-1})$	背吃刀量/mm

四、问题探究

（1）在车槽过程中，造成尺寸精度降低的原因是多方面的，若宽槽底产生颤纹，原因是什么？

（2）该零件编程时，左、右端分界点选择在什么位置较为合适？宽槽是放在左端加工好还是放在右端加工好？原因是什么？

（3）零件表面多处加工要求的尺寸精度和表面粗糙度较高，加工时应选取切削刃较锋利的刀具，粗、精车过程应尽量分开，那么应如何编写程序最为合适？

（4）对零件进行验收与质量分析，找出误差产生的原因，得出纠正误差的方法。

五、制订计划

填写制订计划工作单：学生个人思考项目分析与讨论的内容，建议从不同的角度出发，思考采取何种方法对刀才能保证外圆尺寸精度、螺纹精度、总长度尺寸及表面粗糙度符合要求，并用适当的方式以文字形式表述。

项目解决方案：

六、任务实施

填写计划决策工作单：小组根据学生个人思考出的项目解决方案，分析结果并讨论最佳实施方案，从而确定计划，并以适当文字予以表达。

1. 计划决策工作单（小组决策使用）

负责人：　　　　　　讨论发言人：

2. 程序编制

按照加工工艺过程，编写该项目的数控加工程序。

七、零件加工流程

（1）打开总电源、车床电源，开启数控系统。

（2）车床回参考点。

（3）手动低速运行主轴，检查车床状态。

（4）装夹刀具，将需要的刀具依次装入刀架中，其中切槽刀与螺纹刀刀头应严格垂直于工件的轴线。

（5）装夹零件加工左端，右端伸出长度约为 60 mm。

（6）输入零件加工程序，检查程序并模拟校验走刀路线，观察程序运行情况及加工轨迹。

（7）对外圆刀输入对刀值、刀具半径补偿参数值、刀尖方位及磨损值。

（8）零件试切加工。

（9）检验零件尺寸。

（10）调头垫铜皮装夹零件左端，由于左端 ϕ20 mm 与 ϕ28 mm 两个外圆之间有倒圆，因此装夹时要躲开倒圆夹紧，加工顺序略。

八、项目检查与记录

将零件检测结果填入零件评分表（表 2-9-4）中。

表 2-9-4　零件评分表（项目九）

姓名			定额时间		总分	
序号	评价项目	评分内容	配分	评分标准	实测	得分
1	外圆（26 分）	$\phi20_{-0.040}^{0}$	8	超差 0.01 扣 4 分		
		$\phi28_{-0.040}^{0}$	8	超差 0.01 扣 4 分		
		$\phi24_{-0.042}^{0}$	8	超差 0.01 扣 4 分		
		$\phi18$	2	超差 0.1 扣 1 分		
2	长度（16 分）	$20_{0}^{+0.10}$	6	超差 0.1 扣 2 分		
		94±0.13	7	超差 0.1 扣 3.5 分		
		5	1	超差 0.1 无分		
		30	1	超差 0.1 无分		
		6	1	超差 0.1 无分		
3	宽槽（14 分）	$10_{0}^{+0.10}\times\phi20_{-0.12}^{0}$	14	长度与直径每项超差 0.1 扣 6 分		
4	圆弧（2 分）	$R7$	1	R 规检测，超差 0.1 扣 1 分		
		$R3$	1	R 规检测，超差 0.1 扣 1 分		
5	螺纹（12 分）	M18×1.5-6g	6	中径超差 0.1 扣 3 分		
			6	大径超差 0.1 扣 3 分		
6	退刀槽（2 分）	3×2	2	槽不正确酌情扣分		
7	锥面（2 分）	1∶3	2	锥面有误差酌情扣分		
8	跳动度（8 分）	$\phi0.02$	8	超差 0.01 扣 2 分		
9	粗糙度（6 分）	$Ra1.6$（三处）	2（每处）	总体与量块比对相应扣分		
10	倒角（2 分）	C1，C1.5	1（每处）	超差酌情扣分		
11	文明生产（10 分）	按企业相关标准执行	10			

九、项目评价

根据零件的加工过程及零件的检测结果，检查存在的问题，填写并提交项目评价单（表 2-9-5）。

表 2-9-5　项目评价单（项目九）

项目名称		姓名			班级	
评价项目	考核要求	分值	自评	小组评价	教师评价	得分
应知应会	1. 零件图分析	5				
	2. 制订加工工艺	5				
	3. 工件定位与装夹	5				
	4. 刀具及切削用量的选择	5				
	5. 程序编制	5				
技能能力	1. 切削参数在加工中是否改动，效果如何	5				
	2. 刀具在对刀及加工使用时有无损坏现象	5				
	3. 设备使用情况，有无调整，效果如何	5				
项目成果	1. 程序的输入及图形仿真	5				
	2. 刀具装夹及对刀	5				
	3. 工件加工及尺寸检验	5				
	4. 设备正常维护	5				
文明生产	1. 正确开关及使用车床	5				
	2. 工具、量具的正确使用及放置	5				
学习态度	1. 出勤情况及课堂纪律	5				
	2. 团队协作	5				
	3. 实操前的准备	5				
通用能力	1. 组织沟通能力	5				
	2. 解决问题能力	5				
	3. 自我创新能力	5				

十、拓展训练

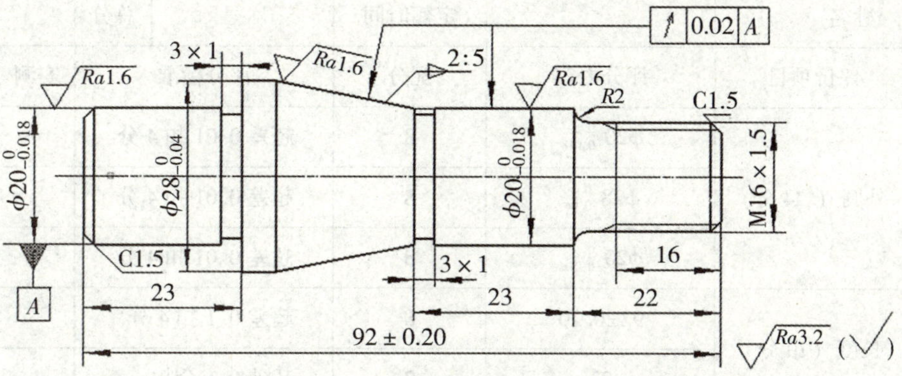

图 2-9-2　零件外轮廓综合加工训练二拓展零件图

（1）识读零件外轮廓综合加工训练二拓展零件图（如图 2-9-2 所示），并进行图样分析。

（2）明确跳动度的含义及简单检测方法。

（3）对零件进行数控加工工艺分析后，填写数控加工工艺卡（见表 2-9-6）。

（4）编写零件加工程序并对程序进行输入与校验。

（5）装夹刀具，完成对刀具的依次装夹。

（6）完成零件的装夹、对刀及加工。

（7）对所加工的零件外轮廓综合加工训练二拓展零件进行评分（见表 2-9-7）。

表 2-9-6　零件外轮廓综合加工训练二拓展零件数控加工工艺卡

<table>
<tr><td colspan="2">数控加工工艺卡</td><td>车床型号</td><td></td><td>零件图号</td><td colspan="2"></td><td colspan="2">共　页</td></tr>
<tr><td>单位</td><td></td><td>产品名称</td><td></td><td>零件名称</td><td colspan="2"></td><td colspan="2">第　页</td></tr>
<tr><td>工序</td><td></td><td>工序名称</td><td></td><td>程序编号</td><td></td><td>备注</td><td colspan="2"></td></tr>
<tr><td>工步号</td><td colspan="2">作业内容</td><td>刀具号</td><td>刀具名称（机夹）</td><td>主轴转速/(r·min^{-1})</td><td>进给速度/(mm·min^{-1})</td><td colspan="2">背吃刀量/mm</td></tr>
<tr><td></td><td colspan="2"></td><td></td><td></td><td></td><td></td><td colspan="2"></td></tr>
<tr><td></td><td colspan="2"></td><td></td><td></td><td></td><td></td><td colspan="2"></td></tr>
<tr><td></td><td colspan="2"></td><td></td><td></td><td></td><td></td><td colspan="2"></td></tr>
<tr><td></td><td colspan="2"></td><td></td><td></td><td></td><td></td><td colspan="2"></td></tr>
<tr><td></td><td colspan="2"></td><td></td><td></td><td></td><td></td><td colspan="2"></td></tr>
</table>

表 2-9-7　零件外轮廓综合加工训练二拓展零件评分表

姓名			定额时间		总分	
序号	评价项目	评分内容	配分	评分标准	实测	得分
1	外圆（24 分）	$\phi20_{-0.018}^{0}$	8	超差 0.01 扣 4 分		
		$\phi28_{-0.04}^{0}$	8	超差 0.01 扣 4 分		
		$\phi20_{-0.018}^{0}$	8	超差 0.01 扣 4 分		
2	长度（10 分）	92±0.20	8	超差 0.1 扣 4 分		
		23	2	超差 0.1 全扣		
3	螺纹（10 分）	M16×1.5	5	中径超差 0.1 扣 2.5 分		
			5	大径超差 0.1 扣 2.5 分		
4	外槽（10 分）	3×1（两处）	5（每处）	尺寸不正确酌情扣分		
5	倒角（6 分）	C1.5（两处）	3（每处）	无倒角或超差酌情扣分		
6	圆弧（4 分）	*R*2	4	R 规检验，超差酌情扣分		
7	锥面（5 分）	2∶5	5	角度不正确酌情扣分		
8	跳动度（12 分）	ϕ0.02	12	超差 0.01 扣 6 分		
9	粗糙度（9 分）	*Ra*1.6（三处）	3（每处）	每处大于 1.6 扣 3 分		
10	文明生产（10 分）	按企业有关规定执行	10			

项目十

零件外轮廓综合加工训练三

一、项目描述

该项目采用数控车床完成零件的端面、外圆、圆弧槽、螺纹、倒角及退刀槽的加工，加工出的零件要符合图样各项技术要求，进行数控车床加工操作时要符合操作规程；要求学生能够选择合理的切削加工工艺参数，正确编写加工程序、填写相关数控加工工艺文件，能熟练操作数控车床来对零件进行调整加工和尺寸精度检测，以及掌握对数控车床的日常维护与保养。

1. 任务工单

零件外轮廓综合加工训练三零件图如图 2-10-1 所示。该零件材料为 45 钢，毛坯尺寸为 ϕ30 mm×85 mm，生产批量为单件加工。

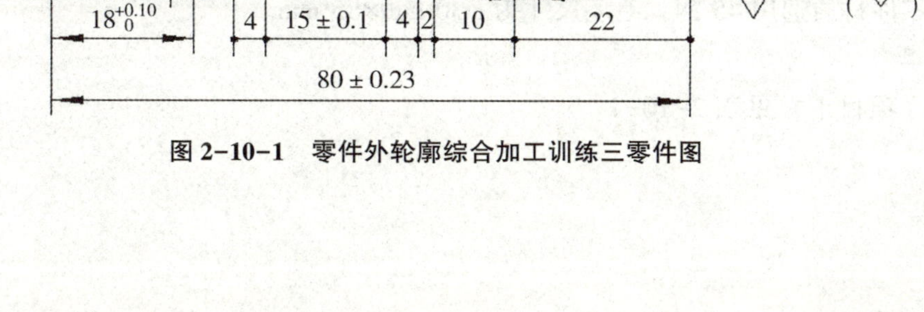

零件外轮廓综合加工训练三

图 2-10-1 零件外轮廓综合加工训练三零件图

2. 图样分析

(1) 该零件为综合轴类工件，从图 2-10-1 中可以看出，整体上是实心轴对称结构，外形由圆柱面、退刀槽、圆弧槽、倒角及螺纹等组成。

(2) 基本尺寸及结构包括：外圆 $\phi20$，$\phi28$，$\phi24$，$\phi18$ mm；圆弧槽（2-$R2$）（15±0.1）mm×$\phi20^{+0.10}_{0}$ mm，粗螺纹 M16-6g 及倒角 C1.5，C1 等结构。

(3) 尺寸精度方面，$\phi20$，$\phi28$，$\phi24$，$\phi18$ mm 的外圆精度要求较高，公差值分别为 -0.040，-0.042，-0.040，-0.040 mm；圆弧槽为（15±0.1）mm ×$\phi20^{+0.10}_{0}$ mm；另外，总长度为（80±0.23）mm，左端长度为 $18^{+0.10}_{0}$ mm。

(4) 该零件外表面粗糙度（Ra）均为 1.6 μm，其余 Ra 为 3.2 μm。

二、教学目标与工作任务

1. 教学目标

(1) 通过识读零件图，明确该零件结构的外形组成及加工尺寸要求。

(2) 能够利用切槽刀编写圆弧槽精车程序，进行加工操作时要符合操作规程。

(3) 合理选择切槽刀的切削工艺参数，正确填写相关数控加工工艺文件。

(4) 能熟练操作数控车床来对零件进行调整加工，遵守相关操作规程，做到文明生产，学会尺寸精度的检测及对数控车床的日常维护与保养。

2. 工作任务

(1) 图样分析及进行数控加工工艺分析。主要包括：加工内容，技术要求，确定加工方案及拟订工艺路线，参看数控车削加工工作手册，正确选择工艺参数及切削用量，等等。

(2) 合理选择左、右端编程零点及编制零件数控加工程序。

(3) 学会尺寸及螺纹精度控制方法及使用切槽刀加工圆弧槽的方法。

(4) 零件在调头加工时，能手动控制零件的总长度。

(5) 操作数控车床完成零件加工，同时完成各零件精度的检验。

三、教学准备

1. 确定车床及辅具

设备选用：华中 HNC-818A 系统/ CAK3675V 数控车床及配套卡盘扳手、刀架扳手。

2. 确定材料

根据加工零件材质选用 45 钢，毛坯尺寸为 $\phi30$ mm×85 mm。

3. 确定量具

量具清单（项目十）见表 2-10-1。

表 2-10-1　量具清单（项目十）

序号	名称	规格	精度	数量

4. 确定刀具

刀量清单（项目十）见表 2-10-2。

表 2-10-2　刀具清单（项目十）

产品名称或代号			零件名称		零件图号	
序号	刀具号	刀具规格	名称	加工表面	刀尖半径/mm	备注

5. 工艺制订

数控加工工艺卡（项目十）见表 2-10-3。

表 2-10-3　数控加工工艺卡（项目十）

单位		车床型号		零件名称		第　页	
工序		工序名称		程序编号		备注	
工步号	作业内容	刀具号	刀具名称（机夹）	主轴转速/（r · min^{-1}）	进给速度/（mm · min^{-1}）	背吃刀量/mm	

四、问题探究

（1）由于切槽刀刀头强度低，因此工件在车槽加工过程中若背吃刀量过大或进给过快，都将导致刀头发生弹性变形，这样加工出来的工件会有哪些缺陷？

（2）切槽刀与圆弧刀都可以加工圆弧槽，它们在使用与选择上有什么区别？

（3）加工凹圆弧槽优选外圆刀，但在什么情况下不能选外圆刀？

（4）某零件图标有 M24 与 M24×1.5 两个外螺纹，请问哪个是粗螺纹，哪个是细螺纹？如何获得粗螺纹的螺距？

（5）对零件进行验收与质量分析，找出误差产生的原因，得出纠正误差的方法。

五、制订计划

填写制订计划工作单：学生个人思考项目分析与讨论的内容，建议从不同的角度出发，思考采取何种方法对刀才能保证外圆尺寸精度、螺纹精度、总长度尺寸及表面粗糙度符合要求，并用适当的方式以文字形式表述。

项目解决方案：

六、任务实施

填写计划决策工作单：小组根据学生个人思考出的项目解决方案，分析结果并讨论最佳实施方案，从而确定计划，并以适当文字予以表达。

1. 计划决策工作单（小组决策使用）

负责人：　　　　　　讨论发言人：

2. 程序编制

按照加工工艺过程，编写该项目的数控加工程序。

七、零件加工流程

（1）打开总电源、车床电源，开启数控系统。

（2）车床回参考点。

（3）手动低速运行主轴，检查车床状态。

（4）装夹零件毛坯外圆，加工左端。

（5）输入零件加工程序，检查程序并模拟校验走刀路线。

（6）对外圆刀输入对刀值、刀具半径补偿参数值、刀尖方位及磨损值。

（7）零件试切加工。

（8）检验零件尺寸。

（9）调头垫铜皮装夹零件左端 ϕ20 mm 以加工右端，外圆卡盘端面靠紧 ϕ28 mm 端面，加工顺序略。

八、项目检查与记录

将零件检测结果填入零件评分表（表 2-10-4）中。

表 2-10-4　零件评分表（项目十）

姓名			定额时间		总分	
序号	评价项目	评分内容	配分	评分标准	实测	得分
1	外圆（32 分）	$\phi20_{-0.040}^{0}$	8	超差 0.01 扣 4 分		
		$\phi28_{-0.042}^{0}$	8	超差 0.01 扣 4 分		
		$\phi24_{-0.040}^{0}$	8	超差 0.01 扣 4 分		
		$\phi18_{-0.040}^{0}$	8	超差 0.01 扣 4 分		
2	长度（20 分）	$18_{0}^{+0.10}$	4	超差 0.1 扣 2 分		
		80±0.23	8	超差 0.1 扣 4 分		
		22	2	超差 0.1 全扣		
		10	2	超差 0.1 全扣		
		4（两处）	2（每处）	超差 0.1 全扣		
3	圆弧槽（12 分）	（2-R2）15±0.1×$\phi20_{0}^{+0.10}$	12	每项超差 0.1 扣 6 分		
4	螺纹（10 分）	M16-6g	5	中径超差 0.1 扣 2.5 分		
			5	大径超差 0.1 扣 2.5 分		
5	退刀槽（4 分）	3×1，3×2	2（每处）	槽不正确酌情扣分		
6	粗糙度（8 分）	Ra1.6（四处）	2（每处）	与量块比对相应扣分		
7	倒角（4 分）	C1，C1.5	2（每处）	超差酌情扣分		
8	文明生产（10 分）	按企业相关标准执行	10			

九、项目评价

根据对零件加工过程及零件的检测结果，检查存在的问题，填写并提交项目评价单（表 2-10-5）。

表 2-10-5 项目评价单（项目十）

项目名称		姓名			班级	
评价项目	考核要求	分值	自评	小组评价	教师评价	得分
应知应会	1. 零件图分析	5				
	2. 制订加工工艺	5				
	3. 工件定位与装夹	5				
	4. 刀具及切削用量的选择	5				
	5. 程序编制	5				
技能能力	1. 切削参数在加工中是否改动，效果如何	5				
	2. 刀具在对刀及加工使用时有无损坏现象	5				
	3. 设备使用情况，有无调整，效果如何	5				
项目成果	1. 程序的输入及图形仿真	5				
	2. 刀具装夹及对刀	5				
	3. 工件加工及尺寸检验	5				
	4. 设备正常维护	5				
文明生产	1. 正确开关及使用车床	5				
	2. 工具、量具的正确使用及放置	5				
学习态度	1. 出勤情况及课堂纪律	5				
	2. 团队协作	5				
	3. 实操前的准备	5				
通用能力	1. 组织沟通能力	5				
	2. 解决问题能力	5				
	3. 自我创新能力	5				

十、拓展训练

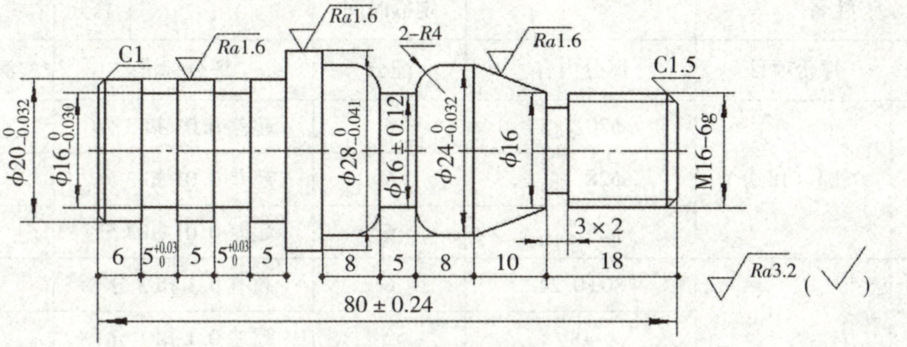

图 2-10-2　零件外轮廓综合加工训练三拓展零件图

（1）识读零件外轮廓综合加工训练三拓展零件图（如图 2-10-2 所示），并进行图样分析。

（2）对零件进行数控加工工艺分析后，填写数控加工工艺卡（见表 2-10-6）。

（3）编写零件加工程序并对程序进行输入与校验。

（4）装夹刀具，完成对刀具的依次装夹。

（5）完成零件的装夹、对刀及加工。

（6）对所加工的零件外轮廓综合加工训练三拓展零件进行评分（见表 2-10-7）。

表 2-10-6　零件外轮廓综合加工训练三拓展零件数控加工工艺卡

数控加工工艺卡	车床型号		零件图号			共　页
单位		产品名称	零件名称			第　页
工序		工序名称	程序编号		备注	
工步号	作业内容	刀具号	刀具名称（机夹）	主轴转速/（r·min⁻¹）	进给速度/（mm·min⁻¹）	背吃刀量/mm

表 2-10-7　零件外轮廓综合加工训练三拓展零件评分表

姓名			定额时间		总分	
序号	评价项目	评分内容	配分	评分标准	实测	得分
1	外圆（18分）	$\phi20_{-0.032}^{0}$	6	超差 0.01 扣 3 分		
		$\phi28_{-0.041}^{0}$	6	超差 0.01 扣 3 分		
		$\phi24_{-0.032}^{0}$	6	超差 0.01 扣 3 分		
2	长度（22分）	80±0.24	6	超差 0.1 扣 3 分		
		18	2	超差 0.1 扣 1 分		
		5（三处）	2（每处）	超差 0.1 扣 1 分		
		8（两处）	2（每处）	超差 0.1 扣 1 分		
		6	2	超差 0.1 扣 1 分		
		10	2	超差 0.1 扣 1 分		
3	螺纹（10分）	M16-6g	5	中径超差 0.1 扣 2.5 分		
			5	大径超差 0.1 扣 2.5 分		
4	外槽（16分）	$5_{0}^{+0.03}\times\phi16_{-0.030}^{0}$（两处）	8（每处）	每处超差 0.1 扣 4 分		
5	倒角（4分）	C1.5，C1	2（每处）	无倒角或超差酌情扣分		
6	圆弧槽（12分）	5×ϕ16±0.12	12	外圆超差 0.1 扣 4 分		
7	退刀槽（2分）	3×2	2	尺寸不正确酌情扣分		
8	粗糙度（6分）	*Ra*1.6（三处）	2（每处）	每处大于 1.6 扣 2 分		
9	文明生产（10分）	按企业有关规定执行	10			

项目十一

零件外轮廓综合加工训练四

一、项目描述

该项目采用数控车床完成对零件的端面、外圆、圆弧槽、螺纹、倒角、退刀槽及梯形槽的加工，加工出的零件要符合图样各项技术要求，进行数控车床加工操作时要符合操作规程；要求学生能够选择合理的切削加工工艺参数，正确编写加工程序、填写相关数控加工工艺文件，能熟练操作数控车床来对零件进行调整加工和尺寸精度检测，以及掌握对数控车床的日常维护与保养。

1. 任务工单

零件外轮廓综合加工训练四零件图如图 2-11-1 所示。该零件材料为 45 钢，毛坯尺寸为 $\phi30$ mm×90 mm，生产批量为单件加工。

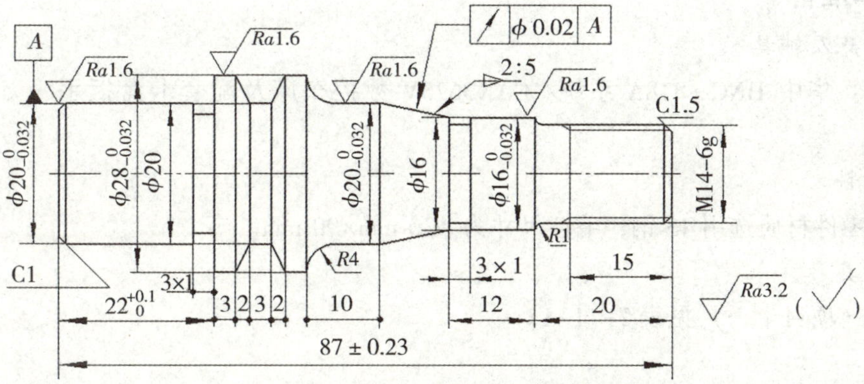

零件外轮廓综合加工训练四

加工训练四

图 2-11-1　零件外轮廓综合加工训练四零件图

2. 图样分析

（1）该零件为综合轴类工件，从图 2-11-1 中可以看出，整体上是实心轴对称结构，外形由圆柱面、退刀槽、圆弧槽、倒角、螺纹及梯形槽等组成。

（2）基本尺寸及结构包括：外圆 $\phi20$，$\phi28$，$\phi20$，$\phi16$ mm；锥面 2∶5；梯形槽 3 mm×$\phi20$ mm；倒角 C1.5 与 C1 及粗螺纹 M14-6 g 等结构。

（3）在尺寸精度方面，$\phi20$，$\phi28$，$\phi20$，$\phi16$ mm 外圆精度要求较高，公差值均为 -0.032 mm；总长度为（87±0.23）mm，左端长度为 $22^{+0.1}_{0}$ mm 及左端轴心线对右侧轴心线的跳动度为 $\phi0.02$ mm。这些结构的外表面粗糙度（Ra）均为 1.6 μm，其余 Ra 为 3.2 μm。

二、教学目标与工作任务

1. 教学目标

（1）通过识读零件图，明确该零件结构的外形组成及加工尺寸要求。

（2）掌握切槽刀加工梯形槽的走刀要领，进行加工操作时要符合操作规范。

（3）能够选择合理的切削工艺参数，正确编写程序、填写相关数控加工工艺文件。

（4）能熟练操作数控车床来对零件进行调整加工，遵守相关操作规程，做到文明生产，学会尺寸精度的检测及对数控车床的日常维护与保养。

2. 工作任务

（1）图样分析及进行数控加工工艺分析。主要包括：加工内容，技术要求，确定加工方案及拟订工艺路线，参看数控车削加工工作手册，正确选择工艺参数及切削用量，等等。

（2）合理选择左、右端编程零点及编制零件数控加工程序。

（3）会控制尺寸，学会螺纹精度控制方法及使用切槽刀加工梯形槽的方法。

（4）零件在调头加工时，能手动控制零件的总长度。

（5）操作数控车床完成零件加工，同时完成各零件精度的检验。

三、教学准备

1. 确定车床及辅具

设备选用：华中 HNC-818A 系统/ CAK3675V 数控车床及配套卡盘扳手、刀架扳手。

2. 确定材料

根据加工零件材质选用 45 钢，毛坯尺寸为 $\phi30$ mm×90 mm。

3. 确定量具

量具清单（项目十一）见表 2-11-1。

表 2-11-1 量具清单（项目十一）

序号	名称	规格	精度	数量

4. 确定刀具

刀具清单（项目十一）见表 2-11-2。

表 2-11-2 刀具清单（项目十一）

产品名称或代号			零件名称		零件图号	
序号	刀具号	刀具规格	名称	加工表面	刀尖半径/mm	备注

5. 工艺制订

数控加工工艺卡（项目十一）见表 2-11-3。

表 2-11-3 数控加工工艺卡（项目十一）

单位		车床型号		零件名称		第 页
工序		工序名称		程序编号		备注
工步号	作业内容	刀具号	刀具名称（机夹）	主轴转速/(r·min^{-1})	进给速度/(mm·min^{-1})	背吃刀量/mm

四、问题探究

对于梯形槽类零件的加工，可以采用切槽刀进刀叠加多次的方法进刀加工，以完成梯形槽及长圆弧槽的粗加工；而后再用该切槽刀左右斜向走刀的方法进行精加工。由于切左侧时左侧负荷重，切右侧时右侧负荷重，因此对于批量生产时刀具的磨损是均衡的。

（1）用切槽刀车削梯形槽时，为什么必须使刀具首先以工进速度贴近零件梯形槽边缘的外径？

（2）梯形槽在编程时，如果以左刀尖对刀，轴向进刀车削时，编程尺寸为切削点位置加上刀宽距离，即右刀尖车削右侧梯形面，这时程序将如何编写？

（3）采用切槽刀切削梯形槽时，如何保证梯形槽的尺寸精度？

（4）对零件进行验收与质量分析，找出误差产生的原因，得出纠正误差的方法。

五、制订计划

填写制订计划工作单：学生个人思考项目分析与讨论的内容，建议从不同的角度出发，思考采取何种方法对刀才能保证外圆尺寸精度、梯形槽尺寸精度、螺纹精度、长度尺寸精度及表面粗糙度符合要求，并用适当的方式以文字形式表述。

项目解决方案：

六、任务实施

填写计划决策工作单：小组根据学生个人思考出的项目解决方案，分析结果并讨论最佳实施方案，从而确定计划，并以适当文字予以表达。

1. 计划决策工作单（小组决策使用）

负责人：　　　　　　　　讨论发言人：

2. 程序编制

按照加工工艺过程，编写该项目的数控加工程序。

七、零件加工流程

（1）打开总电源、车床电源，开启数控系统。

（2）车床回参考点。

（3）手动低速运行主轴，检查车床状态。

（4）装夹刀具，将需要的刀具依次装入刀架中，其中切槽刀与螺纹刀刀头应严格垂直于零件的轴线。

（5）装夹零件，加工左端，右端伸出长度约为 40 mm。

（6）输入零件加工程序，检查程序并模拟校验走刀路线，观察程序运行情况及加工轨迹。

（7）对外圆刀输入对刀值、刀具半径补偿参数值、刀尖方位及磨损值。

（8）零件试切加工。

（9）检验零件尺寸。

（10）调头垫铜皮装夹左端 $\phi20$ mm 以加工右端，$\phi28$ mm 端面靠紧卡盘端面，步骤顺序同上。

八、项目检查与记录

将零件检测结果填入零件评分表（表 2-11-4）中。

表 2-11-4　零件评分表（项目十一）

姓名			定额时间		总分	
序号	评价项目	评分内容	配分	评分标准	实测	得分
1	外圆（32 分）	$\phi20^{0}_{-0.032}$	8	超差 0.01 扣 4 分		
		$\phi28^{0}_{-0.032}$	8	超差 0.01 扣 4 分		
		$\phi20^{0}_{-0.032}$	8	超差 0.01 扣 4 分		
		$\phi16^{0}_{-0.032}$	8	超差 0.01 扣 4 分		
2	长度（18 分）	$22^{+0.1}_{0}$	4	超差 0.1 扣 2 分		
		87±0.23	8	超差 0.1 扣 4 分		
		20	2	超差 0.1 无分		
		12	2	超差 0.1 无分		
		10	2	超差 0.1 无分		
3	梯形槽（14 分）	3×$\phi20$	14	外圆与宽度超差 0.1 扣 3.5 分		
4	螺纹（10 分）	M14-6g	5	中径超差 0.1 扣 2.5 分		
			5	大径超差 0.1 扣 2.5 分		
5	退刀槽（4 分）	3×1（两处）	2（每处）	槽不正确酌情扣分		
6	粗糙度（8 分）	*Ra*1.6（四处）	2（每处）	总体与量块比对相应扣分		
7	倒角（4 分）	C1，C1.5	2（每处）	超差酌情扣分		
8	文明生产（10 分）	按企业相关标准执行	10			

九、项目评价

根据零件的加工过程及零件的检测结果，检查存在的问题，填写并提交项目评价单（表 2-11-5）。

表 2-11-5　项目评价单（项目十一）

项目名称		姓名			班级	
评价项目	考核要求	分值	自评	小组评价	教师评价	得分
应知应会	1. 零件图分析	5				
	2. 制订加工工艺	5				
	3. 工件定位与装夹	5				
	4. 刀具及切削用量的选择	5				
	5. 程序编制	5				
技能能力	1. 切削参数在加工中是否改动，效果如何	5				
	2. 刀具在对刀及加工使用时有无损坏现象	5				
	3. 设备使用情况，有无调整，效果如何	5				
项目成果	1. 程序的输入及图形仿真	5				
	2. 刀具装夹及对刀	5				
	3. 工件加工及尺寸检验	5				
	4. 设备正常维护	5				
文明生产	1. 正确开关及使用车床	5				
	2. 工具、量具的正确使用及放置	5				
学习态度	1. 出勤情况及课堂纪律	5				
	2. 团队协作	5				
	3. 实操前的准备	5				
通用能力	1. 组织沟通能力	5				
	2. 解决问题能力	5				
	3. 自我创新能力	5				

十、拓展训练

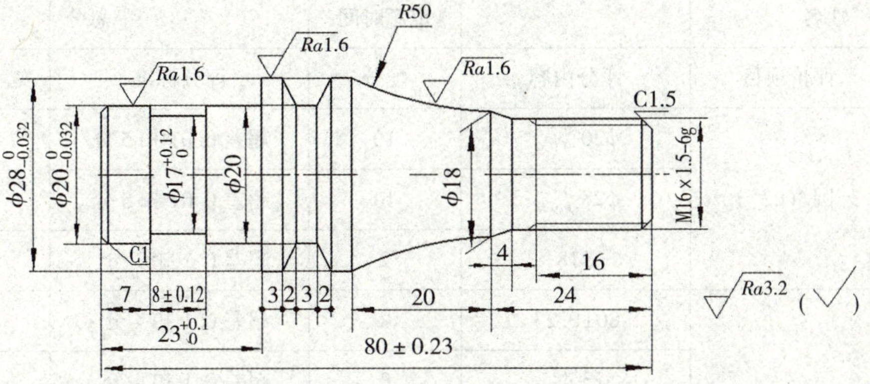

图 2-11-2　零件外轮廓综合加工训练四拓展零件图

（1）识读零件外轮廓综合加工训练四拓展零件图（如图 2-11-2 所示），并进行图样分析。

（2）对零件进行数控加工工艺分析后，填写数控加工工艺卡（见表 2-11-6）。

（3）编写零件加工程序并对程序进行输入与校验。

（4）装夹刀具，完成对刀具的依次装夹。

（5）完成零件的装夹、对刀及加工。

（6）对所加工的零件外轮廓综合加工训练四拓展零件进行评分（见表 2-11-7）。

表 2-11-6　零件外轮廓综合加工训练四拓展零件数控加工工艺卡

数控加工工艺卡	车床型号		零件图号		共　页
单位	产品名称		零件名称		第　页
工序	工序名称		程序编号	备注	

工步号	作业内容	刀具号	刀具名称（机夹）	主轴转速/(r·min^{-1})	进给速度/(mm·min^{-1})	背吃刀量/mm

表 2-11-7　外轮廓综合加工训练四拓展零件评分表

姓名			定额时间		总分	
序号	评价项目	评分内容	配分	评分标准	实测	得分
1	外圆（22分）	$\phi 20_{-0.032}^{0}$	10	超差0.01扣5分		
		$\phi 28_{-0.032}^{0}$	10	超差0.01扣5分		
		$\phi 18$	2	超差0.1扣1分		
2	长度（24分）	80±0.23	8	超差0.1扣4分		
		$23_{0}^{+0.1}$	8	超差0.1扣4分		
		7	2	超差0.1扣1分		
		24	2	超差0.1扣1分		
		4	2	超差0.1扣1分		
		3	2	超差0.1扣1分		
3	螺纹（10分）	M16×1.5-6g	5	中径超差0.1扣2.5分		
			5	大径超差0.1扣2.5分		
4	宽槽（12分）	$8\pm0.12\times\phi 17_{0}^{+0.12}$	12	每处超差0.1扣4分		
5	倒角（4分）	C1.5，C1	2（每处）	无倒角或超差酌情扣分		
6	梯形槽（12分）	$3\times\phi 20$	12	外圆超差0.1扣4分		
7	粗糙度（6分）	*Ra*1.6（三处）	2（每处）	每处大于1.6扣2分		
8	文明生产（10分）	按企业有关规定执行	10			

项目十二

内阶梯孔零件加工

一、项目描述

该项目采用数控车床完成对零件的内阶梯孔及外圆的加工，加工出的零件要符合图样各项技术要求，进行数控车床加工操作时要符合操作规程；要求学生能够选择合理的切削加工工艺参数，正确编写加工程序、填写相关数控加工工艺文件，能熟练操作数控车床来对零件进行调整加工和尺寸精度检测，以及掌握对数控车床的日常维护与保养。

1. 任务工单

内阶梯孔零件图如图 2-12-1 所示。该零件材料为 45 钢，毛坯尺寸为 ϕ45 mm×45 mm，生产批量为单件加工。

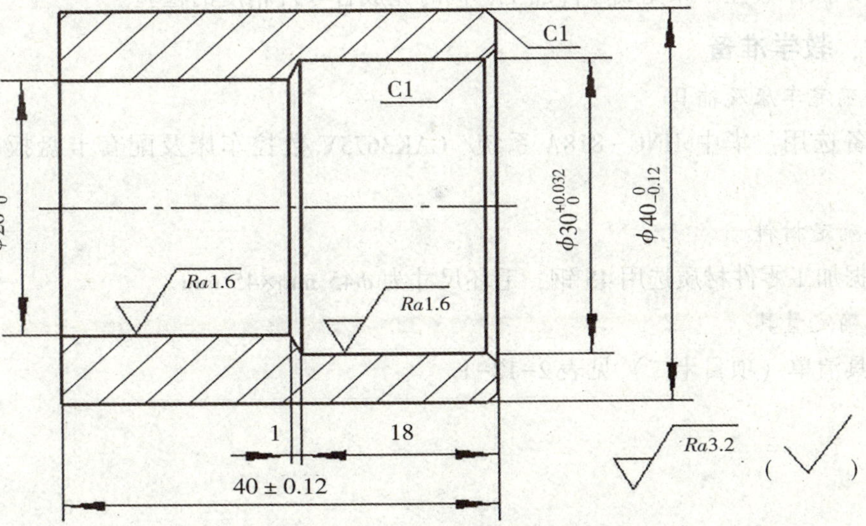

图 2-12-1　内阶梯孔零件图

2. 图样分析

（1）该零件为套类零件，从图 2-12-1 中可以看出，整体上是空心轴对称结构，整个零件由内孔、内倒角、外圆及外倒角等组成。

（2）基本尺寸及结构包括：内孔 $\phi26$，$\phi30$ mm，外圆 $\phi40$ mm 及内、外倒角 C1 等结构。

（3）在尺寸精度方面，$\phi26$，$\phi30$，$\phi40$ mm 精度均要求较高，公差值分别为 +0.032，+0.032，−0.12 mm；总长度为（40±0.12）mm。内孔表面粗糙度（*Ra*）均为 1.6 μm，其余 *Ra* 为 3.2 μm。

二、教学目标与工作任务

1. 教学目标

（1）通过识读零件图，明确钻中心孔、用麻花钻钻深孔的操作要领。

（2）掌握通孔加工刀具的选择，会制订通孔加工工艺，进行加工操作时要符合操作规程。

（3）能够选择合理的切削内孔工艺参数，正确填写相关数控加工工艺文件。

（4）能熟练操作数控车床来对零件进行调整加工，遵守相关操作规程，做到文明生产，学会尺寸精度的检测及对数控车床的日常维护与保养。

2. 工作任务

（1）图样分析及进行数控加工工艺分析。主要包括：加工内容，技术要求，确定加工方案及拟订工艺路线，正确选择内孔车削工艺参数及切削用量等。

（2）加工该零件时，仍采用固定循环指令进行编程，编程较为简单。

（3）零件内表面两处尺寸精度和表面粗糙度加工要求较高，内孔的加工工艺难度较高，因此加工时应选取切削刃较锋利的内孔刀具，粗、精车过程应尽量分开。

（4）操作数控车床完成零件加工，同时完成各零件精度的检验。

三、教学准备

1. 确定车床及辅具

设备选用：华中 HNC-818A 系统/ CAK3675V 数控车床及配套卡盘扳手、刀架扳手。

2. 确定材料

根据加工零件材质选用 45 钢，毛坯尺寸为 $\phi45$ mm×45 mm。

3. 确定量具

量具清单（项目十二）见表 2-12-1。

表 2-12-1　量具清单（项目十二）

序号	名称	规格	精度	数量

4. 确定刀具

刀具清单（项目十二）见表 2-12-2。

表 2-12-2　刀具清单（项目十二）

产品名称或代号			零件名称		零件图号	
序号	刀具号	刀具规格	名称	加工表面	刀尖半径/mm	备注

5. 工艺制订

数控加工工艺卡（项目十二）见表 2-12-3。

表 2-12-3 数控加工工艺卡（项目十二）

单位		车床型号		零件名称		第 页
工序	工序名称		程序编号		备注	
工步号	作业内容	刀具号	刀具名称（机夹）	主轴转速/（$r \cdot min^{-1}$）	进给速度/（$mm \cdot min^{-1}$）	背吃刀量/mm

四、问题探究

（1）安装中心钻、麻花钻时，若钻头轴心线偏离主轴轴线加工会产生什么后果？

（2）零件须采用双端加工，当调头加工时，在光轴上会存在接刀刀痕的问题，怎样才能使接刀刀痕最小？

（3）控制孔径尺寸时，刀具磨损量的设置修改应采用正值还是负值？

（4）内孔刀如何实现对刀操作？零件调头后，所有刀具在 *X* 向是否需要重新对刀？

（5）零件验收与质量分析，找出误差产生的原因，得出纠正误差的方法。

五、制订计划

填写制订计划工作单：学生个人思考项目分析与讨论的内容，建议从不同的角度出

发，思考采取何种方法对刀才能保证外圆尺寸精度、螺纹精度、总长度尺寸及表面粗糙度符合要求，并用适当的方式以文字形式表述。

项目解决方案：

六、任务实施

填写计划决策工作单：小组根据学生个人思考出的项目解决方案，分析结果讨论最佳实施方案，从而确定计划，并以适当文字予以表达。

1. 计划决策工作单（小组决策使用）

负责人：　　　　　　　讨论发言人：

2. 程序编制

按照加工工艺过程，编写该项目的数控加工程序。

七、零件加工流程

（1）打开总电源、车床电源，开启数控系统。

（2）车床回参考点。

（3）手动低速运行主轴，检查车床状态。

（4）装夹刀具，将需要的刀具依次装入刀架中，其中内镗刀刀杆应严格平行于主轴的轴线，在编程时，换刀点应留有一定的回转空间。

（5）装夹零件，加工左端，右端伸出长度约为 25 mm。

（6）对外圆刀、内孔刀输入对刀值、刀具半径补偿参数值、刀尖方位及磨损值。

（7）检验零件外径尺寸，卸件。

（8）调头垫铜皮装夹已加工好左端 $\phi40$ mm 外圆，用百分表找正，进行右端外圆加工。

（9）输入零件加工程序，检查程序并模拟校验走刀路线，观察程序运行情况及加工轨迹。

（10）零件试切加工。

（11）检验零件外径尺寸，卸件。

八、项目检查与记录

将零件检测结果填入零件评分表（表 2-12-4）中。

表 2-12-4　零件评分表（项目十二）

姓名			定额时间		总分	
序号	评价项目	评分内容	配分	评分标准	实测	得分
1	外圆（14 分）	$\phi40_{-0.12}^{0}$	14	超差 0.01 扣 7 分		
2	内孔（40 分）	$\phi26_{0}^{+0.032}$	20	超差 0.01 扣 10 分		
		$\phi30_{0}^{+0.032}$	20	超差 0.01 扣 10 分		
3	长度（20 分）	18	5	超差 0.1 扣 2.5 分		
		40±0.12	15	超差 0.1 扣 5 分		
4	粗糙度（10 分）	*Ra*1.6（两处）	5（每处）	总体与量块比对相应扣分		
5	倒角（6 分）	C1（两处）	3（每处）	超差酌情扣分		
6	文明生产（10 分）	按企业相关标准执行	10			

九、项目评价

根据零件的加工过程及零件的检测结果，检查存在的问题，填写并提交项目评价单（表 2-12-5）。

表 2-12-5　项目评价单（项目十二）

项目名称		姓名		班级		
评价项目	考核要求	分值	自评	小组评价	教师评价	得分
应知应会	1. 零件图分析	5				
	2. 制订加工工艺	5				
	3. 工件定位与装夹	5				
	4. 刀具及切削用量的选择	5				
	5. 程序编制	5				
技能能力	1. 切削参数在加工中是否改动，效果如何	5				
	2. 刀具在对刀及加工使用时有无损坏现象	5				
	3. 设备使用情况，有无调整，效果如何	5				
项目成果	1. 程序的输入及图形仿真	5				
	2. 刀具装夹及对刀	5				
	3. 工件加工及尺寸检验	5				
	4. 设备正常维护	5				
文明生产	1. 正确开关及使用车床	5				
	2. 工具、量具的正确使用及放置	5				
学习态度	1. 出勤情况及课堂纪律	5				
	2. 团队协作	5				
	3. 实操前的准备	5				
通用能力	1. 组织沟通能力	5				
	2. 解决问题能力	5				
	3. 自我创新能力	5				

十、拓展训练

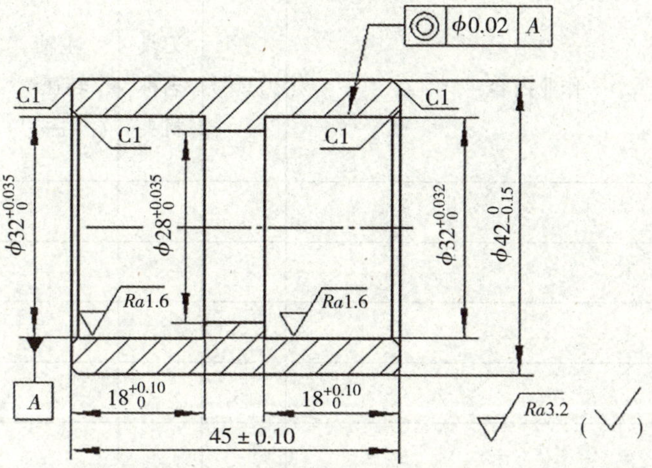

图 2-12-2　内阶梯孔拓展零件图

（1）识读内阶梯孔拓展零件图（如图 2-12-2 所示），并进行图样分析。

（2）对零件进行数控加工工艺分析后，填写数控加工工艺卡（见表 2-12-6）。

（3）该零件内阶梯部分需两端加工，加工后需用 ϕ32 mm 心轴及百分表检测右端内孔的同轴度。

（4）编写零件加工程序并对程序进行输入与校验。

（5）装夹刀具，完成对刀具的依次装夹。

（6）完成零件的装夹、对刀及加工。

（7）对所加工的内阶梯孔拓展零件进行评分（见表 2-12-7）。

表 2-12-6　内阶梯孔拓展零件数控加工工艺卡

数控加工工艺卡	车床型号		零件图号			共　页
单位		产品名称		零件名称		第　页
工序		工序名称		程序编号	备注	
工步号	作业内容	刀具号	刀具名称（机夹）	主轴转速/$(r \cdot min^{-1})$	进给速度/$(mm \cdot min^{-1})$	背吃刀量/mm

表 2-12-6（续）

工步号	作业内容	刀具号	刀具名称（机夹）	主轴转速/（r·min^{-1}）	进给速度/（mm·min^{-1}）	背吃刀量/mm

表 2-12-7　内阶梯孔拓展零件评分表

姓名			定额时间		总分	
序号	评价项目	评分内容	配分	评分标准	实测	得分
1	外圆（8 分）	$\phi42_{-0.15}^{0}$	8	超差 0.01 扣 4 分		
2	内孔（30 分）	$\phi28_{0}^{+0.035}$	10	超差 0.01 扣 5 分		
		$\phi32_{0}^{+0.035}$（两处）	10（每处）	超差 0.01 扣 5 分		
3	长度（30 分）	$18_{0}^{+0.10}$（两处）	10（每处）	超差 0.1 扣 5 分		
		45±0.10	10	超差 0.1 扣 5 分		
4	粗糙度（10 分）	*Ra*1.6（两处）	5（每处）	总体与量块比对相应扣分		
5	倒角（12 分）	C1（四处）	3（每处）	超差酌情扣分		
6	文明生产（10 分）	按企业相关标准执行	10			

项目十三

内圆锥孔零件加工

一、项目描述

该项目采用数控车床完成对零件的内直孔、内圆锥孔及外圆的加工，加工出的零件要符合图样各项技术要求，进行数控车床加工操作时要符合操作规程；要求学生能够选择合理的切削加工工艺参数，正确编写加工程序、填写相关数控加工工艺文件，能熟练操作数控车床来对零件进行调整加工和尺寸精度检测，以及掌握对数控车床的日常维护与保养。

1. 任务工单

内圆锥孔零件图如图 2-13-1 所示。该零件材料为 45 钢，毛坯尺寸为 $\phi45$ mm×48 mm，生产批量为单件加工。

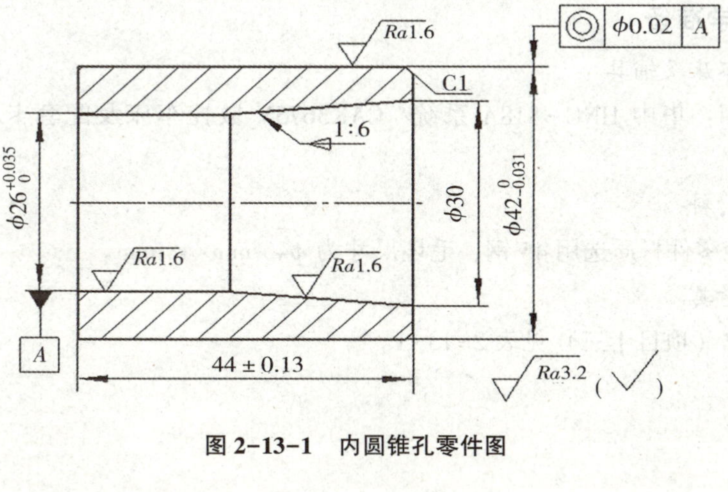

图 2-13-1　内圆锥孔零件图

2. 图样分析

（1）该零件为套类工件，从图 2-13-1 中可以看出，整体上是空心轴对称结构，整个零件由内孔、内锥、外圆及外倒角等组成。

（2）基本尺寸及结构包括：ϕ26 mm、内锥面 1∶6、ϕ42 mm 外圆及外倒角 C1 等结构。

（3）在零件尺寸精度方面，ϕ26 mm 及 ϕ42 mm 的精度要求较高，公差值分别为 +0.035 mm及 -0.031 mm；总长度为（44±0.13）mm。内孔表面粗糙度（Ra）均为 1.6 μm，其余 Ra 为 3.2 μm。

二、教学目标与工作任务

1. 教学目标

（1）通过识读零件图，明确内直面与内锥面的综合加工工艺制订。

（2）巩固在数控车床上钻中心孔、钻通孔的方法，进行加工操作时要符合操作规程。

（3）能够选择合理的切削工艺参数，正确编写程序、填写相关数控加工工艺文件。

（4）能熟练掌握内轮廓尺寸的控制方法，遵守相关操作规程，做到文明生产，学会尺寸精度的检测及对数控车床的日常维护与保养。

2. 工作任务

（1）图样分析及进行内轮廓数控加工工艺分析。主要包括：加工内容，技术要求，确定加工方案及拟订工艺路线，正确选择工艺参数及内腔切削用量等。

（2）加工该零件时，仍采用固定循环指令进行编程，编程较为简单，但车削内锥的加工不同于内直孔的加工，其加工工艺也较加工直孔的难，尤其锥角稍有疏忽就会出现偏差。

（3）零件在手动调头加工时，能手动控制零件的总长度。

（4）操作数控车床完成零件加工，同时完成各零件精度的检验。

三、教学准备

1. 确定车床及辅具

设备选用：华中 HNC-818A 系统/ CAK3675V 数控车床及配套卡盘扳手、刀架扳手。

2. 确定材料

根据加工零件材质选用 45 钢，毛坯尺寸为 ϕ45 mm×48 mm。

3. 确定量具

量具清单（项目十三）见表 2-13-1。

表 2-13-1　量具清单（项目十三）

序号	名称	规格	精度	数量

4. 确定刀具

刀具清单（项目十三）见表 2-13-2。

表 2-13-2　刀具清单（项目十三）

产品名称或代号			零件名称		零件图号	
序号	刀具号	刀具规格	名称	加工表面	刀尖半径/mm	备注

5. 工艺制订

数控加工工艺卡（项目十三）见表 2-13-3。

表 2-13-3　数控加工工艺卡（项目十三）

单位		车床型号		零件名称		第　页
工序	工序名称		程序编号		备注	
工步号	作业内容	刀具号	刀具名称（机夹）	主轴转速/（$r \cdot min^{-1}$）	进给速度/（$mm \cdot min^{-1}$）	背吃刀量/mm

四、问题探究

（1）当内镗刀在零件端面对好刀后，端面刀又将端面平了一次再对其他刀具，这对零件加工后的尺寸有什么影响？

（2）零件须采用双端加工，当调头加工时，在光轴上会存在接刀刀痕的问题，怎样才能使接刀刀痕最小？

（3）该零件加工是采用先加工直孔后加工锥孔，还是直孔与锥孔一起加工？哪种加工效果好？

（4）对零件进行验收与质量分析，找出误差产生的原因，得出纠正误差的方法。

（5）分析该零件内孔加工时，有无必要进行刀具半径补偿加工。

五、制订计划

填写制订计划工作单：学生个人思考项目分析与讨论的内容，建议从不同的角度出发，思考采取何种方法对刀才能保证外圆尺寸精度、螺纹精度、总长度尺寸及表面粗糙度符合要求，并用适当的方式以文字形式表述。

项目解决方案：

六、任务实施

填写计划决策工作单：小组根据学生个人思考出的项目解决方案，分析结果并讨论最佳实施方案，从而确定计划，并以适当文字予以表达。

1. 计划决策工作单（小组决策使用）

负责人：　　　　　　讨论发言人：

2. 程序编制

按照加工工艺过程，编写该项目的数控加工程序。

七、零件加工流程

（1）打开总电源、车床电源，开启数控系统。

（2）车床回参考点。

（3）手动低速运行主轴，检查车床状态。

（4）装夹刀具，将需要的刀具依次装入刀架中，其中内镗刀刀杆应严格平行于主轴的轴线，在编程时，换刀点应留有一定的回转空间。

（5）装夹零件，加工左端，右端伸出长度约为 22 mm。

（6）对外圆刀、内孔刀输入对刀值、刀具半径补偿参数值、刀尖方位及磨损值。

（7）检验零件外径尺寸，卸件。

（8）调头垫铜皮装夹已加工好左端 ϕ42 mm 外圆，用百分表找正，进行右端外圆加工。

（9）输入零件加工程序，检查程序并模拟校验走刀路线，观察程序运行情况及加工轨迹。

（10）零件试切加工。

（11）检验零件外径尺寸，卸件。

八、项目检查与记录

将零件检测结果填入零件评分表（表2-13-4）中。

表 2-13-4　零件评分表（项目十三）

姓名			定额时间		总分	
序号	评价项目	评分内容	配分	评分标准	实测	得分
1	外圆（10分）	$\phi42_{-0.31}^{0}$	10	超差0.01扣5分		
2	内孔（20分）	$\phi26_{0}^{+0.035}$	20	超差0.01扣10分		
3	内锥孔（25分）	1∶6	25	样板检测超差酌情扣分		
4	长度（10分）	44±0.13	10	超差0.1扣5分		
5	同轴度（10分）	ϕ0.02	10	超差0.01扣5分		
6	粗糙度（10分）	Ra1.6（两处）	5（每处）	总体与量块比对相应扣分		
7	倒角（5分）	C1	5	超差酌情扣分		
8	文明生产（10分）	按企业相关标准执行	10			

九、项目评价

根据零件的加工过程及零件的检测结果，检查存在的问题，填写并提交项目评价单（表2-13-5）。

表 2-13-5　项目评价单（项目十三）

项目名称		姓名			班级	
评价项目	考核要求	分值	自评	小组评价	教师评价	得分
应知应会	1. 零件图分析	5				
	2. 制订加工工艺	5				
	3. 工件定位与装夹	5				
	4. 刀具及切削用量的选择	5				
	5. 程序编制	5				

表 2-13-5（续）

评价项目	考核要求	分值	自评	小组评价	教师评价	得分
技能能力	1. 切削参数在加工中是否改动，效果如何	5				
	2. 刀具在对刀及加工使用时有无损坏现象	5				
	3. 设备使用情况，有无调整，效果如何	5				
项目成果	1. 程序的输入及图形仿真	5				
	2. 刀具装夹及对刀	5				
	3. 工件加工及尺寸检验	5				
	4. 设备正常维护	5				
文明生产	1. 正确开关及使用车床	5				
	2. 工具、量具的正确使用及放置	5				
学习态度	1. 出勤情况及课堂纪律	5				
	2. 团队协作	5				
	3. 实操前的准备	5				
通用能力	1. 组织沟通能力	5				
	2. 解决问题能力	5				
	3. 自我创新能力	5				

十、拓展训练

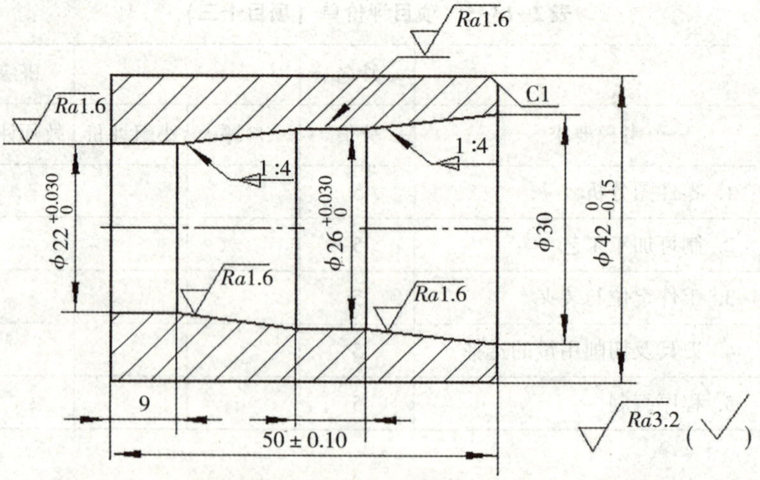

图 2-13-2　内锥孔拓展零件图

（1）识读内锥孔拓展零件图（如图 2-13-2 所示），并进行图样分析。

（2）对零件进行数控加工工艺分析后，填写数控加工工艺卡（见表 2-13-6）。

（3）编写零件加工程序并对程序进行输入与校验。

（4）装夹刀具，完成对刀具的依次装夹。

（5）完成零件的装夹、对刀及加工。

（6）对所加工的零件进行质量检测评价，对内锥孔拓展零件进行评分（见表 2-13-7）。

表 2-13-6　内锥孔拓展零件数控加工工艺卡

数控加工工艺卡		车床型号		零件图号			共　页
单位		产品名称		零件名称			第　页
工序		工序名称		程序编号		备注	

工步号	作业内容	刀具号	刀具名称（机夹）	主轴转速/（r·min^{-1}）	进给速度/（mm·min^{-1}）	背吃刀量/mm

表 2-13-7　内锥孔拓展零件评分表

姓名			定额时间		总分	
序号	评价项目	评分内容	配分	评分标准	实测	得分
1	外圆（10分）	$\phi42_{-0.15}^{0}$	10	超差 0.01 扣 5 分		
2	内孔（30分）	$\phi30_{0}^{+0.030}$	15	超差 0.01 扣 5 分		
		$\phi26_{0}^{+0.030}$	15	超差 0.01 扣 5 分		
3	长度（10分）	50±0.10	10	超差 0.1 扣 5 分		
4	内锥面（20分）	1∶4（两处）	10（每处）	样板检测超差酌情扣分		
5	粗糙度（16分）	*Ra*1.6（四处）	4（每处）	与量块比对相应扣分		
6	倒角（4分）	C1	4	超差酌情扣分		
7	文明生产（10分）	按企业相关标准执行	10			

项目十四

内槽零件加工

一、项目描述

该项目采用数控车床完成对零件的内槽、内直孔、内锥面及外圆的加工，加工出的零件要符合图样各项技术要求，进行数控车床加工操作时要符合操作规程；要求学生能够选择合理的切削加工工艺参数，正确编写加工程序、填写相关数控加工工艺文件，能熟练操作数控车床来对零件进行调整加工和尺寸精度检测，以及掌握对数控车床的日常维护与保养。

1. 任务工单

内槽零件图如图 2-14-1 所示。该零件材料为 45 钢，毛坯尺寸为 $\phi45$ mm×48 mm，生产批量为单件加工。

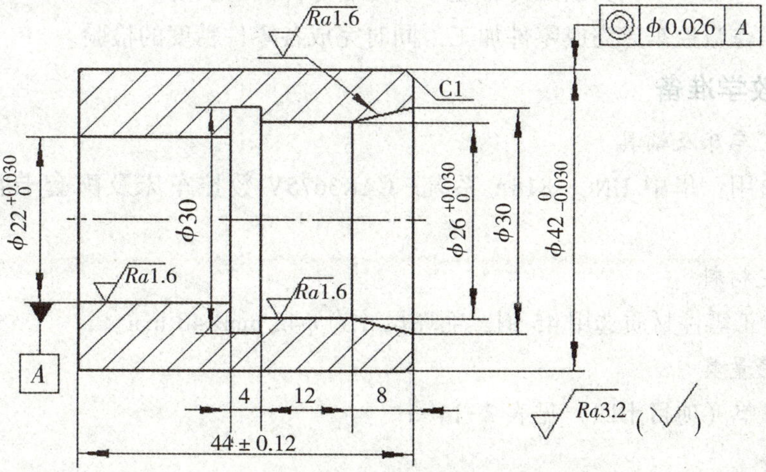

图 2-14-1　内槽零件图

2. 图样分析

(1) 该零件为套类工件，从图 2-14-1 中可以看出，整体上是空心轴对称结构，整个零件由内直孔、内锥、内槽、外圆及外倒角等组成。

(2) 基本尺寸及结构包括：内直孔 ϕ22 mm、ϕ26 mm 和 4 mm×ϕ30 mm，内锥，外倒角 C1，以及外圆 ϕ42 mm 等结构。

(3) 在尺寸精度方面，ϕ22，ϕ26，ϕ42 mm 精度要求较高，公差值分别为+0.030，+0.030，-0.030；总长度为（44±0.12）mm。内孔表面粗糙度（*Ra*）均为 1.6 μm，其余 *Ra* 为 3.2 μm。

二、教学目标与工作任务

1. 教学目标

(1) 通过识读零件图，明确外圆孔对内孔的同轴度的含义及简单的检测方法。

(2) 掌握内槽刀的使用方法，进行加工操作时要符合操作规程。

(3) 能够选择合理的内槽车削工艺参数，正确填写相关数控加工工艺文件。

(4) 能熟练操作数控车床来对零件进行调整加工，遵守相关操作规程，做到文明生产，学会尺寸精度的检测及对数控车床的日常维护与保养。

2. 工作任务

(1) 图样分析及进行数控加工工艺分析。主要包括：内轮廓内容，技术要求，确定加工方案及拟订工艺路线，正确选择工艺参数及切削用量，等等。

(2) 由于有同轴度要求，因此内孔镗削与外圆切削应在一次装夹中完成，或采用软爪自镗后装夹，这样可使加工基准和测量基准一致。

(3) 加工该零件时，由于内腔较为复杂，故均应使用复合循环指令进行编程，但车削内槽要比加工内直孔及内锥孔加工工艺复杂得多，尤其刀具运行稍有疏忽就会出现打刀现象。

(4) 零件在手动调头加工时，能手动控制零件的总长度。

(5) 操作数控车床完成零件加工，同时完成各零件精度的检验。

三、教学准备

1. 确定车床及辅具

设备选用：华中 HNC-818A 系统/ CAK3675V 数控车床及配套卡盘扳手、刀架扳手。

2. 确定材料

根据加工零件材质选用 45 钢，毛坯尺寸为 ϕ45 mm×48 mm。

3. 确定量具

量具清单（项目十四）见表 2-14-1。

表 2-14-1　量具清单（项目十四）

序号	名称	规格	精度	数量

4. 确定刀具

刀具清单（项目十四）见表 2-14-2。

表 2-14-2　刀具清单（项目十四）

产品名称或代号			零件名称		零件图号	
序号	刀具号	刀具规格	名称	加工表面	刀尖半径/mm	备注

5. 工艺制订

数控加工工艺卡（项目十四）见表2-14-3。

表2-14-3 数控加工工艺卡（项目十四）

<table>
<tr><td>单位</td><td colspan="2"></td><td>车床型号</td><td></td><td colspan="2">零件名称</td><td colspan="2"></td><td colspan="2">第 页</td></tr>
<tr><td>工序</td><td></td><td>工序名称</td><td></td><td colspan="3">程序编号</td><td></td><td>备注</td><td colspan="2"></td></tr>
<tr><td>工步号</td><td colspan="4">作业内容</td><td>刀具号</td><td>刀具名称（机夹）</td><td>主轴转速/(r·min^{-1})</td><td colspan="2">进给速度/(mm·min^{-1})</td><td>背吃刀量/mm</td></tr>
<tr><td></td><td colspan="4"></td><td></td><td></td><td></td><td colspan="2"></td><td></td></tr>
<tr><td></td><td colspan="4"></td><td></td><td></td><td></td><td colspan="2"></td><td></td></tr>
<tr><td></td><td colspan="4"></td><td></td><td></td><td></td><td colspan="2"></td><td></td></tr>
<tr><td></td><td colspan="4"></td><td></td><td></td><td></td><td colspan="2"></td><td></td></tr>
<tr><td></td><td colspan="4"></td><td></td><td></td><td></td><td colspan="2"></td><td></td></tr>
<tr><td></td><td colspan="4"></td><td></td><td></td><td></td><td colspan="2"></td><td></td></tr>
</table>

四、问题探究

内槽刀为一个主切削刃和两个副切削刃同时参与的三面切削刀具。被切削材料塑性变形复杂、摩擦力大，加工时进给量要小，一般为20~30 mm/min，这时切削厚度薄、平均变形大，单位切削力增大，总切削力与功耗大，切削温度高、刀头散热性差。

（1）切槽时，切削速度在加工过程中不断变化，如果刀杆悬臂过长，刀具刚性差，会使工件加工后出现什么问题？

（2）内槽刀与外槽刀基本相似，只是装夹方向相反。内槽在内孔中加工，由于内槽两侧面与孔轴线垂直，因此，要求内槽刀杆轴线与主轴轴线相平行，否则会出现什么问题？

（3）该零件进行槽加工时最好选择与槽宽一致的切刀刀头，若选择小于槽宽的切刀加工，如何编程？哪种加工较为容易？

（4）对零件进行验收与质量分析，找出误差产生的原因，得出纠正误差的方法。

五、制订计划

填写制订计划工作单：学生个人思考项目分析与讨论的内容，建议从不同的角度出发，思考采取何种方法对刀才能保证外圆尺寸精度、螺纹精度、总长度尺寸及表面粗糙度符合要求，并用适当的方式以文字形式表述。

项目解决方案：

六、任务实施

填写计划决策工作单：小组根据学生个人思考出的项目解决方案，分析结果并讨论最佳实施方案，从而确定计划，并以适当文字予以表达。

1. 计划决策工作单（小组决策使用）

负责人：　　　　　　　　讨论发言人：

2. 程序编制

按照加工工艺过程，编写该项目的数控加工程序。

七、零件加工流程

（1）打开总电源、车床电源，开启数控系统。

（2）车床回参考点。

（3）手动低速运行主轴，检查车床状态。

（4）装夹刀具，将需要的刀具依次装入刀架中，其中内镗刀、内槽刀刀杆应严格平行于主轴的轴线，在编程时，换刀点应留有一定的回转空间。

（5）装夹零件，加工左端，右端伸出长度约为 25 mm。

（6）输入零件加工程序，检查程序并模拟校验走刀路线，观察程序运行情况及加工轨迹。

（7）对外圆刀输入对刀值、刀具半径补偿参数值、刀尖方位及磨损值。

（8）零件试切加工。

（9）检验零件尺寸。

八、项目检查与记录

将零件检测结果填入零件评分表（表 2-14-4）中。

表 2-14-4　零件评分表（项目十四）

姓名			定额时间		总分	
序号	评价项目	评分内容	配分	评分标准	实测	得分
1	外圆（10 分）	$\phi42_{-0.030}^{0}$	10	超差 0.01 扣 5 分		
2	内孔（20 分）	$\phi22_{0}^{+0.030}$	10	超差 0.01 扣 5 分		
		$\phi26_{0}^{+0.030}$	10	超差 0.01 扣 5 分		
3	内锥孔（5 分）	$\phi26_{0}^{+0.030}\sim\phi30$	5	样板检测超差酌情扣分		
4	长度（10 分）	44±0.12	10	超差 0.1 扣 5 分		
5	内槽（15 分）	4×ϕ30	15	超差酌情扣分		
6	同轴度（10 分）	ϕ0.026	10	超差 0.01 扣 5 分		
7	粗糙度（18 分）	*Ra*1.6（三处）	6（每处）	与量块比对相应扣分		
8	倒角（2 分）	C1	2	无倒角或超差酌情扣分		
9	文明生产（10 分）	按企业相关标准执行	10			

九、项目评价

根据零件的加工过程及零件的检测结果，检查存在的问题，填写并提交项目评价单（表 2-14-5）中。

表 2-14-5　项目评价单（项目十四）

项目名称		姓名			班级	
评价项目	考核要求	分值	自评	小组评价	教师评价	得分
应知应会	1. 零件图分析	5				
	2. 制订加工工艺	5				
	3. 工件定位与装夹	5				
	4. 刀具及切削用量的选择	5				
	5. 程序编制	5				
技能能力	1. 切削参数在加工中是否改动，效果如何	5				
	2. 刀具在对刀及加工使用时有无损坏现象	5				
	3. 设备使用情况，有无调整，效果如何	5				
项目成果	1. 程序的输入及图形仿真	5				
	2. 刀具装夹及对刀	5				
	3. 工件加工及尺寸检验	5				
	4. 设备正常维护	5				
文明生产	1. 正确开关及使用车床	5				
	2. 工具、量具的正确使用及放置	5				
学习态度	1. 出勤情况及课堂纪律	5				
	2. 团队协作	5				
	3. 实操前的准备	5				
通用能力	1. 组织沟通能力	5				
	2. 解决问题能力	5				
	3. 自我创新能力	5				

十、拓展训练

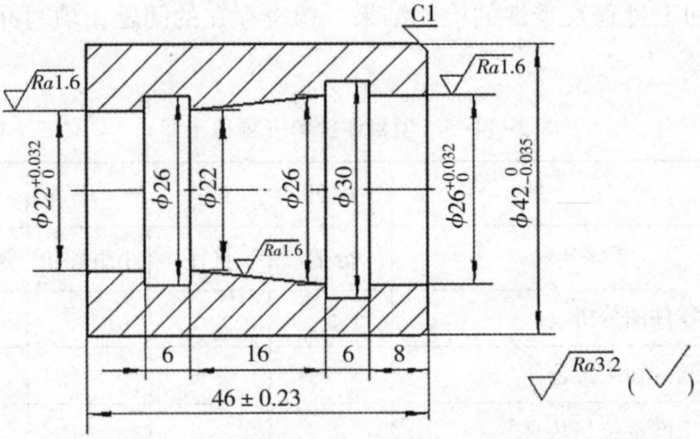

图 2-14-2　内槽拓展零件图

（1）识读内槽拓展零件图（如图 2-14-2 所示），并进行图样分析。

（2）对零件进行数控加工工艺分析后，填写数控加工工艺卡（见表 2-14-6）。

（3）编写零件加工程序并对程序进行输入与校验。

（4）装夹刀具，完成对刀具的依次装夹。

（5）完成零件的装夹、对刀及加工。

（6）对所加工的内锥孔拓展零件进行质量检测评价（见表 2-14-7）。

表 2-14-6　内槽拓展零件数控加工工艺卡

数控加工工艺卡		车床型号		零件图号			共　页
单位		产品名称		零件名称			第　页
工序		工序名称		程序编号		备注	
工步号	作业内容	刀具号	刀具名称（机夹）	主轴转速/(r·min^{-1})	进给速度/(mm·min^{-1})	背吃刀量/mm	

表 2-14-7　内槽拓展零件评分表

姓名			定额时间	总分		
序号	评价项目	评分内容	配分	评分标准	实测	得分
1	外圆（8分）	$\phi42_{-0.035}^{0}$	8	超差 0.01 扣 4 分		
2	内孔（20分）	$\phi22_{0}^{+0.032}$	10	超差 0.01 扣 5 分		
		$\phi26_{0}^{+0.032}$	10	超差 0.01 扣 5 分		
3	长度（12分）	46±0.23	10	超差 0.1 扣 5 分		
		8	2	超差 0.1 扣 1 分		
4	内槽（24分）	6×ϕ26，6×ϕ30	12（每处）	超差酌情扣分		
5	内锥面（10分）	ϕ22~ϕ26	10	样板检测，超差酌情扣分		
6	粗糙度（12分）	*Ra*1.6（三处）	4（每处）	与量块比对相应扣分		
7	倒角（4分）	C1	4	超差酌情扣分		
8	文明生产（10分）	按企业相关标准执行	10			

项目十五

内螺纹零件加工

一、项目描述

该项目采用数控车床完成对零件的内螺纹及外圆的加工，加工出的零件要符合图样各项技术要求，进行数控车床加工操作时要符合操作规程；要求学生能够选择合理的切削加工工艺参数，正确编写加工程序、填写相关数控加工工艺文件，能熟练操作数控车床来对零件进行调整加工和尺寸精度检测，以及掌握对数控车床的日常维护与保养。

1. 任务工单

内螺纹零件图如图 2-15-1 所示。该零件材料为 45 钢，毛坯尺寸为 ϕ45 mm×45 mm，生产批量为单件加工。

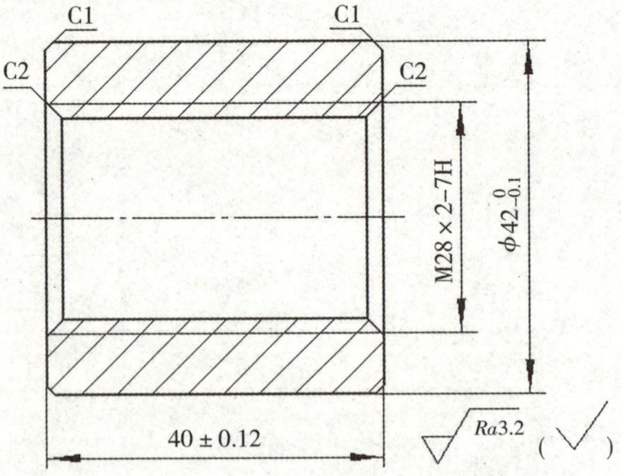

图 2-15-1　内螺纹零件图

内螺纹零件
加工

2. 图样分析

（1）该零件图为套类工件，从图 2-15-1 中可以看出，整体上是空心轴对称结构，整个零件由内螺纹、外圆及内、外倒角等组成。

（2）该零件的基本尺寸及结构包括：外圆 ϕ42 mm，内、外倒角 C2，C1，以及内螺纹 M28×2-7H 等结构。

（3）在尺寸精度方面，螺纹公差等级为 7 级，外圆公差值要求为-0.1 mm，总长度为（40±0.12）mm，整体表面粗糙度（Ra）为 3.2 μm。

二、教学目标与工作任务

1. 教学目标

（1）通过识读零件图，明确车内螺纹底孔直径的计算方法。

（2）掌握内螺纹切削复合循环参数的设定及加工工艺的制订。

（3）能够选择合理的螺纹切削工艺参数，正确填写相关数控加工工艺文件。

（4）能熟练操作数控车床来对零件进行调整加工，遵守相关操作规程，做到文明生产，学会尺寸精度的检测及对数控车床的日常维护与保养。

2. 工作任务

（1）图样分析及进行数控加工工艺分析。主要包括：加工内容，技术要求，确定加工方案及拟定工艺路线，参看数控车削加工工作手册，正确选择工艺参数及切削用量，等等。

（2）加工该零件时，由于内螺纹底孔较为简单，故可应用简单指令进行编程；内螺纹编程时，最好使用复合螺纹切削循环指令。

（3）刀具的安装应保证刀杆的轴心线与主轴的轴心线平行。

（4）操作数控车床完成零件加工及尺寸的控制，同时完成各零件精度的检验。

三、教学准备

1. 确定车床及辅具

设备选用：华中 HNC-818A 系统/ CAK3675V 数控车床及配套卡盘扳手、刀架扳手。

2. 确定材料

根据加工零件材质选用 45 钢，毛坯尺寸为 ϕ45 mm×45 mm。

3. 确定量具

量具清单（项目十五）见表 2-15-1。

表 2-15-1　量具清单（项目十五）

序号	名称	规格	精度	数量

4. 确定刀具

刀具清单（项目十五）见表 2-15-2。

表 2-15-2 刀具清单（项目十五）

产品名称或代号			零件名称		零件图号	
序号	刀具号	刀具规格	名称	加工表面	刀尖半径/mm	备注

5. 工艺制订

数控加工工艺卡（项目十五）见表 2-15-3。

表 2-15-3 数控加工工艺卡（项目十五）

单位		车床型号		零件名称		第 页
工序		工序名称		程序编号	备注	
工步号	作业内容	刀具号	刀具名称（机夹）	主轴转速/$(r \cdot min^{-1})$	进给速度/$(mm \cdot min^{-1})$	背吃刀量/mm

四、问题探究

（1）在切削螺纹的过程中，若主轴的转速发生了变化，会导致螺纹出现什么问题？

（2）该零件进行螺纹加工时，最好选择螺距为 2 mm 的机夹螺纹刀进行加工，这时可将螺纹的小径加工到什么尺寸精度？

(3) 在切削螺纹过程中，操作面板上的进给倍率是否起作用？

(4) 若螺纹加工后出现螺纹撕裂现象，可能是什么原因造成的？

(5) 在螺纹切削期间能否使用恒表面切削速度控制 G96 指令？

(6) 对零件进行验收与质量分析，找出误差产生的原因，得出纠正误差的方法。

五、制订计划

填写制订计划工作单：学生个人思考项目分析与讨论的内容，建议从不同的角度出发，思考采取何种方法对刀才能保证内孔尺寸精度、螺纹精度、总长度尺寸及表面粗糙度符合要求，并用适当的方式以文字形式表述。

项目解决方案：

六、任务实施

填写计划决策工作单：小组根据学生个人思考出的项目解决方案，分析结果并讨论最佳实施方案，从而确定计划，并以适当文字予以表达。

1. 计划决策工作单（小组决策使用）

负责人：　　　　　　　　讨论发言人：

2. 程序编制

按照加工工艺过程，编写该项目的数控加工程序。

七、零件加工流程

（1）打开总电源、车床电源，开启数控系统。

（2）车床回参考点。

（3）手动低速运行主轴，检查车床状态。

（4）装夹刀具，将需要的刀具依次装入刀架中，其中内镗刀刀杆、内螺纹刀刀杆应严格平行于主轴的轴线，在编程时，换刀点应留有一定的回转空间。

（5）装夹零件，加工毛坯左端，右端伸出长度约为 25 mm。

（6）输入零件加工程序，检查程序并模拟校验走刀路线，观察程序运行情况及加工轨迹。

（7）对外圆刀输入对刀值、刀具半径补偿参数值、刀尖方位及磨损值。

（8）零件试切加工。

（9）检验零件尺寸。

（10）调头，垫铜皮，装夹左端 $\phi42$ mm 外圆，用百分表找正并夹紧加工右端，步骤顺序同上。

八、项目检查与记录

将零件检测结果填入零件评分表（表 2-15-4）中。

表 2-15-4　零件评分表（项目十五）

姓名			定额时间		总分	
序号	评价项目	评分内容	配分	评分标准	实测	得分
1	外圆（20 分）	$\phi42_{-0.1}^{0}$	20	超差 0.05 扣 10 分		
2	长度（20 分）	40±0.12	20	超差 0.05 扣 10 分		
3	内螺纹（30 分）	M28×2-7H	30	用螺纹通止规检验，不合格无分		
4	倒角（20 分）	C1，C1.5（各两处）	5（每处）	超差酌情扣分		
5	文明生产（10 分）	按企业相关标准执行	10			

九、项目评价

根据零件的加工过程及零件的检测结果，检查存在的问题，填写并提交项目评价单（表 2-15-5）。

表 2-15-5　项目评价单（项目十五）

项目名称		姓名			班级	
评价项目	考核要求	分值	自评	小组评价	教师评价	得分
应知应会	1. 零件图分析	5				
	2. 制订加工工艺	5				
	3. 工件定位与装夹	5				
	4. 刀具及切削用量的选择	5				
	5. 程序编制	5				
技能能力	1. 切削参数在加工中是否改动，效果如何	5				
	2. 刀具在对刀及加工使用时有无损坏现象	5				
	3. 设备使用情况，有无调整，效果如何	5				

表 2-15-5（续）

评价项目	考核要求	分值	自评	小组评价	教师评价	得分
项目成果	1. 程序的输入及图形仿真	5				
	2. 刀具装夹及对刀	5				
	3. 工件加工及尺寸检验	5				
	4. 设备正常维护	5				
文明生产	1. 正确开关及使用车床	5				
	2. 工具、量具的正确使用及放置	5				
学习态度	1. 出勤情况及课堂纪律	5				
	2. 团队协作	5				
	3. 实操前的准备	5				
通用能力	1. 组织沟通能力	5				
	2. 解决问题能力	5				
	3. 自我创新能力	5				

十、拓展训练

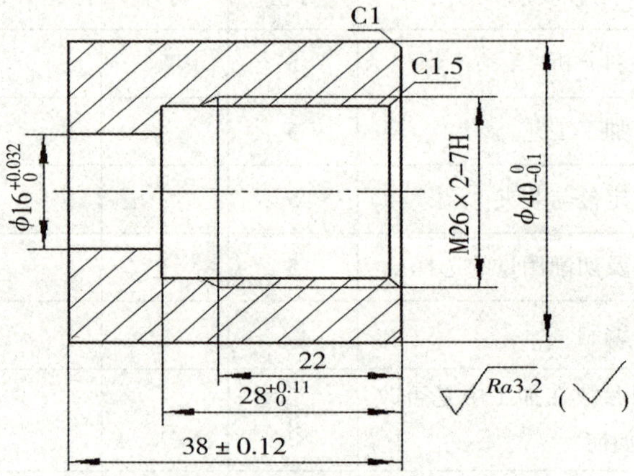

图 2-15-2 内螺纹拓展零件图

（1）识读内螺纹拓展零件图（如图 2-15-2 所示），并进行图样分析。

（2）对零件进行数控加工工艺分析后，填写数控加工工艺卡（见表 2-15-6）。

（3）编写零件加工程序并对程序进行输入与校验。

（4）装夹刀具，完成对刀具的依次装夹。

（5）完成零件的装夹、对刀及加工。

（6）对所加工的内螺纹拓展零件进行评分（见表 2-15-7）。

表 2-15-6 内螺纹拓展零件数控加工工艺卡

数控加工工艺卡		车床型号		零件图号			共 页
单位		产品名称		零件名称			第 页
工序		工序名称		程序编号		备注	
工步号	作业内容		刀具号	刀具名称（机夹）	主轴转速/$(r \cdot min^{-1})$	进给速度/$(r \cdot min^{-1})$	背吃刀量/mm

表 2-15-7 内螺纹拓展零件评分表

姓名			定额时间		总分	
序号	评价项目	评分内容	配分	评分标准	实测	得分
1	外圆（10 分）	$\phi40_{-0.1}^{0}$	10	超差 0.1 扣 5 分		
2	内孔（20 分）	$\phi16_{0}^{+0.032}$	20	超差 0.01 扣 5 分		
3	长度（20 分）	38±0.12	10	超差 0.1 扣 5 分		
		$28_{0}^{+0.11}$	10	超差 0.1 扣 5 分		
4	内螺纹（30 分）	M26×2-7H	30	用螺纹通止规检验，不合格无分		
5	倒角（10 分）	C1，C1.5（两处）	5（每处）	超差酌情扣分		
6	文明生产（10 分）	按企业相关标准执行	10			

项目十六

内轮廓综合零件加工

一、项目描述

该项目采用数控车床完成对零件的内螺纹、内直孔、内圆弧面、内圆锥面、外倒角及外圆的加工，加工出的零件要符合图样各项技术要求，进行数控车床加工操作时要符合操作规程；要求学生能够选择合理的切削加工工艺参数，正确编写加工程序、填写相关数控加工工艺文件，能熟练操作数控车床来对零件进行调整加工和尺寸精度检测，以及掌握对数控车床的日常维护与保养。

1. 任务工单

内轮廓综合零件图如图 2-16-1 所示。该零件材料为 45 钢，毛坯尺寸为 ϕ50 mm×45 mm，生产批量为单件加工。

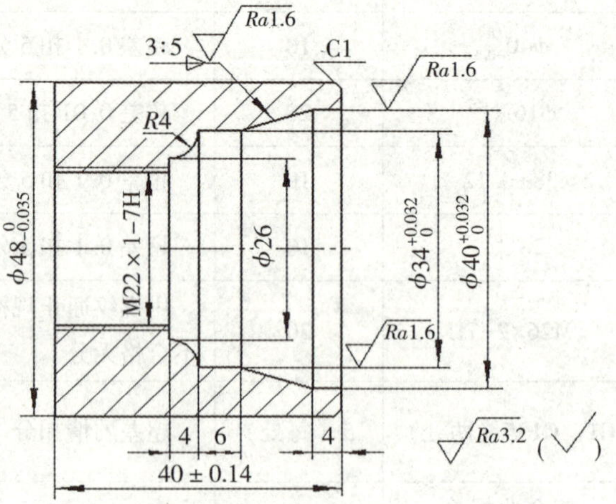

图 2-16-1 内轮廓综合零件图

内轮廓综合零件加工

2. 图样分析

(1) 该零件为套类工件，从图 2-16-1 中可以看出，整体上是空心轴对称结构，整个零件由内螺纹、内圆弧、内直面、内圆锥面、外圆及外倒角等组成。

(2) 基本尺寸及结构包括：内螺纹 M22×1-7H、内弧面 $R4$ mm、内直面 $\phi34$ mm 与 $\phi40$ mm、内锥面 $\phi34$~ $\phi40$ mm、外倒角 C1 及外圆 $\phi48$ mm 等结构。

(3) 尺寸精度方面：内螺纹要求螺纹公差等级为 7 级，内圆 $\phi34$ mm 和 $\phi40$ mm 的公差值为 +0.032 mm，外圆 $\phi48$ mm 的公差值为 +0.035 mm；总长度为（40±0.14）mm。

(4) 内直面表面粗糙度（Ra）均为 1.6 μm，其余 Ra 为 3.2 μm

二、教学目标与工作任务

1. 教学目标

(1) 通过识读零件图，明确该零件内腔结构的组成及加工尺寸要求。

(2) 会制订复杂内腔结构的加工工艺，进行加工操作时要符合操作规程。

(3) 能够选择合理内腔加工各刀具的切削工艺参数，正确编写程序、填写相关数控加工工艺文件。

(4) 能熟练操作数控车床来对零件进行调整加工，遵守相关操作规程，做到文明生产，学会尺寸精度的检测及对数控车床的日常维护与保养。

2. 工作任务

(1) 图样分析及进行数控加工工艺分析。主要包括：加工内容，技术要求，确定加工方案及拟订工艺路线，参看数控车削加工工作手册，正确选择工艺参数及切削用量，等等。

(2) 加工该零件时，对于内腔复杂的零件需用复合循环指令编程，内、外螺纹编程时最好使用复合螺纹切削循环指令。

(3) 零件在手动调头加工时，能手动控制零件的总长度。

(4) 操作数控车床完成零件加工，同时完成各零件精度的检验。

三、教学准备

1. 确定车床及辅具

设备选用：华中 HNC-818A 系统/ CAK3675V 数控车床及配套卡盘扳手、刀架扳手。

2. 确定材料

根据加工零件材质选用 45 钢，毛坯尺寸为 $\phi50$ mm×45 mm。

3. 确定量具

量具清单（项目十六）见表 2-16-1。

表 2-16-1　量具清单（项目十六）

序号	名称	规格	精度	数量

4. 确定刀具

刀具清单（项目十六）见表 2-16-2。

表 2-16-2　刀具清单（项目十六）

产品名称或代号			零件名称		零件图号	
序号	刀具号	刀具规格	名称	加工表面	刀尖半径/mm	备注

5. 工艺制订

数控加工工艺卡（项目十六）见表 2-16-3。

表 2-16-3 数控加工工艺卡（项目十六）

单位		车床型号		零件名称		第 页
工序	工序名称		程序编号		备注	
工步号	作业内容	刀具号	刀具名称（机夹）	主轴转速/($r \cdot min^{-1}$)	进给速度/($mm \cdot min^{-1}$)	背吃刀量/mm

四、问题探究

（1）由于受毛坯尺寸的限制，零件须采用双端加工，因此，在调头加工时，光轴上会存在接刀刀痕的问题，怎样控制才能使接刀刀痕最小？

（2）该零件进行螺纹加工时，最好选择螺距为 1 mm 的机夹螺纹刀进行加工，这时可将螺纹的小径加工到什么尺寸精度？

（3）零件内表面两处加工尺寸精度和表面粗糙度要求较高，加工时应选取切削刃较锋利的内孔刀具，若内孔粗、精车时，只用一把粗镗内孔刀加工，能否达到尺寸及表面质量要求？

（4）若螺纹加工后，出现螺纹偏移不对称现象，这是什么原因造成的？

（5）对零件进行验收与质量分析，找出误差产生的原因，得出纠正误差的方法。

（6）分析该复杂内腔零件加工是否需要进行刀具半径补偿加工。

五、制订计划

填写制订计划工作单：学生个人思考项目分析与讨论的内容，建议从不同的角度出

发，思考采取何种方法对刀才能保证外圆尺寸精度、螺纹精度、总长度尺寸及表面粗糙度符合要求，并用适当的方式以文字形式表述。

项目解决方案：

六、任务实施

填写计划决策工作单：小组根据学生个人思考出的项目解决方案，分析结果讨论最佳实施方案，从而确定计划，并以适当文字予以表达。

1. 计划决策工作单（小组决策使用）

负责人：　　　　　　　讨论发言人：

2. 程序编制

按照加工工艺过程，编写该项目的数控加工程序。

七、零件加工流程

（1）打开总电源、车床电源，开启数控系统。

（2）车床回参考点。

（3）手动低速运行主轴，检查车床状态。

（4）装夹刀具，将需要的刀具依次装入刀架中，其中内镗刀刀杆、内螺纹刀刀杆应严格平行于主轴的轴线，在编程时，换刀点应留有一定的回转空间。

（5）装夹零件，加工左端，右端伸出长度约为 25 mm。

（6）输入零件加工程序，检查程序并模拟校验走刀路线，观察程序运行情况及加工轨迹。

（7）对外圆刀输入对刀值、刀具半径补偿参数值、刀尖方位及磨损值。

（8）零件试切加工。

（9）检验零件尺寸。

（10）调头，垫铜皮，装夹左端 $\phi48$ mm 外圆，用百分表找正并夹紧加工右端，步骤顺序同上。

八、项目检查与记录

将零件检测结果填入零件评分表（表 2-16-4）中。

表 2-16-4　零件评分表（项目十六）

姓名			定额时间		总分	
序号	评价项目	评分内容	配分	评分标准	实测	得分
1	外圆（10 分）	$\phi48_{-0.035}^{0}$	10	超差 0.01 扣 5 分		
2	内直面（24 分）	$\phi34_{0}^{+0.032}$	12	超差 0.01 扣 6 分		
		$\phi40_{0}^{+0.032}$	12	超差 0.01 扣 6 分		
3	内锥面（6 分）	3∶5	6	用模板检验，超差酌情扣分		
4	长度（10 分）	40±0.14	10	超差 0.1 扣 5 分		
5	圆弧（5 分）	*R*4	5	用 R 规检验，超差酌情扣分		
6	内螺纹（15 分）	M22×1-7H	15	用螺纹通止规检验，不合格无分		
7	粗糙度（15 分）	*Ra*1.6（三处）	5（每处）	总体与量块比对相应扣分		
8	倒角（5 分）	C1	5	超差酌情扣分		
9	文明生产（10 分）	按企业相关标准执行	10			

九、项目评价

根据零件的加工过程及零件的检测结果，检查存在的问题，填写并提交项目评价单（表 2-16-5）。

表 2-16-5　项目评价单（项目十六）

项目名称		姓名			班级	
评价项目	考核要求	分值	自评	小组评价	教师评价	得分
应知应会	1. 零件图分析	5				
	2. 制订加工工艺	5				
	3. 工件定位与装夹	5				
	4. 刀具及切削用量的选择	5				
	5. 程序编制	5				
技能能力	1. 切削参数在加工中是否改动，效果如何	5				
	2. 刀具在对刀及加工使用时有无损坏现象	5				
	3. 设备使用情况，有无调整，效果如何	5				
项目成果	1. 程序的输入及图形仿真	5				
	2. 刀具装夹及对刀	5				
	3. 工件加工及尺寸检验	5				
	4. 设备正常维护	5				
文明生产	1. 正确开关及使用车床	5				
	2. 工具、量具的正确使用及放置	5				
学习态度	1. 出勤情况及课堂纪律	5				
	2. 团队协作	5				
	3. 实操前的准备	5				
通用能力	1. 组织沟通能力	5				
	2. 解决问题能力	5				
	3. 自我创新能力	5				

十、拓展训练

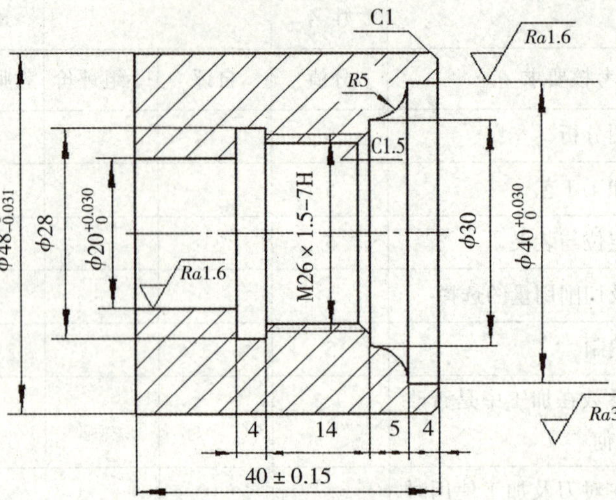

图 2–16–2　内轮廓综合拓展零件图

（1）识读内轮廓综合拓展零件图（如图 2–16–2 所示），并进行图样分析。

（2）对零件进行数控加工工艺分析后，填写数控加工工艺卡（见表 2–16–6）。

（3）编写零件加工程序并对程序进行输入与校验。

（4）装夹刀具，完成对刀具的依次装夹。

（5）完成零件的装夹、对刀及加工。

（6）对所加工的零件进行质量检测评价，对内轮廓综合拓展零件进行评分（见表 2–16–7）。

表 2–16–6　内轮廓综合拓展零件数控加工工艺卡

数控加工工艺卡	车床型号		零件图号			共　页
单位		产品名称		零件名称		第　页
工序		工序名称		程序编号	备注	
工步号	作业内容	刀具号	刀具名称（机夹）	主轴转速/ $(r \cdot min^{-1})$	进给速度/ $(mm \cdot min^{-1})$	背吃刀量/mm

表 2-16-6（续）

工步号	作业内容	刀具号	刀具名称（机夹）	主轴转速/($r\cdot min^{-1}$)	进给速度/($mm\cdot min^{-1}$)	背吃刀量/mm

表 2-16-7　内轮廓综合拓展零件评分标准

姓名			定额时间		总分	
序号	评价项目	评分内容	配分	评分标准	实测	得分
1	外圆（10分）	$\phi48_{-0.031}^{0}$	10	超差0.01扣5分		
2	内直面（20分）	$\phi20_{0}^{+0.030}$	10	超差0.01扣5分		
		$\phi40_{0}^{+0.030}$	10	超差0.01扣5分		
3	内槽（15分）	4×ϕ28	15	超差酌情扣分		
4	长度（10分）	40±0.15	10	超差0.1扣5分		
5	圆弧面（5分）	*R*5	5	用R规检验，超差酌情扣分		
6	内螺纹（15分）	M26×1.5-7H	15	用螺纹通止规检验，不合格无分		
7	粗糙度（10分）	*Ra*1.6（两处）	5（每处）	与量块比对相应扣分		
8	倒角（5分）	C1	5	超差酌情扣分		
9	文明生产（10分）	按企业相关标准执行	10			

项目十七

配合零件加工一

一、项目描述

该项目采用数控车床完成对内、外圆柱及内、外圆锥零件的配合加工，加工出的零件要符合图样各项技术要求，进行数控车床加工操作时要符合操作规程；要求学生能够选择合理的切削加工工艺参数，正确编写加工程序、填写相关数控加工工艺文件，能熟练操作数控车床来对零件进行调整加工和尺寸精度检测，以及掌握对数控车床的日常维护与保养。

1. 任务工单

内、外圆柱及内、外圆锥配合零件图如图 2-17-1 所示。零件毛坯尺寸为ϕ45 mm×100 mm，材料为 45 钢，生产批量为单件加工。

技术要求：两个零件配合松紧适中，配合后锥面接触面积应不小于 60%。

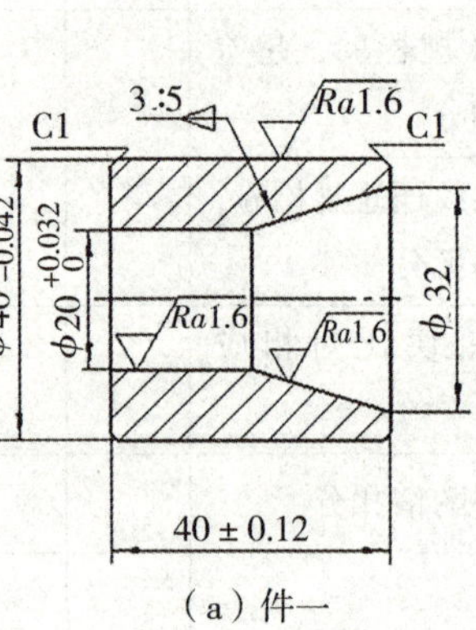

（a）件一

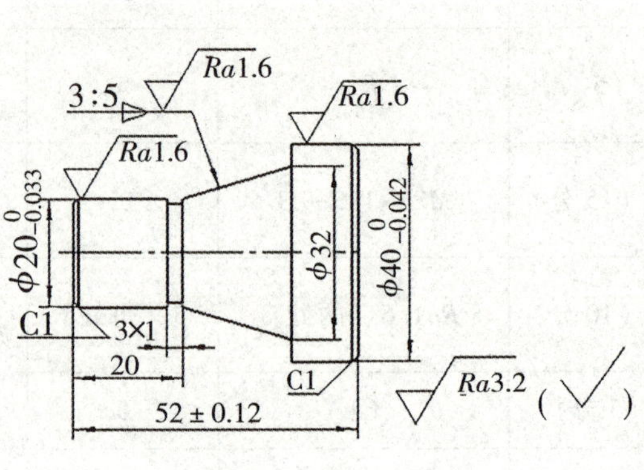

（b）件二

配合零件
加工一

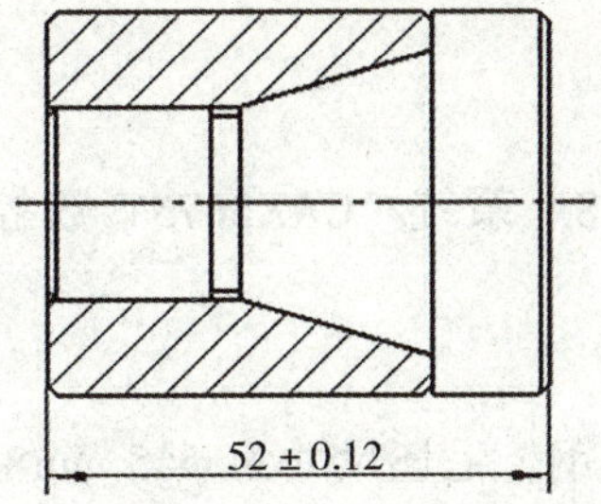

（c）合件

图 2-17-1 内、外圆柱及内、外圆锥配合零件图

2. 图样分析

（1）该零件为内、外圆柱及内、外圆锥配合零件。其中，图 2-17-1（a）所示的件一包括内圆柱面、内锥面、外倒角及外圆柱面等；图 2-17-1（b）所示的件二包括外倒角、外圆柱、外圆锥面、外槽及圆环面等。

（2）图 2-17-1（c）所示合件：内、外圆柱相配合的表面粗糙度（*Ra*）均为 1.6 μm，其余 *Ra* 为 3.2 μm；内、外圆柱为间隙配合设计，尺寸精度分别为内圆 $\phi20^{+0.032}_{0}$ mm和外圆 $\phi20^{0}_{-0.033}$ mm；零件配合后保证配合长度尺寸精度为（52 ± 0.12）mm。

（3）配合精度分析：锥面接触面积不小于 60%，圆柱面配合松紧适中。配合件的各项精度要求主要受零件形位精度和尺寸精度的影响，因此在加工过程中，关键在于零件在夹具中的定位与精确的找正。

二、教学目标与工作任务

1. 教学目标

（1）通过识读零件图，明确该零件结构的外形组成及加工尺寸要求。

（2）会制订配合类零件的加工工艺及编制配合类零件的加工程序。

（3）加工出的零件应符合图样各项技术要求，进行加工操作时要符合操作规程。

（4）能够选择合理的切削工艺参数，正确填写相关数控加工工艺文件。

（5）能熟练操作数控车床来对零件进行调整加工，遵守相关操作规程，做到文明生产，学会尺寸精度的检测及对数控车床的日常维护与保养。

2. 工作任务

（1）图样分析及进行数控加工工艺分析。主要包括：加工内容，技术要求，确定加工方案及拟订工艺路线，参看数控车削加工工作手册，正确选择工艺参数及切削用量，等等。

（2）加工该零件时，对于内腔复杂的零件需用复合循环指令编程，内、外螺纹编程时最好使用复合螺纹切削循环指令。

（3）零件在手动调头加工时，能手动控制零件的总长度。

（4）操作数控车床完成零件加工，同时完成各零件精度的检验。

三、教学准备

1. 确定车床及辅具

设备选用：华中 HNC-818A 系统/ CAK3675V 数控车床及配套卡盘扳手、刀架扳手。

2. 确定材料

根据加工零件材质选用45钢，毛坯尺寸为 ϕ45 mm×100 mm。

3. 确定量具

量具清单（项目十七）见表2-17-1。

表2-17-1　量具清单（项目十七）

序号	名称	规格	精度	数量

4. 确定刀具

刀具清单（项目十七）见表2-17-2。

表2-17-2　刀具清单（项目十七）

产品名称或代号			零件名称		零件图号	
序号	刀具号	刀具规格	名称	加工表面	刀尖半径/mm	备注

5. 工艺制订

数控加工工艺卡（项目十七）见表 2-17-3。

表 2-17-3 数控加工工艺卡（项目十七）

单位		车床型号		零件名称		第 页
工序	工序名称		程序编号		备注	
工步号	作业内容	刀具号	刀具名称（机夹）	主轴转速/$(r \cdot min^{-1})$	进给速度/$(mm \cdot min^{-1})$	背吃刀量/mm

四、问题探究

两个零件在一块毛坯上加工时，一定要注意先进行工艺分析，不要轻易按照两个零件尺寸将毛坯切断分离，以免造成两个零件都难以完成加工。左、右加工零件刀具接刀应在不同外圆过渡处接刀，否则会出现接刀痕。该零件应先将件一外圆整体加工好后切断。中空零件的刚性一般较差，装夹时应选好定位基准，控制夹紧力大小，以防止工件产生变形。

（1）配合件的加工，在工艺许可条件下，为什么都应先加工轴类零件后加工孔类零件？

（2）为什么轴类件的公差等级一般比孔类件的公差等级高？

（3）配做锥配合零件时，为什么精车内圆锥时要选择较小的背吃刀量进行加工，同时切削刃应该始终保持锋利且走刀均匀？

（4）套类零件在配做零件时，一般用轴零件去配做孔零件，还是用孔零件去配做轴零件？

（5）对零件进行验收与质量分析，找出误差产生的原因，得出纠正误差的方法。

五、制订计划

填写制订计划工作单：学生个人思考项目分析与讨论的内容，建议从不同的角度出发，思考采取何种方法对刀才能保证内、外圆（锥）配合尺寸精度、合件总长度尺寸及表面粗糙度符合要求，并用适当的方式以文字形式表述。

项目解决方案：

六、任务实施

填写计划决策工作单：小组根据学生个人思考出的项目解决方案，分析结果并讨论最佳实施方案，从而确定计划，并以适当文字予以表达。

1. 计划决策工作单（小组决策使用）

负责人：　　　　　讨论发言人：

2. 程序编制

按照加工工艺过程，编写该项目的数控加工程序。

七、零件加工流程

（1）打开总电源、车床电源，开启数控系统。

（2）车床回参考点。

（3）手动低速运行主轴，检查车床状态。

（4）装夹毛坯，伸出长度为 70 mm 左右。

（5）输入零件外圆加工程序，检查程序并模拟校验走刀路线。

（6）对外圆刀输入对刀值、刀具半径补偿参数值、刀尖方位及磨损值。

（7）外圆加工直径至 $\phi40_{-0.042}^{0}$ mm 尺寸、长度为 65 mm 左右后检验零件尺寸。

（8）卸件。

件二加工：

①垫铜皮，重新装夹 $\phi40$ 毛坯，伸出卡盘外 50 mm；

②手动平右端面，对切槽刀，输入对刀值并确认外圆刀 Z 轴零点对刀值及磨损值；

③ 车削件二左端；

④切削零件并进行尺寸精度检验；

⑤切断件二，并保证件二长度在公差范围之内。

件一加工：

①手动车平端面，保证件一长度在公差范围之内；
②钻中心孔、钻 $\phi16$ mm 通孔；
③输入零件内轮廓加工程序，检查程序并模拟校验走刀路线；
④对内镗刀，输入对刀值及刀尖圆弧半径、磨损值；
⑤配做件一切削加工零件并进行尺寸精度检验；
⑥卸下件一，完成加工；
⑦调头，重新装夹件一，手动加工左端外圆倒角；
⑧卸件；
⑨垫铜皮，装夹件二 $\phi40$ mm 外圆，手动加工右端倒角；
⑩卸件，完成加工。

八、项目检查与记录

将零件检测结果填入零件评分表（表 2-17-4）中。

表 2-17-4　零件评分表（项目十七）

姓名			定额时间		总分	
序号	评价项目	评分内容	配分	评分标准	实测	得分
件一						
1	外圆（8 分）	$\phi40_{-0.042}^{0}$	8	超差 0.01 扣 4 分		
2	内圆柱面（8 分）	$\phi20_{0}^{+0.032}$	8	超差 0.01 扣 6 分		
3	内锥面（6 分）	3∶5	6	用模板检验，超差酌情扣分		
4	长度（6 分）	40±0.12	6	超差 0.1 扣 5 分		
5	粗糙度（9 分）	*Ra*1.6（三处）	3（每处）	总体与量块比对相应扣分		
6	倒角（4 分）	C1（两处）	2（每处）	超差酌情扣分		
件二						
7	外圆（6 分）	$\phi40_{-0.042}^{0}$	8	超差 0.01 扣 3 分		
8	外圆柱面（6 分）	$\phi20_{-0.033}^{0}$	6	超差 0.01 扣 3 分		
9	外锥面（6 分）	3∶5	6	用模板检验，超差酌情扣分		

表 2-17-4（续）

序号	评价项目	评分内容	配分	评分标准	实测	得分
10	长度（8 分）	52±0.12	6	超差 0.1 扣 5 分		
		20	2	超差 0.1 扣 1 分		
11	退刀槽（2 分）	3×1	2	超差酌情扣分		
12	粗糙度（9 分）	Ra1.6（三处）	3（每处）	总体与量块比对相应扣分		
13	倒角（4 分）	C1（两处）	2（每处）	超差酌情扣分		
合件						
14	配合要求（18 分）	52±0.12	8	超差 0.1 扣 4 分		
		内、外配合面积 60%	10	视测面积超差酌情扣分		

九、项目评价

根据零件的加工过程及零件的检测结果，检查存在的问题，填写并提交项目评价单（表 2-17-5）。

表 2-17-5 项目评价单（项目十七）

项目名称		姓名			班级	
评价项目	考核要求	分值	自评	小组评价	教师评价	得分
应知应会	1. 零件图分析	5				
	2. 制订加工工艺	5				
	3. 工件定位与装夹	5				
	4. 刀具及切削用量的选择	5				
	5. 程序编制	5				
技能能力	1. 切削参数在加工中是否改动，效果如何	5				
	2. 刀具在对刀及加工使用时有无损坏现象	5				
	3. 设备使用情况，有无调整，效果如何	5				

表 2-17-5（续）

评价项目	考核要求	分值	自评	小组评价	教师评价	得分
项目成果	1. 程序的输入及图形仿真	5				
	2. 刀具装夹及对刀	5				
	3. 工件加工及尺寸检验	5				
	4. 设备正常维护	5				
文明生产	1. 正确开关及使用车床	5				
	2. 工具、量具的正确使用及放置	5				
学习态度	1. 出勤情况及课堂纪律	5				
	2. 团队协作	5				
	3. 实操前的准备	5				
通用能力	1. 组织沟通能力	5				
	2. 解决问题能力	5				
	3. 自我创新能力	5				

十、拓展训练

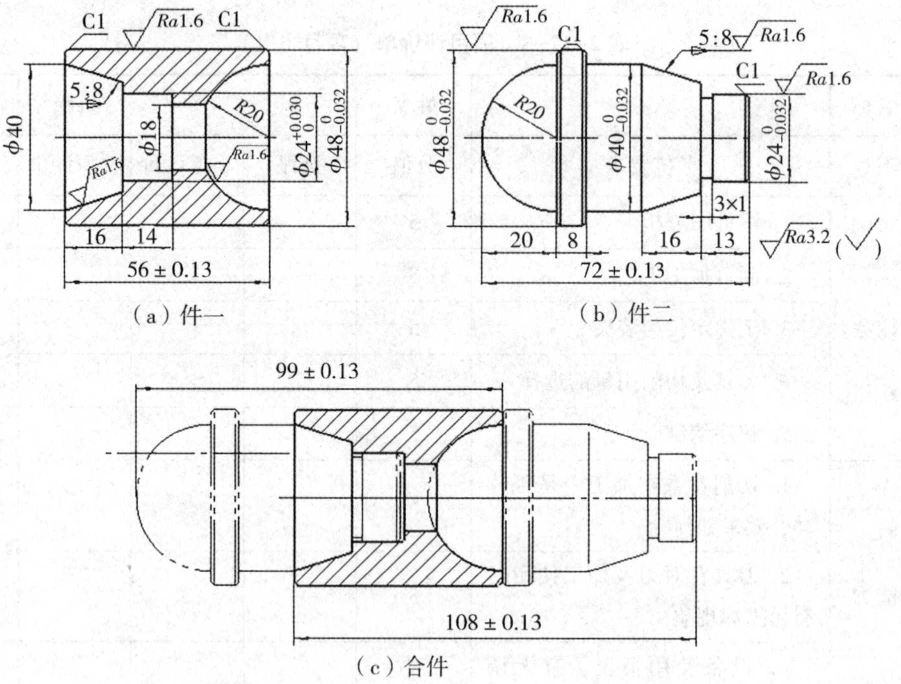

图 2-17-2　内、外圆柱及圆弧配合拓展零件图

（1）识读内、外圆柱及圆弧配合拓展零件图（如图 2-17-2 所示），并进行图样分析。

（2）对零件进行数控加工工艺分析后，填写数控加工工艺卡（见表 2-17-6）。

（3）编写零件加工程序并对程序进行输入与校验。

（4）装夹刀具，完成对刀具的依次装夹。

（5）完成零件的装夹、对刀及加工。

（6）对所加工的零件进行质量检测评价，对该零件进行评分（见表 2-17-7）。

技术要求：两个零件配合松紧适中，配合后圆弧面接触面积应不小于 60%。

表 2-17-6　内、外圆柱及圆弧配合拓展零件数控加工工艺卡

数控加工工艺卡	车床型号		零件图号			共　页
单位		产品名称	零件名称			第　页
工序		工序名称	程序编号		备注	
工步号	作业内容	刀具号	刀具名称（机夹）	主轴转速/($r \cdot min^{-1}$)	进给速度/($mm \cdot min^{-1}$)	背吃刀量/mm

表 2-17-7 内、外圆柱及圆弧配合拓展零件评分标准

姓名			定额时间		总分	
序号	评价项目	评分内容	配分	评分标准	实测	得分
件一						
1	外圆（4分）	$\phi48_{-0.032}^{0}$	4	超差 0.01 扣 2 分		
2	内直面（6分）	$\phi24_{0}^{+0.030}$	4	超差 0.01 扣 2 分		
		$\phi18$	2	超差酌情扣分		
3	内弧面（4分）	$R20$	4	用模板检验，超差酌情扣分		
4	内锥面（5分）	5 : 8	5	用模板检验，超差酌情扣分		
5	长度（4分）	56±0.13	4	超差 0.1 扣 2 分		
6	粗糙度（9分）	Ra1.6（三处）	3（每处）	与量块比对相应扣分		
7	倒角（4分）	C1（两处）	2（每处）	超差酌情扣分		
件二						
8	外圆（4分）	$\phi48_{-0.032}^{0}$	4	超差 0.01 扣 2 分		
9	外直面（8分）	$\phi40_{-0.032}^{0}$	4	超差 0.01 扣 2 分		
		$\phi24_{-0.032}^{0}$	4	超差 0.01 扣 2 分		
10	外锥面（4分）	5 : 8	4	用模板检验，超差酌情扣分		
11	长度（7分）	72±0.13	4	超差 0.1 扣 5 分		
		20	1	超差 0.1 扣 1 分		
		13	1			
		8	1			
12	外圆弧面（2分）	$R20$	2	超差酌情扣分		
13	退刀槽（2分）	3×1	2	超差酌情扣分		

表 2-17-7（续）

序号	评价项目	评分内容	配分	评分标准	实测	得分
14	粗糙度（6 分）	Ra1.6（三处）	2（每处）	总体与量块比对相应扣分		
15	倒角（6 分）	C1（三处）	2（每处）	超差酌情扣分		
合件						
16	配合要求（25 分）	99±0.13	5	超差 0.1 扣 2.5 分		
		108±0.13	5	超差 0.1 扣 2.5 分		
		内、外圆柱配合	5	视情况酌情扣分		
		圆弧内、外配合面积 60%	5	视情况酌情扣分		
		圆锥内、外配合面积 60%	5	视情况酌情扣分		

项目十八

配合零件加工二

一、项目描述

该项目采用数控车床完成对内、外圆柱面及螺纹配合零件的加工，加工出的零件要符合图样各项技术要求，进行数控车床加工操作时要符合操作规程；要求学生能够选择合理的切削加工工艺参数，正确编写加工程序、填写相关数控加工工艺文件，能熟练操作数控车床来对零件进行调整加工和尺寸精度检测，以及掌握对数控车床的日常维护与保养。

1. 任务工单

内、外圆柱面及螺纹配合零件图如图 2-18-1 所示。毛坯尺寸：件一为 ϕ50 mm×85 mm，件二为 ϕ50 mm×60 mm。材料为 45 钢，要求两个零件螺纹配合松紧适中，内、外圆柱面为间隙配合，生产批量为单件加工。

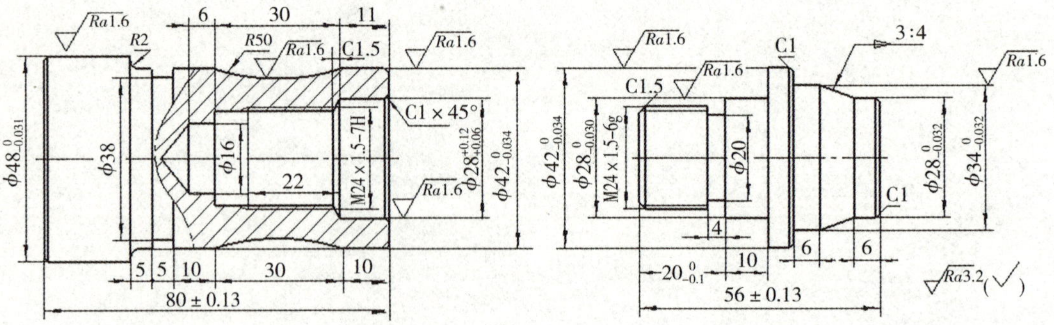

（a）件一　　（b）件二

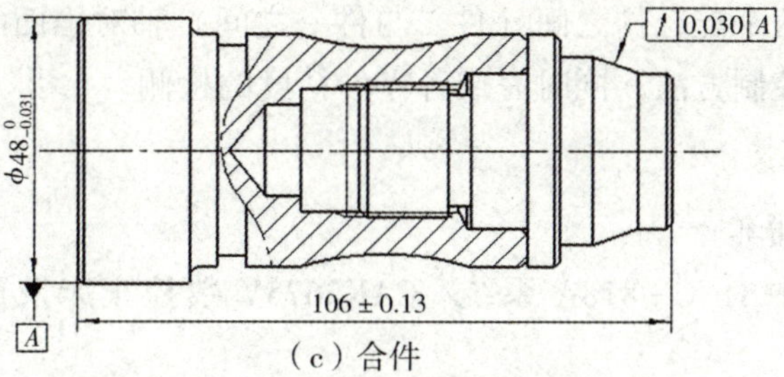

（c）合件

图 2-18-1 内、外圆柱面及螺纹配合零件图

2. 图样分析

（1）该零件图为内、外圆柱及螺纹配合零件。图 2-18-1（a）所示件一：内圆柱面、内螺纹、内倒角、外倒角、外槽及外曲面等。图 2-18-1（b）所示件二：外圆柱面、圆锥面、外槽、外螺纹、圆环面及外倒角等。图 2-18-1（c）所示合件要求长度为(106±0.13) mm、配合后件二轴心线对件一圆锥面的跳动度不小于 0.030 mm。

（2）从图 2-18-1 中可以看出零件内、外圆柱面相配合的表面粗糙度（*Ra*）均要求 1.6 μm，要求内、外圆柱面为间隙配合设计，尺寸精度分别为内圆 $\phi28$ mm 和外圆 $\phi28_{-0.030}^{0}$ mm。

（3）螺纹配合为螺距 1.5 mm，内螺纹公差等级为 7 级、外螺纹公差等级为 6 级精度，在《金属切削手册》中可以查出它们的螺纹中径的上、下偏差。

（4）配合精度分析：零件配合后保证配合长度尺寸精度为（106±0.13）mm、螺纹配合松紧适应适中，螺纹旋转自如，不能出现间隙过大或过小等现象。配合件的各项精度要求主要受零件形位精度和尺寸精度的影响，因此在加工过程中，关键在于零件在夹具中的精准定位与用百分表精准的找正。

二、教学目标与工作任务

1. 教学目标

（1）通过识读零件图，明确该零件结构的外形组成及加工尺寸要求。

（2）会制订配合类零件的加工工艺及编制配合类零件的加工程序。

（3）加工出的零件应符合图样各项技术要求，进行加工操作时要符合操作规程。

（4）能够选择合理的切削工艺参数，正确编写程序、正确填写相关数控加工工艺文件。

（5）能熟练操作数控车床来对零件进行调整加工，遵守相关操作规程，做到文明生产，学会尺寸精度的检测及对数控车床的日常维护与保养。

2. 工作任务

（1）图样分析及进行数控加工工艺分析。主要包括：加工内容，技术要求，确定加工方案及拟订工艺路线，正确选择工艺参数及切削用量，等等。

（2）加工该零件时，对于内腔复杂的零件需用复合循环指令编程，内、外螺纹编程时最好使用复合螺纹切削循环指令。

(3) 学会检测两个配合件之间（件二与件一之间）轴对锥面的跳动度。

(4) 掌握精度控制方法，同时完成各零件精度的检侧。

三、教学准备

1. 确定车床及辅具

设备选用：华中 HNC-818A 系统/ CAK3675V 数控车床及配套卡盘扳手、刀架扳手。

2. 确定材料

根据加工零件材质选用 45 钢，毛坯尺寸：件一为 ϕ50 mm×85 mm、件二为 ϕ50 mm×60 mm。

3. 确定量具

量具清单（项目十八）见表 2-18-1。

表 2-18-1　量具清单（项目十八）

序号	名称	规格	精度	数量

4. 确定刀具

刀具清单（项目十八）见表 2-18-2。

表 2-18-2　刀具清单（项目十八）

产品名称或代号			零件名称		零件图号	
序号	刀具号	刀具规格	名称	加工表面	刀尖半径/mm	备注

5. 工艺制订

数控加工工艺卡（项目十八）见表 2-18-3。

表 2-18-3　数控加工工艺卡（项目十八）

单位		车床型号		零件名称		第　页
工序	工序名称		程序编号		备注	
工步号	作业内容	刀具号	刀具名称（机夹）	主轴转速/（$r \cdot min^{-1}$）	进给速度/（$mm \cdot min^{-1}$）	背吃刀量/mm

四、问题探究

（1）加工件二时左、右分界点选择在哪里较为合适？

（2）件一与件二外轮廓加工是旋合在一起加工还是分别加工？哪种效果好？

（3）先加工件二，将左端加工好后再去配做件一的好处在哪里？

（4）件一与件二零件内、外圆柱面尺寸精度和表面粗糙度要求较高，加工内轮廓时应选取切削刃较锋利的内孔刀具，若仅选用一把精镗内孔车刀是否可行？有何利弊？

（5）对零件进行验收与质量分析，找出误差产生的原因，得出纠正误差的方法。

(6) 分析该零件内孔加工时，有无必要进行刀尖圆弧半径补偿。

五、制订计划

填写制订计划工作单：学生个人思考项目分析与讨论的内容，建议从不同的角度出发，思考采取何种方法对刀才能保证外圆及内孔的尺寸精度、螺纹精度、总长度尺寸及表面粗糙度符合要求，并用适当的方式以文字形式表述。

项目解决方案：

六、任务实施

填写计划决策工作单：小组根据学生个人思考出的项目解决方案，分析结果并讨论最佳实施方案，从而确定计划，并以适当文字予以表达。

1. 计划决策工作单（小组决策使用）

负责人：　　　　　　讨论发言人：

2. 程序编制

按照加工工艺过程，编写该项目的数控加工程序。

七、零件加工流程

（1）打开总电源、车床电源，开启数控系统。

（2）车床回参考点。

（3）手动低速运行主轴，检查车床状态。

件二加工：

①装夹零件，伸出卡盘外 35 mm；

②输入零件加工程序，检查程序并模拟校验走刀路线；

③对外圆刀、槽刀及外螺纹刀输入对刀值、刀具半径补偿参数值、刀尖方位及磨损值；

④切削加工零件及检验零件尺寸；

⑤卸下件二，完成左端加工。

件一加工：

①左端加工，装夹零件，伸出卡盘外 30 mm；

②手动平端面；

③输入零件加工程序，自动加工至 $\phi48$ mm 外圆长为 20 mm 结束；

④切削加工零件及检验零件尺寸；

⑤卸下件一，完成左端加工；

⑥调头，重新垫铜皮，装夹 $\phi48$ mm 外圆，手动平右端面保证长度为（80±0.13）mm；

⑦钻中心孔后，采用 $\phi16$ mm 钻头钻长度为 47 mm 的孔；

⑧对内镗刀、内螺纹刀输入对刀值、刀具半径补偿参数值、刀尖方位及磨损值；

⑨输入零件内轮廓加工程序，检查程序并模拟校验走刀路线；

⑩启动程序加工零件内轮廓、内螺纹及检验零件尺寸；

⑪件一右端内腔加工完成后，将件二旋入件一，对外圆刀，即将 Z 轴零点输入刀偏表即可；

⑫调合件外轮廓程序，检查程序并模拟校验走刀路线；

⑬启动自动加工，完成合件外轮廓加工；

⑭检验零件尺寸；

⑮卸件，完成合件加工。

八、项目检查与记录

将零件检测结果填入零件评分表（表 2-18-4）中。

表 2-18-4　零件评分表（项目十八）

姓名			定额时间		总分	
序号	评价项目	评分内容	配分	评分标准	实测	得分
件一						
1	外圆（6分）	$\phi42^{\ 0}_{-0.034}$	3	超差 0.01 扣 1.5 分		
		$\phi48^{\ 0}_{-0.031}$	3	超差 0.01 扣 1.5 分		
2	内圆柱面（5分）	$\phi28$	4	超差 0.01 扣 2 分		
		$\phi16$	1	超差 0.1 扣 1 分		
3	外轮廓（4分）	$R10$、$R2$、长度 10（两处）	1（每处）	R 规检验，超差酌情扣分		
4	内轮廓（4分）	长度 6，30，1.5，11	1（每处）	超差酌情加分		
5	外槽（2分）	5×$\phi38$	2	超差 0.1 扣 5 分		
6	总长度（4分）	80±0.13	4	超差 0.1 扣 2 分		
7	内螺纹（9分）	M24×1.5-7H	9	塞规检测，不正确不得分		
8	粗糙度（4分）	$Ra1.6$（四处）	1（每处）	与量块比对相应扣分		

表 2-18-4（续）

序号	评价项目	评分内容	配分	评分标准	实测	得分
9	倒角（2分）	C1（两处）	1（每处）	超差酌情扣分		
件二						
10	外圆（12分）	$\phi42_{-0.034}^{0}$	3	超差0.01扣1.5分		
		$\phi28_{-0.030}^{0}$	3	超差0.01扣1.5分		
		$\phi34_{-0.032}^{0}$	3	超差0.01扣1.5分		
		$\phi28_{-0.032}^{0}$	3	超差0.01扣1.5分		
11	外圆锥面（2分）	3∶4	2	用模板检验，超差酌情扣分		
12	长度（8分）	56±0.13	4	超差0.1扣2分		
		$20_{-0.1}^{0}$	2	超差0.1扣1分		
		10，6（两处）	2	每处超差0.1扣1分		
13	退刀槽（2分）	4×ϕ20	2	超差酌情扣分		
14	外螺纹（4分）	M24×1.5-6g	4	环规检测，不正确不得分		
15	粗糙度（9分）	*Ra*1.6（三处）	3（每处）	总体与量块比对相应扣分		
16	倒角（3分）	C1.5，C1，C1	1（每处）	超差酌情扣分		
合件						
17	配合（20分）	106±0.13	5	超差0.1扣2分		
		跳动度0.030	5	超差0.01扣2分		
		螺纹配合	5	视松紧度酌情扣分		
		内、外配合面积60%	5	视面积情况酌情扣分		

九、项目评价

根据零件的加工过程及零件的检测结果，检查存在的问题，填写并提交项目评价单（表2-18-5）。

表 2-18-5　项目评价单（项目十八）

项目名称		姓名			班级	
评价项目	考核要求	分值	自评	小组评价	教师评价	得分
应知应会	1. 零件图分析	5				
	2. 制订加工工艺	5				
	3. 工件定位与装夹	5				
	4. 刀具及切削用量的选择	5				
	5. 程序编制	5				
技能能力	1. 切削参数在加工中是否改动，效果如何	5				
	2. 刀具在对刀及加工使用时有无损坏现象	5				
	3. 设备使用情况，有无调整，效果如何	5				
项目成果	1. 程序的输入及图形仿真	5				
	2. 刀具装夹及对刀	5				
	3. 工件加工及尺寸检验	5				
	4. 设备正常维护	5				
文明生产	1. 正确开关及使用车床	5				
	2. 工具、量具的正确使用及放置	5				
学习态度	1. 出勤情况及课堂纪律	5				
	2. 团队协作	5				
	3. 实操前的准备	5				
通用能力	1. 组织沟通能力	5				
	2. 解决问题能力	5				
	3. 自我创新能力	5				

十、拓展训练

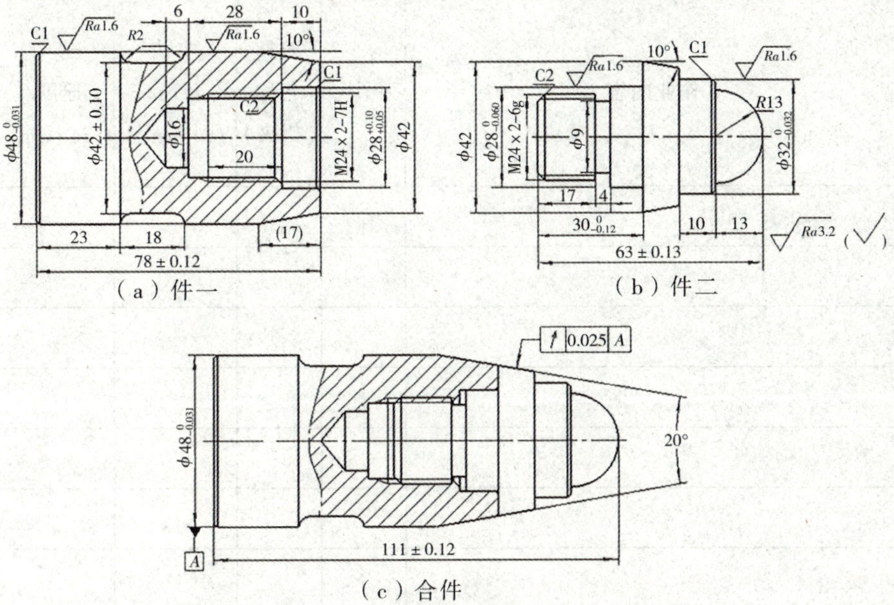

图 2-18-2　内、外圆柱面及螺纹配合拓展零件图

(1) 识读内、外圆柱面及螺纹配合拓展零件图（如图 2-18-2 所示），并进行图样分析。

(2) 对零件进行数控加工工艺分析后，填写数控加工工艺卡（见表 2-18-6）。

(3) 编写零件加工程序并对程序进行输入与校验。

(4) 装夹刀具，完成对刀具的依次装夹。

(5) 完成零件的装夹、对刀及加工。

(6) 对所加工的内、外圆柱面及螺纹配合拓展零件进行评分（见表 2-18-7）。

表 2-18-6　内、外圆柱面及螺纹配合拓展零件数控加工工艺卡

数控加工工艺卡		车床型号		零件图号		共　页
单位		产品名称		零件名称		第　页
工序		工序名称		程序编号		备注
工步号	作业内容	刀具号	刀具名称（机夹）	主轴转速/（$r \cdot min^{-1}$）	进给速度/（$mm \cdot min^{-1}$）	背吃刀量/mm

表 2-18-6（续）

工步号	作业内容	刀具号	刀具名称（机夹）	主轴转速/(r·min^{-1})	进给速度/(mm·min^{-1})	背吃刀量/mm

表 2-18-7　内、外圆柱面及螺纹配合拓展零件评分标准

姓名			定额时间		总分	
序号	评价项目	评分内容	配分	评分标准	实测	得分
件一						
1	外圆（8分）	$\phi48_{-0.031}^{\ 0}$	6	超差 0.01 扣 3 分		
		$\phi42_{-0.05}^{+0.10}$	2	超差 0.1 扣 2 分		
2	内圆柱面（5分）	$\phi28_{-0.05}^{+0.10}$	5	超差 0.01 扣 2.5 分		
3	外圆锥面（4分）	10°	4	R 规检验，超差酌情扣分		
4	外圆弧槽（6分）	(2-R2)×ϕ42±0.10	6	单项超差 0.1 扣 3 分		
5	总长度（5分）	78±0.12	5	超差 0.1 扣 2.5 分		

表 2-18-7（续）

序号	评价项目	评分内容	配分	评分标准	实测	得分
6	内螺纹（6分）	M24×2-7H	6	超差0.1扣3分		
7	粗糙度（4分）	*Ra*1.6（两处）	2（每处）	总体与量块比对相应扣分		
8	倒角（2分）	C1（两处）	1（每处）	超差酌情扣分		
件二						
9	外圆（9分）	$\phi32_{-0.032}^{0}$	4	超差0.01扣1.5分		
		$\phi28_{-0.060}^{0}$	4	超差0.01扣1.5分		
		$\phi42$	1	超差0.1无分		
10	外锥面（3分）	10°	3	用模板检验，超差酌情扣分		
11	长度（10分）	63±0.13	4	超差0.1扣2分		
		$30_{-0.12}^{0}$	3	超差0.1扣1分		
		10，13，17	1（每处）	每处超差0.1扣1分		
12	退刀槽（3分）	4×ϕ19	3	超差酌情扣分		
13	外螺纹（6分）	M24×2-6g	6	超差0.1扣3分		
14	球圆弧（2分）	*R*13	2	超差酌情扣分		
15	粗糙度（4分）	*Ra*1.6（两处）	2（每处）	总体与量块比对相应扣分		
16	倒角（3分）	C2，C1（共两处）	1.5（每处）	超差酌情扣分		
合件						
17	配合（20分）	111±0.12	5	超差0.1扣2.5分		
		跳动度0.025	5	超差0.01扣2.5分		
		螺纹配合	5	超差酌情扣分		
		内、外配合面积60%	5	超差酌情扣分		

参 考 文 献

[1] 袁锋.数控车床培训教程[M].2 版.北京:机械工业出版社,2011.
[2] 沈建峰,虞俊.数控车工:高级[M].北京:机械工业出版社,2007.
[3] 韩鸿鸾,董先.数控车削加工一体化教程[M].北京:机械工业出版社,2014.